ULRICH EBERL

ZUKUNFT 2050

WIE WIR SCHON HEUTE
DIE ZUKUNFT ERFINDEN

Ulrich Eberl, geboren 1962 in Regensburg, interessiert sich seit seiner Jugend für die gesamte Breite von Naturwissenschaft und Technik. Er studierte Physik und promovierte 1992 an der Technischen Universität München »summa cum laude« in einem Grenzgebiet zwischen Physik, Biologie, Chemie und Gentechnik: der Erforschung der ersten Billionstelsekunden der Fotosynthese. Seit 1988 war er zudem für etliche Zeitungen und Zeitschriften als freier Wissenschaftsjournalist tätig und schrieb Hunderte von Artikeln über Themen von der Evolution über die Nanotechnik bis zur Weltraumforschung und zu den Ausgrabungen in Troja. Von 1992 bis 1995 arbeitete er für die Technologiepublikationen von Daimler, seit 1996 bei Siemens als Leiter der weltweiten Innovationskommunikation. Sein besonderes Interesse gilt der Zukunftsforschung – seit 2001 ist er Chefredakteur und Herausgeber von *Pictures of the Future*, einer Zeitschrift für Forschung und Innovation, die bereits mehrere internationale Preise gewonnen hat. 2009 wurde Ulrich Eberl in einer Umfrage unter 900 Wissenschaftsjournalisten in Deutschland, Österreich und der Schweiz als bester Forschungspressesprecher für Unternehmen ausgezeichnet. Er lebt mit seiner Familie in Höhenkirchen bei München.

FÜR MEINE KINDER
THOMAS UND SONJA
MIT DEN BESTEN WÜNSCHEN
FÜR IHR LEBEN IM JAHR 2050

www.beltz.de
© 2011 Beltz & Gelberg
in der Verlagsgruppe Beltz · Weinheim Basel
Alle Rechte vorbehalten
Lektorat: Uwe-Michael Gutzschhahn
Neue Rechtschreibung
Einbandgestaltung: Cornelia Niere unter Verwendung eines Fotos von Archimedes Berlin,
(www.archimedes-exhibitions.de) / Oliver Wia (Wissenschaftsausstellung »Expedition Zukunft, 2009«)
Zu sehen ist der Lichttunnel des Ausstellungszuges Science Express der Max-Planck-Gesellschaft
mit 1.900 LED-Kacheln von Osram
Layout: Irma Schick, München
Dieses Werk wurde vermittelt durch die
U.M.G. Literaturagentur, München
Satz: Renate Rist, Lorsch
Litho: ICC-Print, Biblis-Wattenheim
Druck: Beltz Druckpartner GmbH & Co.KG, Hemsbach
Bindung: Beltz Bad Langensalza GmbH, Bad Langensalza
Printed in Germany
ISBN 978-3-407-75352-6
2 3 4 5   15 14 13 12 11

INHALTS-
VERZEICHNIS

☐ Die Zukunft in unserer Hand – die Welt im Jahr 2050 4

☐ Das Dilemma der Zukunftsforscher. 6

☐ Energie für die Welt – ein neues Zeitalter beginnt. 18

☐ Die Pioniere der grünen Revolution 36

☐ Lasst die Treibhausgase nicht entkommen! 68

☐ Negawatt statt Megawatt – die Kraft des Sparens 82

☐ Die Nullemissionsstadt 92

☐ Kraftwerk im Keller, Lichthimmel an der Decke. 102

☐ Strom macht mobil – die Zukunft des Verkehrs. 118

☐ Der Bauernhof im Wolkenkratzer 134

☐ Sicher leben im globalen Dorf 146

☐ Wer macht die Arbeit von morgen? 164

☐ 3-D-Spiele und das echte Leben 178

☐ Eine Zukunft ohne Bücher? 200

☐ Gesund alt werden – eine Utopie? 208

☐ Blinde sehen, Lahme gehen – die realen Wunder der Medizin. 222

☐ Die Zeit nach 2050 – mehr als Kartensatzleserei? 230

DIE ZUKUNFT IN UNSERER HAND – DIE WELT IM JAHR 2050

Es wird nicht so sein wie in den Science-Fiction-Filmen: Im Jahr 2050 werden keine fliegenden Autos durch die stahlgrauen Straßenschluchten gigantischer Metropolen gleiten, Roboter wird man immer noch von Menschen unterscheiden können, Astronauten werden nicht zu fernen Planeten gebeamt, unsere Gehirne werden nicht durch Funk oder Telepathie miteinander verbunden, und es werden keine Nanoreparaturtrupps durch unsere Adern flitzen.

Dennoch wird die Welt in 40 Jahren eine völlig andere sein als die, die wir heute kennen – die Revolutionen, die sich schon in den Labors der Forscher andeuten, sind nur auf den ersten Blick weniger spektakulär. Im Jahr 2050 werden winzige Sensor- und Kommunikationselemente in allen Dingen stecken, das Haus wird ebenso Sinnesorgane bekommen wie das Auto. Fast unsichtbare Wohlfühlsensoren werden Gerüche messen, und intelligente Kameras werden vor Unfällen warnen – Autos werden zu fahrenden Robotern, die fast autonom ihren Weg finden und mit anderen Fahrzeugen und den elektronischen Minibüros ihrer Besitzer kommunizieren. Statt Benzin oder Diesel werden die meisten Autos Strom tanken und selbst zu Stromhändlern werden. Sie werden Elektrizität aus den Stromnetzen beziehen und an diese verkaufen – ebenso wie dies auch die Häuser tun werden, die selbst auf vielfältige Art nutzbare Energie erzeugen und speichern.

Die Zeit der Großkraftwerke, die auf Kohle und Kernenergie setzen, wird zu Ende gehen. Stattdessen entstehen Hunderttausende von Solar- und Windenergieanlagen, Erdwärme-, Biomasse- und Wellenkraftwerken – sowie unzählige kleine Minikraftwerke in Gebäuden, die zugleich Strom und Wärme produzieren. Die Ära der fossilen Rohstoffe wird abgelöst durch ein neues Stromzeitalter, das seine Energie aus »grünen« Quellen schöpft. Mit Leitungen über Kontinente hinweg und unter den Meeren entsteht ein welt-umspannendes Energienetz. Neue Technologien, die den Pflanzen abgeschaut sind, holen das Treibhausgas Kohlendioxid aus der Luft und verwandeln es in nützliche Stoffe, etwa für die Chemieindustrie oder für Biokraftstoffe.

Die Häuser des Jahres 2050 werden so intelligent gebaut sein, dass sie kaum noch Bedarf an zusätzlicher Wärme haben. In ihrem Innern gibt es Lichthimmel und transparente Lichtwände aus leuchtenden Kunststoffen sowie wandfüllende Displays, die auf Sprach- oder Gestikbefehle die drei-dimensionale Welt des neuen Internets eröffnen. 3-D-Spielfilme sind eine Selbstverständlichkeit, ebenso wie virtuelle Kaufhausbummel, Museumsbe-suche oder Fantasy-Spielewelten – so real, als wäre man vor Ort. Universitä-ten bieten weltweites Lernen an: am Vormittag eine Vorlesung in Tokio, am Abend ein Seminar in Harvard – mit dem Internet von morgen kein Problem.

Von den neun Milliarden Menschen des Jahres 2050 werden 6,5 Mil-liarden in Städten leben – fast so viele wie heute auf der ganzen Erde. Um die Städte lebenswert zu machen, wird man ganz neue Wege beschreiten müssen: Wolkenkratzer werden zu vertikalen Bauernhöfen, Abwasser wird zu reinstem Trinkwasser recycelt, T-Shirts, Verpackungen und Geräte aller Art werden kompostierbar oder so gestaltet, dass sie keine Abfälle, sondern neue Rohstoffe liefern. Roboter werden zu Fensterputzern, Gärtnern und Butlern für alte Menschen. Blinde lernen dank Mikrochips wieder sehen und Gelähm-te wieder gehen. Winzige Sensoren werden, beispielsweise in Form eines Ohrsteckers, die Blutwerte im Körper checken und nach vagabundierenden Krebszellen suchen – damit die Ärzte des Jahres 2050 schnell eingreifen kön-nen, wenn Infektionen, Krebserkrankungen oder Herz-Kreislauf-Probleme drohen. Viele 100-Jährige werden dann so fit sein wie 70-Jährige heute.

All dies wird kommen, wenn es den Forschern von heute gelingt, ihre Ideen, die sie derzeit in den Labors vorantreiben und von denen in die-sem Buch die Rede sein wird, in erfolgreiche Produkte zu verwandeln. Wenn die Wissenschaftler die Trends richtig einschätzen, wenn die Welt von Kata-strophen verschont bleibt und wenn die Menschen ihr Zusammenleben ver-nünftig organisieren, wird das Leben im Jahr 2050 keinem düsteren Science-Fiction-Film entsprechen. Es wird lebenswert sein – und das Schönste: Wir können selbst bestimmen, wie es aussehen wird. Die Forscher, Ingenieure und wir alle können daran mitwirken. Durch unser Handeln. Jetzt.

□ Eine Megacity im 21. Jahrhundert aus Sicht der 1950er-Jahre. Städte mit Durchmessern von Hunderten von Kilometern prägen das Gesicht der Erde, die Urwälder sind in Ackerland und riesige Weideflächen verwandelt, Bäume und Parks sind aus den Metropolen fast völlig verschwunden – hundert Stockwerke hohe Wolkenkratzer und elegante Einkaufspassagen bestimmen das Bild. Mehrgeschossige Autobahnen, Parkplätze für Tausende von Fahrzeugen, große Gleisanlagen für die Nah- und Fernverkehrszüge und Luftbahnhöfe in der Stadtmitte: Von hier starten pausenlos Hubschrauber und Lufttaxis mit schwenkbaren Düsen und Drehflügeln – ein ständiges Rauschen, Summen und Brummen. Züge rasen mit 400 km/h über die Schienen und transportieren Personen und Güter gleichermaßen. Hoch oben am Himmel schweben Großkraftwerke, die die Energie der Luftströmungen nutzen und zugleich als Relaisstationen für Funk- und Fernsehübertragungen dienen. Auf den Meeren schwimmen riesige künstliche Inseln, Städten gleich. Atomgetriebene Tragflächenboote gleiten über die Wellen, von Kontinent zu Kontinent. Am Meeresboden entstehen unterseeische Industriestädte, in denen mit Robotern nach Öl gebohrt wird und Erze abgebaut werden. Mond und Mars sind besiedelt, da die Erde zu eng geworden ist ... oder vielleicht ist sie auch einfach nicht mehr lebenswert genug?

DAS DILEMMA DER ZUKUNFTS- FORSCHER

Wer im antiken Griechenland einen Blick in die Zukunft wagen wollte, der pilgerte zum Mittelpunkt der Erde: nach Delphi zum Tempel des Apollon. Dort saß Pythia, die Orakelpriesterin, auf einem Dreifuß über einer Erdspalte, aus der Dämpfe quollen. Im Trancezustand verkündete sie ihre Weissagungen. Zum Beispiel prophezeite sie König Krösus, dass er ein großes Reich zerstören werde, sobald er den Fluss Halys überschreite. Krösus, der schon immer Persien erobern wollte, folgte diesem scheinbaren Rat – doch das einzige Reich, das er zerstörte, war sein eigenes. Er hatte die Zweideutigkeit in Pythias Worten nicht sehen wollen und wohl auch die Sprüche über dem Apollontempel nicht gelesen: »Erkenne dich selbst« und »Alles in Maßen« stand da geschrieben.

Ob das Orakel von Delphi, die Glaskugeln des Mittelalters oder die Zukunftsdeutungen eines Nostradamus – wenn die Hellseher ihre Aussagen nur nebulös genug formulierten, waren sie für Fehlinterpretationen nicht haftbar zu machen. Doch heute wird mehr Präzision verlangt: Politiker interessiert, welche gesellschaftlichen, wirtschaftlichen oder ökologischen Trends sie bei ihren Entscheidungen berücksichtigen müssen. Unternehmensführer wollen wissen, mit welchen Produkten sie die Märkte von morgen erobern können. Wissenschaftler suchen die vielversprechendsten Forschungsfelder – und jeder findet es spannend, über das Leben im Jahr 2050 zu spekulieren. Alle wollen das, was der Science-Fiction-Autor Herbert G. Wells im Jahr 1900 forderte: »eine Wissenschaft von der Zukunft«.

Manches ist in der Tat gar nicht so schwer vorherzusagen, denn viele Weichenstellungen, die heute getroffen werden, prägen die Welt, in der wir und unsere Kinder im Jahr 2050 leben werden. Viele Kraftwerke, die die Energieversorger heute errichten, werden dann immer noch Strom und Wärme liefern. Die Häuser, die jetzt gebaut werden, stehen auch in einigen Jahrzehnten noch. Die Zahl der Kinder, die jetzt geboren werden, legt fest, wie die Alterspyramiden und damit die Sozial- und Gesundheitssysteme des Jahres 2050 aussehen und welche Mengen an Nahrung, Wasser und Rohstoffen benötigt werden – und was wir jetzt an Treibhausgasen in die Atmosphäre blasen, wird auch um die Mitte des Jahrhunderts noch das Klima der Erde beeinflussen.

Doch obwohl wir all das wissen, bleibt genug Raum für Überraschungen, wie ein kurzer Blick zurück deutlich macht. 2050 ist von 2010 genauso weit entfernt wie das Jahr 2010 von 1970. Was hatten Zukunftsforscher 1970 nicht alles vorhergesagt! In der beliebten Jugendbuchreihe *Das Neue Universum* wimmelte es von gigantischen Metropolen mit Wohnzellen aus Kunststoff, Laufbändern für Fußgänger, atomgetriebenen Tragflächenbooten und Rohrpostanlagen, die Menschen in Druckkabinen mit bis zu 600 km/h befördern. Noch vor dem Jahr 2000 sollten Industriestädte unter dem Meer errichtet werden, mit Ozeanauten, die nach Erz schürfen. Große Siedlungen auf dem Mond sollte es geben – und, nicht zu vergessen, die Umwandlung des Urwalds, der vielen damals noch als »grüne Hölle« galt, in die Speisekammer der Menschheit.

Die Marsbasis und der Kommunikator von Captain Kirk

Fundierter als diese farbenprächtigen Zukunftsvisionen der Medien waren die Prognosen der RAND Corporation, einer noch heute bestehenden Denkfabrik in den USA, die vor allem die Streitkräfte und Politiker beraten soll – RAND steht für Research and Development, also Forschung und Entwicklung. Anfang der 1960er-Jahre hatten dortige Wissenschaftler für Zukunftsprognosen die Delphi-Methode ersonnen, die in etwas verfeinerter Form immer noch weltweit eingesetzt wird. Dabei werden Experten mithilfe von Fragebögen um ihre Meinung gebeten, für wie zutreffend sie bestimmte

Thesen zur künftigen Entwicklung halten und bis wann sie mit einer Realisierung rechnen. Das Besondere sind die Feedbackrunden: Hier werden die Fachleute mit den Einschätzungen ihrer Kollegen konfrontiert und gefragt, ob sie bei ihrer Meinung bleiben wollen. Damit soll ein möglichst breiter Konsens erreicht werden.

In ihrer ersten Delphi-Studie von 1964 sagte die RAND Corporation für die 1970er-Jahre die Automatisierung von Büroarbeit und verlässliche Wetterprognosen voraus. Für die 80er-Jahre erwarteten die Experten Computer als Sprachübersetzer, ein weltweites Satellitenkommunikationssystem sowie die breite Akzeptanz von bewusstseinserweiternden Drogen. Ab 1990 sollte es die Rohstoffgewinnung auf dem Meeresboden geben, Roboter als Haushaltssklaven sowie elektronische Assistenzärzte mit einem Intelligenzquotienten von über 150. Außerdem sahen sie die Kernfusion als neue Energiequelle und eine permanente Mondbasis voraus.

Bis 2000 sollten die Menschen gegen alle Bakterien und Viren immunisiert werden können sowie auf den Autobahnen die Fahrzeuge automatisch fahren. Für 2010 prophezeiten die Wissenschaftler Medikamente, die die Intelligenz steigern, und eine dauerhafte Basis auf dem Mars. Und 2020 sollten schließlich eine direkte Verbindung zwischen Gehirn und Computer, die Beeinflussung der Schwerkraft sowie eine Verlangsamung des Alterungsprozesses, die das Leben um 50 Jahre verlängern würde, möglich sein. Als Bedrohungen befürchteten die RAND-Experten vor allem Kriege um Energie, Nahrung, Wasser und Rohstoffe und eine hohe Arbeitslosigkeit mit sozialen Unruhen aufgrund der starken Automatisierung.

*Zukunft aus der Sicht von 1958:
Mondstadt mit einer Kuppel aus
Kunststoff in der Jugendbuch-
reihe »Das Neue Universum«*

Interessant daran ist zum einen, dass die Fachleute die Umwälzungen, die sie aus ihrer Zeit kannten, in geradezu märchenhafte Höhen weiterdichteten: von der Mondlandung 1969 zur dauerhaften Mondbasis und dann gleich weiter zum Mars, vom ersten Großcomputer bis zum Sprachgenie mit dem IQ von Albert Einstein und von den ersten Impfstoffen bis zur vollständigen Ausrottung der Infektionskrankheiten. Zum anderen gibt es offenbar Menschheitsängste und -visionen, die alle Zeiten überdauern: Roboter, die den Menschen die Arbeit erleichtern, aber sie zugleich bedrohen, sind eine Idee, die bereits 1920 durch die Köpfe spukte. Und die Erweiterung des Gehirns durch Computertechnik ist auch nicht totzukriegen. Sie wird heute immer noch von manchen Zukunftsforschern diskutiert.

Dennoch waren einige Vorhersagen der RAND-Forscher durchaus zutreffend, wenn sie auch später kamen als erwartet. Aber mindestens ebenso spannend wie das, was die Forscher in den 60er- und 70er-Jahren prognostizierten, ist das völlige Fehlen von Aussagen zu Entwicklungen, die die Welt von heute tatsächlich prägen: etwa Computer und Fernseher, die in eine Hosentasche passen, oder auch ein weltweites Daten- und Mobilfunknetz für Milliarden von Menschen. Dass der kleine Kommunikator von Captain Kirk, Spock, McCoy und Scotty aus der Science-Fiction-Serie *Raumschiff Enterprise* mit den heutigen Handys so schnell Wirklichkeit werden würde, hatten die RAND-Fachleute offenbar nicht einmal in ihren kühnsten Träumen für möglich gehalten.

Die Welt braucht nicht mehr als fünf Computer

Zu den Schwierigkeiten der Zukunftsprognosen gehört auch, dass selbst Fachleute in ihren eigenen Spezialgebieten keineswegs unfehlbar sind. Geradezu legendär ist die Aussage von Thomas Watson, dem damaligen Chef von IBM, aus dem Jahr 1943: »Ich denke, dass es einen Weltmarkt für vielleicht fünf Computer gibt« – dabei dachte er natürlich an die raumfüllenden Ungetüme seiner Zeit und sah nicht voraus, dass seine eigene Firma ein paar Jahrzehnte später Millionen von Personalcomputern herstellen würde. Dazwischen lag die Erfindung des Transistors im Jahr 1947, der als winziges Siliziumbauteil die großen Elektronenröhren in den Rechnern ersetzte.

Doch noch 1977 urteilte Ken Olsen, der Gründer des Großcomputerherstellers Digital Equipment Corporation: »Es gibt keinen Grund, warum irgendjemand einen Computer in seinem Haus haben wollte.« Noch im selben Jahr kam der erste industriell hergestellte PC auf den Markt: der Apple II. Selbst

Gottlieb Daimler, dem Erfinder des Autos mit Verbrennungsmotor, erging es nicht besser, als er urteilte: »Die weltweite Nachfrage nach Kraftfahrzeugen wird eine Million nicht überschreiten – allein schon aus Mangel an verfügbaren Chauffeuren.« All diese Fachleute waren zu sehr in ihren Denkmodellen verhaftet, oder wie es Albert Einstein ausdrückte: »Man kann ein Problem nicht mit den gleichen Denkstrukturen lösen, die zu seiner Entstehung beigetragen haben.«

Nie war der Glaube an die Überlegenheit des technischen Fortschritts größer als in den 1960er- und Anfang der 70er-Jahre: Die Menschen waren regelrecht verliebt in die Technik, die ihnen ein sorgenfreies Leben garantieren sollte. Doch bald darauf begann das Pendel – vor allem in Deutschland – in die Gegenrichtung auszuschlagen: Der Nahostkrieg und die Ölkrise 1973 zeigten die Gefährdung der wichtigsten Ressource Öl. Die Arbeitslosigkeit stieg, der Ost-West-Konflikt schien immer weiter zu eskalieren. Die Kernkraft wandelte sich von einem Allheilmittel – man hatte sogar Autos damit antreiben wollen – zur Bedrohung, und die Umweltbewegung bildete sich.

Doch auch viele der nun entstehenden düsteren Zukunftsszenarien wurden nicht Wirklichkeit: Für Arbeitsplätze, die durch Automatisierung wegfielen, wurden in Software- und Dienstleistungsunternehmen neue geschaffen. Wo eine Ölquelle versiegte, entdeckte man anderswo zwei neue, und den Zusammenbruch des Ostblocks hatte überhaupt niemand vorhergesehen. Angesehene Zukunftsforscher weigerten sich, »derart unplausible Gedankenspiele« wie den Fall der Berliner Mauer zu berücksichtigen. In manchen Fällen traten die Prognosen allerdings auch nicht ein, weil sie Aktivitäten in Gang setzten, die genau dies verhinderten. So konnte das in den 80er-Jahren befürchtete Waldsterben gestoppt werden, weil die Kohlekraftwerke sauberer wurden, die Autos Katalysatoren erhielten und die Förster Gegenmaßnahmen ergriffen – beispielsweise die sauren Böden mit Kalk düngten.

Neben solchen selbstverhindernden gibt es auch selbsterfüllende Prognosen: So hatte Steven Spielberg im Jahr 2001 für den Film *Minority Report* Wissenschaftler gebeten, über die Welt im Jahr 2054 zu spekulieren. Dabei entstand die Idee, einen Computer durch Handbewegungen zu steuern. Vermutlich hat der große Erfolg dieses Films Entwickler bei Apple und Microsoft zur Gestiksteuerung von iPhone und iPad sowie zur Multitouch-Technologie von Windows 7 inspiriert: Mit einem Fingerzeig werden Fenster hin und her geschoben, und Bilder lassen sich vergrößern, indem man die Finger spreizt. In diesem Fall kam die Zukunft schneller als gedacht.

Die großen Trends des 21. Jahrhunderts

All dies zeigt jedoch, wie schwierig es ist, mit einiger Treffsicherheit über die Welt von morgen zu sprechen. Dennoch sind viele Wissenschaftler überzeugt, dass sie zumindest Megatrends richtig erkennen können. Bei diesem Begriff geht es nicht um kurzfristige Moden und Hypes wie in der Popmusik, der Kleidung oder der Internetkultur, sondern um tief greifende Entwicklungen, die große Teile der Welt betreffen und praktisch unumkehrbar sind: beispielsweise die Globalisierung von Wirtschaft und Kultur, die Bevölkerungsentwicklung und die zunehmende Lebenserwartung, die Verstädterung, den Klimawandel und die Durchdringung aller Lebensbereiche mit Informations- und Kommunikationstechnologien.

So hatte der russische Wissenschaftler Nikolai Kondratieff bereits in den 1920er-Jahren herausgefunden, dass Wirtschaftszyklen in langen Wellen von 40 bis 50 Jahren ablaufen – beginnend bei wichtigen Basisinnovationen über den daraus entstehenden Wohlstandszuwachs, bis sie schließlich stagnieren und von der nächsten Welle abgelöst werden. Dieses natürlich stark vereinfachte Konstrukt beschreibt sehr anschaulich, was die Welt in den vergangenen 200 Jahren prägte. Ab 1800 waren es zunächst die Dampfmaschine und die Textilindustrie, und um 1870 befand sich der zweite Kondratieff-Zyklus auf seinem Höhepunkt – mit den Basisinnovationen Eisenbahn und Stahlindustrie. Von 1900 bis 1950 drehte sich viel um die Innovationen der Elektrotechnik: elektrisches Licht und Straßenbahnen, Radio, Kühlschrank und Fernseher. Und von 1950 bis 1990 war die große Boomphase des Automobils und der Petrochemie, des Öls und der Kunststoffe.

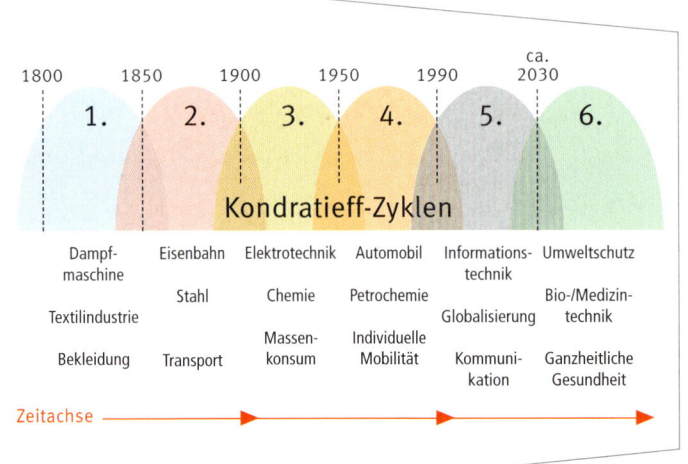

Innovationswellen prägen die Welt: Aus dem fünften Kondratieff-Zyklus, dem heutigen Informationszeitalter, startet der sechste Zyklus, der von Umwelt- und Gesundheitsthemen bestimmt sein wird.

Zurzeit befinden wir uns nach dieser Theorie vor dem Scheitelpunkt des fünften Zyklus, der etwa 1990 startete und durch die Informations- und Kommunikationstechnik geprägt ist: mit Computern, Internet und Mobilfunk. Den sechsten Kondratieff-Zyklus, der nun vermutlich langsam beginnt, hatte der Forscher Leo Nefiodow schon vor zehn Jahren prognostiziert: Darin sollen vor allem die Themen Umweltschutz sowie Bio- und Medizintechnik eine wesentliche Rolle spielen – es dreht sich also sozusagen um Gesundheit im weitesten ganzheitlichen Sinne: Gesundheit der Umwelt ebenso wie Gesundheit des Menschen.

Wenn Zukunftsforscher Joker brauchen

Die Megatrends und die Kondratieff-Zyklen geben einen groben Rahmen vor, doch besonders schwierig wird die Zukunftsforschung, wenn man versucht, auch unvorhersehbare Sprünge – sogenannte Diskontinuitäten – zu integrieren. Das Forscherpaar Karlheinz und Angela Steinmüller hat dafür eine Methode entwickelt, die sie Wild Cards nennen: So heißen auf Englisch die Joker. Dabei führen die Wissenschaftler wie beim Poker zusätzliche Karten ins Spiel ein und untersuchen ihre Eintrittswahrscheinlichkeit und die möglichen Auswirkungen auf Wirtschaft, Gesellschaft und Politik. Dass dies notwendig ist, zeigen Ereignisse wie der Reaktorunfall von Tschernobyl, neue Krankheiten wie Aids, der Fall der Berliner Mauer, die Terroranschläge vom 11. September 2001 oder die jüngste weltweite Wirtschaftskrise – alles Diskontinuitäten, die den Lauf der Geschichte zweifellos verändert haben.

Einschneidende Wild Cards der Zukunft könnten große Vulkanausbrüche, eine globale Krankheitsepidemie oder Umweltkatastrophe oder auch der Einschlag eines Kometen sein. Ebenso die Zündung einer Atombombe durch Terroristen, der Einsatz chemischer oder biologischer Kampfstoffe, ein Krieg im Nahen Osten oder unter Beteiligung von Pakistan, Indien oder China. Auch unerwartete Effekte des Klimawandels – etwa der Zusammenbruch wichtiger Meeresströmungen – oder revolutionäre Erfindungen gehören dazu: beispielsweise Supraleiter ohne elektrische Verluste bei Zimmertemperatur, Stromspeicher mit der zehnfachen Leistungsfähigkeit heutiger Akkus, ein Durchbruch bei der Krebsbekämpfung oder ein Weg, das Altern zu stoppen.

Selbst wenn die Wahrscheinlichkeit für solche Wild Cards gering ist, darf man sie als Zukunftsforscher nicht aus den Augen verlieren, weil ihre Wirkungen enorm wären. Allerdings lohnt es sich, auch bei den einschneidendsten Ereignissen genau hinzuschauen, was sie auf lange Sicht tatsächlich verändern. So hat der Zweite Weltkrieg natürlich viel radikal Neues bewirkt: Das reicht von der Entwicklung der Atombombe bis zur Entstehung der Supermächte und des Kalten Krieges, zur Gründung des Staates Israel, der Europäischen Gemeinschaft und zum erneuten Aufschwung in Deutschland. Aber was genau wären die Unterschiede in der Welt von heute, wenn es Nazideutschland und den Zweiten Weltkrieg nicht gegeben hätte? Die politischen Strukturen wären vielleicht andere, aber Atombomben gäbe es vermutlich trotzdem, da sich ihre Möglichkeit direkt aus der Entdeckung der Kernspaltung und der berühmten Gleichung Einsteins $E = mc^2$ ableitet. Auch die Fortschritte im Bau von Raketen und Satelliten, Computern und Mikrochips oder in der Kommunikations- und Medizintechnik hätten, wenn auch vielleicht mit anderer Geschwindigkeit, trotzdem stattgefunden.

Wir malen ein Bild der Zukunft

Um sowohl die absehbaren Trends wie auch mögliche Diskontinuitäten zu berücksichtigen, hat die Firma Siemens vor zwölf Jahren ein Verfahren entwickelt, das unter dem Begriff *Pictures of the Future* (Bilder der Zukunft) bekannt ist. Die Wissenschaftler kombinieren zwei gegenläufige Sichtweisen: die Extrapolation aus der »Welt von heute« und die Retropolation aus der »Welt von morgen«. Der Blick nach vorne, die Extrapolation, entspricht dem, was Firmen üblicherweise tun: die derzeit bekannten Technologien in die Zukunft fortschreiben und daraus möglichst präzise abschätzen, zu welchem Zeitpunkt etwas verfügbar sein wird. Der Vorteil dieses Verfahrens – die sichere Ausgangsbasis der Welt von heute – ist zugleich sein größter Nachteil: Diskontinuitäten lassen sich damit nicht vorhersagen. Bildlich gesprochen »fährt« man auf einer gut ausgebauten Straße, sieht allerdings wenig von dem, was anderswo stattfindet – und vor allem weiß man nie, ob die Straße nicht plötzlich endet und man längst einen anderen Weg hätte einschlagen sollen.

Das aber lässt sich mit einer anderen Methode, der Szenariotechnik, besser beurteilen. Man versetzt sich dazu in Gedanken in die Zukunft, um zehn, zwanzig, dreißig Jahre oder mehr – je nachdem, was im Fokus der Betrachtung steht. So ist es wesentlich einfacher, zuverlässige Aussagen über die Energieversorgung in 20 Jahren zu treffen, als dies für die Informations- und Kommunikationstechnik zu tun. Für den gewählten Zeithorizont wird ein Szenario entworfen, das alle Einflussfaktoren berücksichtigt: die Entwicklung politischer und sozialer Strukturen, die Umweltbelastung, die Techniktrends und neue Kundenbedürfnisse. Daraus lassen sich dann durch Zurückdenken in die Gegenwart – das ist die Retropolation –, die Aufgaben identifizieren, die man heute lösen muss, um in dieser Welt von morgen zu bestehen.

Wenn man dann beide Betrachtungsweisen in Einklang bringt, erhält man konsistente, in sich stimmige Bilder der Zukunft, eben die *Pictures of the Future*. Ihre Aufgabe umfasst weit mehr, als Visionen aufzuzeigen und ein Bild der Welt von morgen zu malen. Die *Pictures of the Future* dienen vor allem dazu, in einem systematischen Prozess die Märkte der Zukunft zu analysieren, Diskontinuitäten aufzuspüren, künftige Kundenanforderungen zu erkennen und Technologien mit großer Breitenwirkung zu identifizieren. Mehr noch: Sie zeigen auch, welchen Weg man einschlagen muss, um ohne Umweg und Unfall in die Zukunft zu kommen. Dieses Navigationssystem in die Welt von morgen ist der entscheidende Nutzen der *Pictures of the Future* – es geht mehr darum, die Zukunft selbst zu erfinden, als sie nur vorherzusagen.

Warum wir nicht in Autos fliegen werden

Eines der wichtigsten Ergebnisse seriöser Zukunftsforscher ist, dass in der Welt von morgen keineswegs alles Wirklichkeit wird, selbst dann nicht, wenn es technisch machbar wäre. Ein Beispiel sind fliegende Autos: Es gab sie schon in Zukunftsvisionen von 1941, dann in den 50er- und 60er-Jahren, in vielen Science-Fiction-Filmen und auch heute noch – etwa im Spaceship Earth im berühmten EPCOT-Center, dem Themenpark über die Zukunft der Menschheit, den Disney in Florida gebaut hat. Die vielen Tausend Gäste aus aller Welt, die jeden Tag die 50 Meter hohe, einem riesigen Golfball ähneln-de Kugel des Spaceship Earth besuchen, erfahren hier nicht nur viel über die Innovationen der Vergangenheit, sondern sie erfinden in spielerischen, computeranimierten Videofilmen auch ihre eigene Zukunft und sehen sich selbst darin agieren. Und was gibt es da nicht alles! Sie frühstücken in einem futuristischen, energiesparenden Zuhause, lesen elektronische Zeitungen, machen Urlaub mit einem Mini-U-Boot, werden bei einem Skiunfall von einem Roboter gerettet – und sie bewegen sich natürlich in fliegenden Autos.

Die Walt Disney Imagineers (der Begriff verbindet »Imagination« und »Engineering«), die diese Zukunftswelten entwickelten, sind eine weltweit einzigartige Truppe von kreativen Ingenieuren und Spieleentwicklern, Soft-ware-, Design- und, Theaterexperten – aus insgesamt 140 Fachdisziplinen. Für ihren Blick in die Zukunft ließen sie sich durch viele Details der *Pictures of the Future* von Siemens inspirieren und addierten noch einige eigene – wie die fliegenden Autos – hinzu, die mehr den Fantasywelten entspringen als den tatsächlichen Zukunftsstudien. Sie handelten also gemäß dem Motto von Albert Einstein: »Fantasie ist wichtiger als Wissen, denn Wissen ist begrenzt!« Pam Fisher, die maßgeblich für das Konzept des Spaceship Earth verantwortlich zeichnete, drückt es so aus: »Wenn es uns gelingt, die Kinder, die hier spielen, dazu zu bringen, kreativ über ihre Zukunft nachzudenken, haben wir viel erreicht. Sie zu inspirieren, die Welt zu verbessern, ist das Wichtigste, denn sie werden einst die Zukunft schaffen. If you can dream it, you can do it – wenn du es dir vorstellen kannst, kannst du es auch tun. Das ist unser Motto.«

Raumschiff Erde: Im Spaceship Earth von Disney geht es nur um ein Thema – die Innovationen der Menschheit von gestern, heute und morgen.

Dennoch wird es in der Welt von morgen nicht von fliegenden Autos wimmeln, obwohl sie technisch bereits realisiert wurden. So baut die US-Firma Terrafugia Autos, die auch als Flugzeuge abheben können, und ein holländisches Unternehmen präsentierte ein Straßenfahrzeug, das zugleich ein Hubschrauber ist. Die Schwierigkeiten liegen auf ganz anderen Feldern. Das reicht von den Kosten eines solchen Fahrflugzeugs, bis zu juristischen Problemen: Es wäre zwar traumhaft, allen Staus zu entgehen, indem man einfach in der Luft »weiterfährt«, aber das kann ja nicht chaotisch erfolgen – es müssen also eigene Luftstraßen definiert werden. Und wie steht es mit der Sicherheit? Da kaum jeder Autofahrer auch noch einen Flugschein machen wird, müsste das Fliegen größtenteils automatisch erfolgen – doch wer haftet bei fliegenden Robotern? Und der Energieverbrauch: Auf der Straße werden die Autos immer mehr in Richtung eines geringen Treibstoffverbrauchs getrimmt, doch beim Fliegen würde er wieder deutlich ansteigen, weil das ganze Fahrzeug erst einmal in die Luft gehoben werden muss.

Die wahren Beweggründe des Menschen

Dies ist nur ein Beispiel dafür, dass viele Menschen – besonders gern Ingenieure und Naturwissenschaftler – aus der technischen Machbarkeit vorschnell auf eine schnelle Umsetzung schließen. Doch Technik ist nur ein Aspekt dessen, wie sich Innovationen in der Gesellschaft durchsetzen. Neben Fragen nach Kosten, Sicherheit oder Umweltschutz sind es vor allem soziale und psychologische Gründe, die eine Einführung neuer Lösungen beschleunigen oder bremsen. Ob eine Technik akzeptiert wird, hängt vor allem davon ab, ob sie wichtige Bedürfnisse der Menschen unterstützt – etwa den Wunsch nach Erfolg und Anerkennung sowie nach Sicherheit und Geborgenheit.

Für viele Menschen sind beispielsweise die Kommunikation mit ihren Freunden und das Ansehen unter Gleichaltrigen wichtiger als Geld. Daraus erklären sich leicht die großen Erfolge, die Mobiltelefone, Castingshows und soziale Netzwerke weltweit haben, ganz unabhängig von den aktuellen Hypes. Ob es SMS-Nachrichten sind oder Twitter, ob es um das nächste »Topmodel« geht oder den nächsten »Superstar« oder ob man über Chatten, Blogs oder Facebook miteinander kommuniziert – das Grundbedürfnis, das hierdurch befriedigt wird, ist immer dasselbe.

Diese grundlegenden Einsichten und die Megatrends geben die Bühne vor, auf der das Leben im Jahr 2050 spielen wird. Wer tiefer schauen will, der muss einen Blick in die Labors rund um den Globus werfen, in Universitäten, Forschungsinstituten und Firmen. An welchen Technologien die Entwickler dort heute arbeiten, das bestimmt zum großen Teil die Welt, in der wir leben werden. Hierin liegt das Ziel dieses Buches. Es schildert die Entwicklungen auf den wichtigsten Feldern: Was passiert in der Energieversorgung und in der Medizintechnik, wie entwickeln sich die Informations- und Kommunikationstechnologien, das Verkehrswesen und die Industrielandschaft? Welche Auswirkungen haben die Zunahme der Bevölkerung und des Lebensalters, die weltweite Vernetzung und der Klimawandel? Kurz: Wie werden wir leben und arbeiten, reisen und unsere Freizeit verbringen? Oder um noch einmal Albert Einstein zu zitieren: »Mehr als die Vergangenheit interessiert mich die Zukunft, denn in ihr gedenke ich den Rest meines Lebens zu verbringen.«

☐ Marokko, im Mai 2050. Erst als die Sonne schon tief am Himmel steht, erhebt sich der Falke zur Jagd. Noch immer sind die Temperaturen unerträglich hoch – fünf Grad mehr als in den Zeiten vor dem Klimawandel. 30 Grad im Schatten sind es am Abend, doch hier ist nirgendwo Schatten zwischen den langen Reihen der Parabolspiegel. Das ist auch gut so, denn dort, wo sich die Sonnenstrahlen bündeln – in den Rohren in der Mitte der Spiegel –, soll es so heiß wie möglich werden. Auf 600 Grad erhitzt die Kraft der Sonne die Salzmischung, die in den Rohren zirkuliert. Fern am Horizont, im Kraftwerk, wird mit dieser Hitze Wasserdampf erzeugt, der starke Turbinen zur Stromerzeugung antreibt. Selbst nachts ist im Salz noch genügend Wärme gespeichert, um das Kraftwerk weiter zu betreiben, bis die Sonne wieder aufgeht. Die umweltfreundliche Solaranlage ersetzt damit fünf große Kohlekraftwerke. Im Land selbst wird der Strom für Kühlanlagen und Elektroautos genutzt und auch dazu, um Meerwasser zu entsalzen und daraus Trinkwasser zu gewinnen. Zudem fließt ein großer Anteil nach Norden, mit einer Million Volt Gleichspannung über die Meerenge von Gibraltar, 2.000 Kilometer weit bis ins Zentrum Europas. Nicht einmal fünf Prozent der Energie gehen auf dieser Reise verloren – Wüstenstrom für die großen, nun fast CO_2-freien Städte Mitteleuropas ...

ENERGIE FÜR DIE WELT – EIN NEUES ZEITALTER BEGINNT

Propheten, die den Untergang vorhersagen, hatten es zu allen Zeiten schwer. Schon in Troja wollte niemand der Seherin Kassandra glauben, als sie vor den Griechen und ihrem hölzernen Pferd warnte. Die Folgen waren verheerend: Die mächtige Stadt ihres Vaters, des Königs Priamos, brannte bis auf die Grundmauern nieder. Auch heute gibt es wieder eine Kassandra: Seit rund 40 Jahren gilt der US-Wissenschaftler Dennis L. Meadows als würdiger Nachfolger der antiken Schwarzmalerin. 1972 veröffentlichte er im Auftrag des Club of Rome – einer Vereinigung von Wirtschaftlern, Wissenschaftlern und Politikern zur Untersuchung von Zukunftsfragen – eine Studie mit dem Titel *Die Grenzen des Wachstums*. Bis heute wurden über 30 Millionen Exemplare verkauft. Sie ist eines der erfolgreichsten Bücher aller Zeiten – und eines der umstrittensten. Denn Meadows und seine Mitautoren prophezeien der Menschheit im 21. Jahrhundert den Kollaps.

Die Autoren hatten mithilfe von Computersimulationen errechnet, dass die Weltbevölkerung und die Industrieproduktion noch einige Jahrzehnte weitgehend ungestört wachsen würden, aber dass dann ein abrupter Absturz komme: verursacht durch knapper werdende Nahrungsmittel und Rohstoffe sowie durch die Umweltverschmutzung. Dieser Zusammenbruch, so ihre Prognose, werde vermutlich zwischen 2030 und 2050 liegen, aber selbst bei

sehr optimistischen Annahmen finde er vor dem Jahr 2100 statt. Auch Simulationen mit aktualisierten Daten, die die Forscher in den 1990er-Jahren und
nochmals 2004 durchführten, zeigten dasselbe Ergebnis.

Die Welt steht vor einem Jahrhundertbeben

Nur massive Maßnahmen zum Umweltschutz, zum Umbau der Wirtschaftssysteme sowie zur Geburtenkontrolle und zur Wiederverwendung von
Rohstoffen ergaben auch Szenarien, unter denen sich die Weltbevölkerung
und der Wohlstand langfristig konstant halten lassen. Doch Meadows ist
wenig zuversichtlich, dass sich die Menschheit auf so drastische Aktionen
einigen kann: »Ich rechne damit, dass es zu schweren Verwerfungen kommt
– viel schwerer als bei der jüngsten Wirtschaftskrise. In den kommenden 25
Jahren werden wir größere Umwälzungen erleben als im ganzen vergangenen
Jahrhundert«, prophezeit er. »Meine Modelle zeigen Spannungen wie in einer
Erdbebenzone: Man weiß nicht genau, wann etwas passiert. Aber es ist klar,
dass es ein Beben mit schlimmen Folgen geben wird.« Viel zu viel Zeit sei
seit seinen ersten Warnungen vor 40 Jahren bereits verschwendet worden,
konstatiert er, weil die Politiker und die Mächtigen der Wirtschaft seinen
Kassandrarufen nicht glaubten.

Der Grund dafür ist einfach: Wachstum ist die Droge unserer Zeit. Zunächst schien im 20. Jahrhundert ja auch alles gut zu gehen. Zwischen 1949
und 1972 hatte sich der weltweite Energiekonsum verdreifacht. Öl wurde immer billiger, ständig wurden neue Lagerstätten entdeckt. Erst die Ölpreiskrise
1973, ein Jahr nach der ersten Publikation der *Grenzen des Wachstums*, ließ
manche erschrocken innehalten. »Doch während der 70er-Jahre leugneten
die meisten Kritiker weiterhin, dass es überhaupt Grenzen des Wachstums
gibt. In den 80er-Jahren hieß es: Mag sein, dass die Grenzen existieren, aber
sie sind noch sehr weit weg«, erinnert sich Meadows. »In den 90er-Jahren
gab man dann zu, dass die Grenzen schon recht nahe seien, aber man müsse
sich keine Sorgen machen, weil es die Gesetze des Marktes regeln würden.«

Damit war gemeint, dass bei knapper werdenden Rohstoffen die Preise
steigen – was ja für Öl, Erdgas oder auch Kupfer und Stahl im Allgemeinen
zutrifft. Selbst nach einer Wirtschaftskrise, wie sie die Welt gerade erlebt
hat, ziehen die Preise schon wieder stark an. Diese hohen Rohstoffpreise, so
argumentieren die Marktgläubigen, würden dafür sorgen, dass Alternativen
entwickelt werden und neue Lösungen auf den Markt kommen, etwa Strom
sparende Geräte oder Benzin sparende Autos. Doch das ist nach Meadows'

Ansicht zu kurz gedacht. Beispielsweise kann die Entwicklung so schnell gehen, dass solche neuen Lösungen viel zu spät kommen, um einen Zusammenbruch des Marktes zu verhindern.

So erwartet Meadows unter anderem, dass in den nächsten Jahrzehnten die Ölproduktion rasch fallen wird: »Das wird so plötzlich geschehen, dass wir – wenn wir es nicht jetzt tun – keine Chance mehr haben werden, schnell genug alternative Energiequellen zu finden und die Energienutzung effizienter zu machen, um unseren Lebensstandard aufrechtzuerhalten.« Dabei muss das Ölzeitalter gar nicht einmal wegen des knapper werdenden Öls zu Ende gehen. Es reicht schon, dass die Risiken, neue Ölquellen zu erschließen, einfach zu groß werden. So führt der Abbau von Ölsanden in Kanada ebenso zu enormen Umweltbelastungen, wie dies bei Bohrungen im offenen Meer passieren kann. Wenn schon BP ein Leck in 1.500 Meter Meerestiefe im Golf von Mexiko monatelang nicht schließen konnte – und dadurch im Frühsommer 2010 mindestens 700 Millionen Liter Öl ins Meer flossen, was 350 Olympiaschwimmbecken füllen würde –, welche Risiken drohen dann erst, wenn Brasilien seine riesigen Ölvorkommen vor der Küste heben will? Sie liegen fast so tief, wie der Himalaya hoch ist: mindestens fünf Kilometer unter dem Meeresboden, der dort zwischen zwei und drei Kilometer unter der Meeresoberfläche liegt.

*Umweltkatastrophe 2010:
Der Brand der Ölplattform
zeigte, wie groß die Risiken
geworden sind, die Firmen
eingehen, um die letzten
Ölvorkommen auszubeuten.*

Das größte Problem wirtschaftlichen Handelns ist, dass Umweltrisiken fast nie in die Preise der Waren einfließen: Das gilt für die Ölförderung genauso wie für die Risiken der Kernenergie oder die Stromerzeugung über

Kohlekraftwerke. Bis vor Kurzem kostete es beispielsweise überhaupt nichts, Milliarden Tonnen des Treibhausgases Kohlendioxid (CO_2) in der Luft zu »lagern«. Erst seit wenigen Jahren experimentieren etliche Länder mit Emissionszertifikaten, wonach zum Beispiel Kraftwerke für jede Tonne CO_2, die sie über einen festgelegten Wert hinaus ausstoßen, zahlen müssen. Solche Kosten für Kohlendioxid könnten neuen CO_2-armen Techniken schneller zum Durchbruch verhelfen, doch dafür müssten sie in den nächsten Jahren weltweit und für alle Branchen eingeführt werden: vom Kraftwerk über die industrielle Fertigung bis zum Verkehr und dem Strom- und Wärmeverbrauch in Gebäuden.

Zwei Erden für die Menschheit

Die Kapazität der Erde, Rohstoffe zur Verfügung zu stellen und Schadstoffe zu eliminieren, ist nach Meadows Ansicht bereits in den 1980er-Jahren überschritten worden – heute handle die Menschheit so, als hätte sie 1,3 Erden zur Verfügung: »Wenn sie so weitermacht, wird sie schon bald zwei Erden brauchen.« Natürlich weiß auch Meadows nicht, was die Zukunft bringt: »Ich kann Ihnen nicht sagen, wie es in 25 Jahren aussehen wird. Aber ich weiß, dass die Bedingungen sich enorm von den heutigen unterscheiden werden«, sagt er. »Alle Länder bewegen sich in eine Zeit phänomenalen Wandels.«

Dass die Welt inzwischen nach einer langen Phase des »Weiter so« endlich aufgewacht ist und die Worte der modernen Kassandra ernst nimmt, zeigt sich schon daran, dass Meadows weltweit wieder zum gefragten Redner geworden ist. Eine Energie-und-Klima-Konferenz jagt die nächste, Städte und Regionen übertrumpfen sich in ihren Anstrengungen, keine Treibhausgase mehr auszustoßen, fast alle Autofirmen setzen plötzlich auf Elektroautos statt Verbrennungsmotoren, und die Solar- und Windbranchen erleben einen Aufschwung ohnegleichen.

Das könnte ein Hoffnungsschimmer am Horizont sein. Vielleicht gelingt ja doch bis zum Jahr 2050, was Meadows für fast unmöglich hält. Es wäre etwas, das in der Menschheitsgeschichte ohne Beispiel ist: der völlige und friedliche Umbau der gesamten Grundlagen des Wirtschaftssystems für neun Milliarden Menschen – weg von der Ausplünderung der Erde hin zu einem sorgsamen Umgang mit den natürlichen Rohstoffen, und vor allem weg von Öl und Kohle hin zu einer Energiewirtschaft, die nur minimale Mengen an Schadstoffen produziert. Dazu müssten bis 2050 weltweit Tausende von großen Kraftwerken abgeschaltet werden, Hunderttausende von Solar- und

Windanlagen gebaut werden und Hunderte Millionen Elektroautos die Straßen bevölkern.

All dies kann gelingen, wenn sich die Menschen weltweit davon überzeugen lassen, dass es der einzig gangbare Weg ist, um den von Meadows an die Wand gemalten Kollaps zu verhindern und um künftigen Generationen eine lebenswerte Welt zu hinterlassen. Es ist gewiss nicht unmöglich und es ist nicht hoffnungslos. Denn das Umdenken findet statt, auch wenn es manchmal langsam geht: In Europa sind Umwelt- und Klimaschutz in aller Munde, und selbst in den USA und China gewinnen diese Überzeugungen immer mehr Anhänger. Auch die nötigen technischen Lösungen sind entweder schon vorhanden oder sie werden derzeit in den Labors entwickelt – wie die nächsten Kapitel dieses Buches zeigen. Doch der Umbau wird zweifellos eine Herkulesaufgabe werden, denn noch leben wir weit über unsere Verhältnisse. Schauen wir uns die Hintergründe und das, was zu tun ist, genauer an. Dazu ist es erst einmal wichtig, zu verstehen, was mit dem Klima der Erde geschieht.

Jedes Jahr verfeuern wir die Pflanzen von Jahrmillionen

Den folgenschwersten Raubbau an der Natur betreiben wir, um unseren Energiehunger zu stillen. Wir vernichten Ressourcen, die in Hunderten von Millionen Jahren entstanden sind. Über diesen Zeitraum sanken im Erdaltertum tote Pflanzen und Tiere auf den Grund von flachen Meeren. Nach und nach wurden sie von Sedimentschichten bedeckt, Druck und Temperatur stiegen an. Ohne Kontakt mit der Luft wandelten sich die organischen Moleküle langsam in Kohlenwasserstoffe um – so entstanden im Lauf der Zeit Erdöl und Erdgas. Auch die Bäume, Schachtelhalme und Farne, die in den Mooren des späteren Karbonzeitalters versanken, machten eine Veränderung durch: Aus ihnen bildeten sich Torf und dann Braun- oder Steinkohle. In Form von Erdöl, Erdgas und Kohle – den »fossilen« Rohstoffen – haben die Menschen seit dem 19. Jahrhundert insgesamt rund 250 Milliarden Tonnen Kohlenstoff aus dem Boden geholt und das meiste davon zur Energiegewinnung verfeuert. Jahr für Jahr verbrauchen wir heute eine Menge an fossilen Rohstoffen, die ein bis zwei Millionen Jahre für ihre Entstehung benötigte.

Oder anders gesagt: Binnen weniger Jahrzehnte wird der Kohlenstoff, den die Pflanzen über Hunderte von Millionen Jahren mithilfe des Sonnenlichts in organischen Molekülen gebunden hatten, wieder freigesetzt. Das kann in einem Kraftwerk geschehen, wo Erdgas oder Kohle zur Strom- und Wärmeerzeugung verbrannt wird, oder in einem Auto, das mit Benzin oder Diesel fährt – beides Stoffe, die aus Erdöl gewonnen werden –, oder auch, wenn Plastikteile durch Mikroorganismen verdaut oder zur Energiegewinnung verbrannt werden. Denn auch diese Kunststoffe sind immer noch zum größten Teil Produkte der Erdölindustrie.

Ob bei der Verbrennung oder bei der Zersetzung durch Mikroorganismen: Letztlich geht der Kohlenstoff, der aus den fossilen Energieträgern stammt, mit dem Sauerstoff der Luft eine neue Verbindung ein: Kohlendioxid (CO_2). Diese chemische Umwandlung hat zwei schwerwiegende Folgen: Zum einen ist damit die Energie, die im Kohlenstoff steckte, »verbraucht« oder – korrekter gesagt – nicht mehr weiter nutzbar, und zum anderen trägt das Kohlendioxid, wenn es in die Atmosphäre gelangt, erheblich zum Treibhauseffekt bei und heizt unseren Planeten auf.

Der Treibhauseffekt an sich ist nichts Negatives, ganz im Gegenteil: Er ist für das Leben auf der Erde unverzichtbar, denn ohne ihn läge die Durchschnittstemperatur bei sehr kalten minus 18 Grad Celsius. Es sind vor allem Wasserdampf, Kohlendioxid, Methan und Lachgas, die dafür sorgen, dass die mittlere Temperatur in Wirklichkeit weit höher liegt, nämlich bei plus 15 Grad. Diese Stoffe wirken ähnlich wie das Glasdach im Treibhaus. Sie lassen die Sonnenstrahlung – vor allem deren sichtbaren, kurzwelligen Anteil – fast ungehindert durch die Luftschichten passieren und den Erdboden und die Meere erwärmen. Von dort wird die Energie dann als längerwellige Wärmestrahlung wieder abgegeben, doch diese Strahlung gelangt dank der Treibhausmoleküle nur zum Teil wieder ins Weltall. Den anderen Teil strahlen sie erneut Richtung Erdboden – dies ist der Treibhauseffekt. Ein großer Teil der Wärme bleibt auf diese Weise auf der Erde gefangen.

Den größten Anteil am natürlichen Treibhauseffekt hat der Wasserdampf, wobei die komplexen Zusammenhänge von den Wissenschaftlern immer noch nicht ganz verstanden sind. Zum einen verhält sich Wasserdampf wie ein klassisches Treibhausgas, das die Wärmestrahlung, die von der Erde aufsteigt, aufnimmt und wieder zum Boden zurückschickt. Zum anderen aber können Wolken auch genau umgekehrt wirken: Je dichter und dunkler sie sind, desto weniger Sonnenlicht lassen sie überhaupt erst bis zum Erdboden vordringen. Und es gibt eine verstärkende Rückkopplung: Je mehr sich die Erde erwärmt, desto mehr Wasser verdampft aus den Meeren und den Regenwäldern. Gelangt es in die oberen Luftschichten, trägt es zum Treibhauseffekt bei und es verdampft noch mehr Wasser – ein unheilvoller Kreislauf.

Doch damit nicht genug: Forscher haben herausgefunden, dass auch die Sonne selbst nicht nur über Licht und Wärme das Klima auf der Erde beeinflusst. Je nachdem, wie stark die Magnetfelder von Sonne und Erde sind, wird unser Planet mehr oder weniger stark gegen ein Bombardement kosmischer Teilchen abgeschirmt – die wiederum die Wolkenbildung beeinflussen. Manche Wissenschaftler glauben, dass dieser Mechanismus einige der kurzfristigen Temperaturschwankungen erklären kann.

Der Planet hat Fieber

Doch zum natürlichen Treibhauseffekt kommt noch ein weiterer hinzu, der durch die Handlungen der Menschen verursacht wird und die Fieberkurve der Erde nach oben treibt. Etwa ein Achtel der Wirkung dieser zusätzlichen Treibhausgase entsteht durch Methan, das von Mikroorganismen beim Verfaulen organischer Stoffe sowie in den Mägen von Rindern gebildet wird: Beim Wiederkäuen stößt jede Kuh pro Tag rund 200 Liter Methan aus. Auch Lachgas, das etwa sechs Prozent der Treibhausgaswirkungen verursacht, geht vor allem auf die intensive Landwirtschaft und Überdüngung zurück: Es entsteht beispielsweise durch die Umwandlung von Stickstoffdünger in sauerstoffarmen Böden.

Doch der größte Teil – mehr als vier Fünftel des Effekts der vom Menschen verursachten Treibhausgase – ist auf die zunehmende Menge an Kohlendioxid zurückzuführen. Durch den Verbrauch fossiler Energieträger, aber auch durch Brandrodungen von Wäldern, ist seit Beginn der Industrialisierung der Kohlendioxidgehalt der Luft um mehr als ein Drittel gestiegen: von 280 ppm auf heute 385 ppm. Die Abkürzung ppm steht dabei für parts per million, also 385 Teile CO_2 auf eine Million Luftteilchen. Das klingt nach nicht viel, reicht aber aus, um die globale Durchschnittstemperatur seit etwa 60 Jahren um 0,7 Grad zu erhöhen. Mithilfe von Eisbohrkernen aus der Antarktis lässt sich errechnen, dass die Konzentrationen an CO_2 und Methan seit mindestens 800.000 Jahren noch nie so hoch waren wie heute.

Für den ganzen Globus kommt die Meteorologische Weltorganisation zum Ergebnis, dass das vergangene Jahrzehnt das wärmste seit Beginn der systematischen Messungen im Jahr 1850 war. In der Arktis ist es um fast drei Grad Celsius wärmer geworden, was zu einem dramatischen Abschmelzen des Meereises führte. Schon bald könnte der Nordpol im Sommer völlig eisfrei sein. Für die Nordwestpassage vom Atlantik zum Pazifik war dies bereits 2007 der Fall – was Forscher um die Zukunft der dort lebenden Eisbären bangen lässt. Auf Grönland ist die mittlere Temperatur in den vergangenen zwanzig Jahren um mehr als zwei Grad gestiegen. Jedes Jahr schmelzen dort 270 Milliarden Tonnen Gletschermasse ab, das entspricht einem riesigen Eisblock mit 30 Kilometern Länge, 10 Kilometern Breite und einem Kilometer Dicke.

Manche Forscher glauben sogar, dass die Erderwärmung bald noch weiter anziehen wird, möglicherweise stärker als je zuvor, weil die Pufferwirkung der Meere langsam abnimmt – im Meerwasser also immer weniger CO_2 gelöst werden kann. Ohne Gegenmaßnahmen könnte die globale Durchschnittstemperatur bis 2050 um zwei Grad ansteigen. Hans-Joachim Schellnhuber, der Direktor des Potsdam-Instituts für Klimafolgenforschung, sagt voraus, dass es dann auf unserem Planeten wärmer würde als je zuvor seit 20 Millionen Jahren – und das innerhalb nur eines Jahrhunderts: »Das wäre eine Achterbahnfahrt, wie sie die Erde noch nicht erlebt hat.« Nie zuvor hat sich das Klima des gesamten Planeten derart rasant verändert. Beim Wechsel von den Eis- zu den Warmzeiten und umgekehrt hatten Tiere und Pflanzen immer deutlich mehr Zeit, sich anzupassen: meist Jahrhunderte oder gar Jahrtausende – heute sind es nur Jahrzehnte.

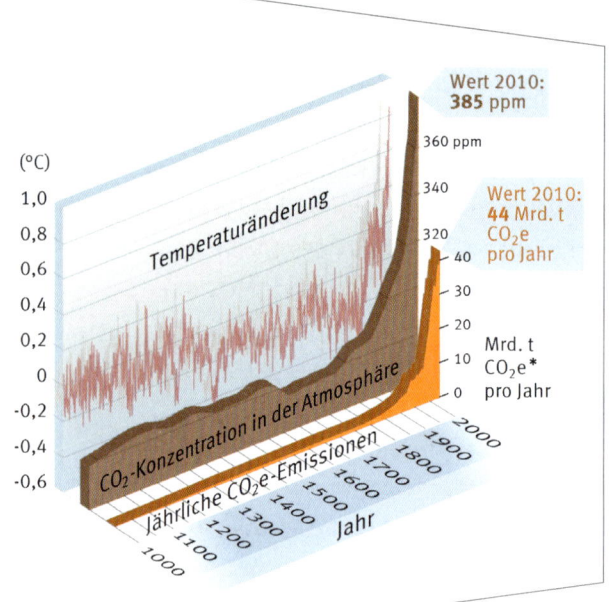

Der Kern des Klimaproblems: Die berühmte »Hockeyschläger-Kurve« zeigt, dass der CO2-Anstieg und die Temperaturerwärmung der Atmosphäre parallel verlaufen – auch wenn es im Detail noch Diskussionen unter den Wissenschaftlern gibt.

* CO_2e = Kohlendioxid-Äquivalente, d. h. alle Treibhausgase werden auf die Wirkung von Kohlendioxid umgerechnet.

Müssen alle Küstenstädte evakuiert werden?

Schon bei einer Zunahme von nur einem Grad Celsius, die wir wohl bis 2025 erreicht haben werden, nimmt die Zahl an Extremwetterlagen – ob Stürme, Dürren oder Überschwemmungen – weltweit deutlich zu. Trockene Wälder brennen, Regengüsse lassen Flüsse über die Ufer treten, Berggletscher schmelzen, und viele Korallenriffe mit ihren einzigartigen Ökosystemen sterben wegen der zunehmenden Meerestemperaturen ab. Zwischen ein und zwei Grad Temperaturerhöhung – also zwischen 2025 und 2050 – breiten sich die Wüsten vor allem in Afrika und Asien massiv aus, das CO_2 versauert die Meere, und Millionen Menschen drohen Ernteausfälle und Hungersnöte sowie eine starke Zunahme von Krankheiten wie Malaria. Zwar lässt sich zugleich in manchen, bisher kühleren Gegenden besser Landwirtschaft betreiben, doch es hilft den Hungernden in Afrika wenig, wenn in Dänemark oder Norwegen künftig gute Weine angebaut werden können.

Wenn keine Gegenmaßnahmen ergriffen werden, dürfte die Temperatur in der zweiten Hälfte des 21. Jahrhunderts noch deutlich über die Zwei-Grad-Marke steigen, möglicherweise um fünf bis sieben Grad bis 2100. Dann würden laut Schellnhuber die Schäden unbeherrschbar: »Das arktische Meereis und das Grönlandeis würden auf lange Sicht völlig und die Antarktis zum Teil wegschmelzen. Dadurch stiege der Meeresspiegel enorm an. Man müsste praktisch alle heutigen Küstenzonen evakuieren, die menschliche Zivilisation müsste neu erfunden werden.« Da viele der größten Städte der Erde am Meer liegen, wären sie direkt bedroht: Schanghai ebenso wie New York, Tokio, Rio de Janeiro und Hongkong, aber auch die ganzen Niederlande, Hamburg und Stockholm. Die Bewohner von London beispielsweise haben große Angst davor, was passiert, wenn die riesigen Barrieren an der Themse, die die Stadt vor Sturmfluten schützen, einmal brechen. Regierungsberater schätzen die Folgekosten einer einzigen Überflutung auf 33 Milliarden Euro: Zahllose Bürobauten, 25 Krankenhäuser und 200 Schulen müssten evakuiert werden, große Teile der U-Bahnen, Strom- und Telekommunikationseinrichtungen und Öltanks würden zerstört, Feuerstürme, verunreinigtes Wasser und Krankheiten würden drohen ...

Wenn die Menschheit sich wenigstens zu moderaten Gegenmaßnahmen entschließen sollte, rechnen viele Fachleute damit, dass der weltweite Temperaturanstieg bis 2100 etwa vier Grad betragen würde. Dieser Mittelwert von vier Grad bedeutet, dass die Wassertemperatur im Atlantik und Pazifik zwar nur um zwei bis drei Grad zunimmt, dass es aber dafür auf dem Festland um fünf bis acht Grad wärmer wird – und im hohen Norden Sibiriens und Kanadas sogar um acht bis 14 Grad: Dort tauen dann die Permafrostböden auf, was zu Erdrutschen führt, riesige Sümpfe entstehen lässt und große Mengen Methan freisetzt – im Extremfall könnten es Milliarden Tonnen dieses starken Klimagases sein. Das würde den Temperaturanstieg erheblich beschleunigen.

Sollten zudem Grönlands Gletscher vollständig schmelzen – was unter den Wissenschaftlern noch umstritten ist –, könnte der Meeresspiegel um mehrere Meter steigen. Hunderte Millionen Menschen wären betroffen. Schon heute kauft der Präsident der Malediven Land in Indien, weil er befürchtet, dass seine 1.200 Inseln, deren höchster Punkt nicht einmal drei Meter über dem Meeresspiegel liegt, nicht mehr zu retten sein werden. Doch diese Umsiedlung wäre nur der Anfang. In Bangladesch, Laos, Kambodscha, Vietnam und Teilen Thailands wird es nicht mehr genügen, Häuser auf Stelzen zu stellen und vom Reisanbau auf den Fischfang umzusteigen, wie es heute schon geschieht – ganze Landstriche müssten aufgegeben werden.

Auch in anderen Ländern Asiens und Afrikas käme es zu regelrechten Völkerwanderungen, zumal noch die Flüchtlinge aus den Hungerregionen hinzukämen. Um Kriege zu verhindern, müssten sich die reichen Nationen bereit erklären, viele Millionen dieser Klimaflüchtlinge aufzunehmen. In den austrocknenden Regionen der Erde müssten mehr als eine Milliarde Menschen unter Dürren leiden – ganz zu schweigen von den Tier- und Pflanzenarten, die durch diese schnellen Veränderungen auszusterben drohen. Manche Fachleute sehen ein Fünftel bis die Hälfte aller Arten stark gefährdet.

Zwei Tonnen Kohlendioxid pro Mensch und Jahr

Den vom Menschen verursachten Temperaturanstieg vollkommen aufzuhalten ist inzwischen unmöglich geworden. Selbst wenn man sofort alle Kohlendioxidemissionen einstellen könnte, würde es noch 50 bis 60 Jahre dauern, bis Ozeane und Wälder so viel an zusätzlichem CO_2 aufnähmen, dass der Temperaturanstieg aufhört. Ein realistisches, wenn auch sehr ehrgeiziges Ziel hingegen wäre es, den Temperaturanstieg bis 2100 auf maximal zwei Grad zu begrenzen – das entspräche einer CO_2-Konzentration von etwa 450 ppm und gäbe der Weltgemeinschaft eine gute Chance, die schlimmsten Folgen zu verhindern.

Der britische Ökonom Sir Nicholas Stern hat ausgerechnet, dass die Maßnahmen zur Erreichung des Zwei-Grad-Ziels pro Jahr etwa ein Prozent der weltweiten Wirtschaftsleistung kosten würden. Tue man hingegen nichts, so würde dies mit fünf bis 20 Prozent zu Buche schlagen. Das wären pro Jahr bis zu 8.000 Milliarden Euro – so viel wie die Wirtschaftsleistung von Deutschland, Frankreich, Großbritannien, Italien und Spanien zusammen. Demgegenüber wären die Kosten, um das Zwei-Grad-Ziel zu erreichen, mit 400 Milliarden Euro pro Jahr zwar ebenfalls eine Menge Geld, doch keineswegs ein utopischer Beitrag zur Rettung der Welt: Pro Kopf der reichsten Industrienationen – Europäische Union, USA, Kanada, Japan und Australien – wären es etwa 33 Euro im Monat. Diese rein volkswirtschaftlichen Rechnungen aus dem Jahr 2006 wirkten auf viele Politiker und Industrieführer wie ein Weckruf – seitdem gilt das Zwei-Grad-Ziel als weltweiter Konsens, der auch im Dezember 2009 in der Kopenhagener Erklärung niedergeschrieben wurde.

»Um das Zwei-Grad-Ziel zu erreichen«, sagt Schellnhuber, »dürfen wir der Atmosphäre bis 2050 aber höchstens noch 750 Milliarden Tonnen Kohlendioxid zumuten.« Was das bedeutet, zeigt ein Blick auf die heutigen Emissionen: Derzeit werden pro Jahr rund 33 Milliarden Tonnen CO_2 in die Luft gepustet, dazu kommt noch eine Menge an Methan, Lachgas und anderen Stoffen, die weiteren elf Milliarden Tonnen an CO_2 entspricht. Insgesamt stammen dabei etwa elf Milliarden Tonnen aus Kraftwerken, 5,5 Milliarden aus dem Verkehrsbereich, weitere fünf Milliarden aus Industrieanlagen wie der Stahl- und Zementindustrie, sechs bis sieben Milliarden aus der Brandrodung und Entwaldung und etwa 3,5 Milliarden aus den direkten Emissionen der Gebäude – vorwiegend durch Heizung bedingt.

Fachleute haben errechnet, dass für das Zwei-Grad-Ziel der weltweite Anstieg von Treibhausgasemissionen bis 2020 gestoppt werden müsste und danach deutlich fallen muss – »bis 2050 muss es uns gelingen, die globalen Emissionen zu halbieren«, sagt Schellnhuber. Und selbst dann hat man nur eine 50:50-Chance, dass der Temperaturanstieg bis 2100 unter zwei Grad bleibt. Wie schwierig dies wird, zeigt die weltweite Verteilung: Jeder Deutsche ist im Durchschnitt verantwortlich für den Ausstoß von etwa zehn Tonnen CO_2 pro Jahr, jeder Amerikaner für 20 Tonnen, aber jeder Chinese nur für fünf Tonnen und jeder Inder sogar nur für 1,5 Tonnen. Würde jeder Chinese und Inder unseren Wohlstand anstreben und dabei so viel Energie verbrauchen und so viel CO_2 verursachen wie ein Deutscher, dann stiegen die weltweiten CO_2-Emissionen um 17 Milliarden Tonnen pro Jahr. Wären die Chinesen und Inder gar so verschwenderisch wie die US-Amerikaner, dann würden sich die weltweiten CO_2-Emissionen gegenüber heute glatt verdoppeln – eine albtraumhafte Vorstellung!

Und in Wirklichkeit ist es noch schlimmer, denn dies ist nur mit den heutigen Bevölkerungszahlen gerechnet. Im Jahr 2050 werden aber mehr als neun Milliarden Menschen auf der Erde leben – Jahr für Jahr wächst die Weltbevölkerung um die Einwohnerzahl von Deutschland! Wenn man eine Halbierung der Treibhausgasemissionen erreichen will, dann bedeutet dies, dass pro Kopf und Jahr ab 2050 nicht mehr als zwei Tonnen CO_2 emittiert werden dürfen. Diese Menge erreicht ein Deutscher heute schon allein mit seinem Auto, wenn er pro Jahr nur 15.000 Kilometer fährt – und jeder Amerikaner verursacht bereits zwei Tonnen an CO_2 pro Jahr bloß durch den Betrieb von Klimaanlagen und die Beleuchtung der Gebäude. Für Deutsche bedeutet das Zwei-Tonnen-Ziel, dass die CO_2-Emissionen pro Kopf bis 2050 etwa um 80 Prozent sinken müssen, für jeden Bewohner der USA wäre es sogar eine Reduktion um 90 Prozent.

Die größte Herausforderung des 21. Jahrhunderts

Diese Zahlen zeigen deutlich, welche Revolution in den nächsten 40 Jahren gelingen muss, wenn wir nicht die Lebensgrundlagen für Milliarden von Menschen zerstören wollen. So wie in der zweiten Hälfte des 20. Jahrhunderts die große Herausforderung darin bestand, den Ost-West-Konflikt zu überwinden und einen drohenden Atomkrieg zu verhindern, so wird es in der ersten Hälfte des 21. Jahrhunderts vor allem darum gehen müssen, eine Lösung für den gigantischen Energie- und Ressourcenhunger der Menschheit zu finden und drohende Kriege um Rohstoffe, Wasser, Nahrung und lebensfreundliche Siedlungsräume zu verhindern.

Was aber dennoch optimistisch stimmt, ist, dass die einst ebenfalls unmöglich erscheinende Herausforderung des 20. Jahrhunderts tatsächlich bewältigt wurde. Denken wir nur wenige Jahrzehnte zurück: Damals glaubte fast niemand daran, dass der Ost-West-Konflikt jemals friedlich zu Ende gehen könnte – noch bis in die 1980er-Jahre hinein sahen viele Jugendliche einen Dritten Weltkrieg mit Atomwaffen und nuklearem Holocaust als wahrscheinlichsten Ausgang des Kalten Krieges: Der Slogan »No Future« und der Film *The Day After*, der die düsteren Tage nach der Explosion von Hunderten atomarer Interkontinentalraketen schilderte, standen für die pessimistische Haltung einer ganzen Generation.

Und doch fiel nur wenige Jahre später die Mauer zwischen Ost- und Westberlin und riss den ganzen Eisernen Vorhang zwischen den einst verfeindeten Blöcken entzwei: Hunderttausende Menschen erstritten 1989 in Ostdeutschland auf wochenlangen Demonstrationen mit dem Ruf »Wir sind das Volk« den friedlichen Wandel von der Parteidiktatur zur Demokratie – ermutigt von den Freiheitsbestrebungen in Polen, Ungarn und Tschechien und dem frischen Wind der Erneuerung und Demokratisierung, der dank Präsident Gorbatschow durch Russland fegte. Innerhalb von nur einem Jahr folgte die Wiedervereinigung der beiden Deutschland – in einem atemberaubenden Tempo unter dem Druck des wirtschaftlichen Niedergangs der DDR und dem Ruf der Demonstranten, die jetzt »Wir sind ein Volk« skandierten. Möglich war dies nur dank besonnener Politiker in Ost und West, denen es gelang, Eskalationen zu vermeiden – im Wissen, dass zu forsche Aktionen jederzeit in einer Katastrophe hätten enden können.

Heute, mehr als 20 Jahre danach, ist der Ost–West-Konflikt Geschichte. Ein atomarer Weltkrieg zwischen den Staaten des ehemaligen Kommunismus und denen des Kapitalismus ist kaum mehr vorstellbar. In einer Feierveranstaltung am 9. November 2009 – dem zwanzigsten Jubiläum des Mauerfalls – sagte Bundeskanzlerin Angela Merkel: »Wir haben mit dem Fall der Mauer das Unmögliche als möglich erlebt. Das gibt mir die Kraft zu sagen: Lasst es uns auch an anderen Stellen versuchen, zum Beispiel im Nahostfriedensprozess, im Kampf gegen den Terrorismus, in der internationalen Finanzpolitik und im Kampf gegen den Klimawandel.« Die Lösung dieser Herausforderungen unserer Zeit scheint mindestens ebenso schwierig wie die des Ost–West-Konflikts, aber sie ist machbar.

Eine Regierungssitzung unter Wasser

Heute geht es allerdings nicht mehr darum, dass Politiker zweier verfeindeter Lager sich einigen. Die Lösung des Klimaproblems – wie auch die des Terrorismus oder von Finanzkrisen – wird nur funktionieren, wenn sich viele unterschiedliche Spieler über die Spielregeln verständigen. China stößt heute bereits mehr Treibhausgase in die Luft als die USA, gefolgt von Europa, Russland, Indien und Japan. Betrachtet man Europa nicht als Ganzes, sondern die einzelnen Länder, so steht Deutschland weltweit an Platz sechs der Klimasünderliste. All diese Länder müssen gemeinsam Maßnahmen ergreifen und sie müssen Kompetenzen an internationale Organisationen abgeben, sonst ist ein Erfolg kaum möglich.

Vorbilder gibt es bereits: etwa die Welthandelsorganisation WTO. Hier haben sich über 150 Länder auf Schiedsgerichtsverfahren geeinigt, in denen notfalls Strafen verhängt werden, ohne dass irgendein Mitgliedsstaat ein Vetorecht besitzt. Bei der Klimafrage sind allerdings das Misstrauen und die Egoismen noch viel zu stark: Auf der einen Seite stehen die dramatischen Appelle von Inselstaaten wie den Malediven, die schon mal publikumswirksam eine ganze Kabinettssitzung in Taucheranzügen unter Wasser abhalten, auf der anderen Seite leugnen Ölnationen wie Saudi-Arabien jeglichen menschengemachten Klimawandel.

Dazwischen stehen die USA und China, die zusammen für rund 40 Prozent der Treibhausgase verantwortlich sind und ihre Wirtschaftssysteme drastisch ändern müssten, was erheblichen Widerstand hervorruft – ganz abgesehen davon, dass Chinas Nationalstolz keine internationalen Kontrollen von Klimaschutzmaßnahmen akzeptieren will. Hinzu kommen über 100 Entwicklungs- und Schwellenländer, die zu Recht darauf hinweisen, dass sie bislang kaum etwas zur Erderwärmung beigetragen haben und dass die Bekämpfung der Armut Vorrang haben müsse.

Rajendra Pachauri, Friedensnobelpreisträger und Vorsitzender des Weltklimarates, hält es beispielsweise für »unethisch und ungerecht, Ländern wie Indien, wo 400 Millionen Menschen noch gar keinen Zugang zu elektrischem Strom haben, CO_2-Reduktionsziele vorschreiben zu wollen«. Nicht zuletzt geht es also auch um viel Geld, das die reichen Nationen an die ärmeren Länder werden zahlen müssen – alles in allem eine Gemengelage, die sehr schwer aufzulösen sein wird. Die wenig erfolgreichen Klimakonferenzen in Kopenhagen 2009 und 2010 in Cancún, Mexiko, machten dies mehr als deutlich. Doch es bleibt nicht mehr viel Zeit, um zumindest die größten Industriestaaten zum Handeln zu bewegen, denn die Folgen des Nichtstuns werden ungleich teurer und schmerzhafter sein.

Millionen Umweltjobs allein in Deutschland

Immerhin: Vergleicht man die Situation vor einigen Jahren mit der heutigen, ist viel in Bewegung geraten. Immer mehr Länder und Industrieunternehmen versuchen, entsprechend dem Konzept der Nachhaltigkeit zu handeln. Nachhaltigkeit – dies ist das Schlagwort, das zum Slogan des 21. Jahrhunderts werden könnte. Dabei ist der Begriff schon 250 Jahre alt. Er wurde im 18. Jahrhundert von deutschen Forstmeistern erfunden, um eine Bewirtschaftungsmethode für Wälder zu beschreiben, bei der immer nur so viel Holz entnommen wird, wie nachwachsen kann. 1992, bei der Konferenz der Vereinten Nationen über Umwelt und Entwicklung in Rio de Janeiro, wurde der Begriff neu definiert: »Eine nachhaltige Entwicklung befriedigt die Bedürfnisse der heutigen Generation, ohne die Chancen zukünftiger Generationen zu gefährden.« Dabei gehe es gleichermaßen um die Befriedigung sozialer und ökonomischer Bedürfnisse – insbesondere die Überwindung der Armut – wie um die Schonung der natürlichen Lebensgrundlagen, also den Schutz der Umwelt.

China beispielsweise hat sich nicht nur vorgenommen, den Wohlstand seiner Bevölkerung zu mehren und Armut und Hunger zu beseitigen. Das Land hat auch beschlossen, fast 40 Prozent seines Konjunkturprogramms gegen die Finanzkrise in eine umweltfreundlichere Wirtschaft zu stecken: Das sind mehr als 150 Milliarden Euro – fast die Hälfte dessen, was bei allen weltweiten Konjunkturprogrammen für grüne Technologien vorgesehen ist. China definierte eine hohe Energieeffizienz als Staatsziel und will bei der Entwicklung von Umwelttechnik eine führende Rolle einnehmen. Noch ist allerdings Deutschland hier die Nummer eins – mit einem Weltmarktanteil von 16 Prozent. Auf Platz zwei stehen die USA mit 15 Prozent. Europa insgesamt produziert fast die Hälfte aller Umweltprodukte weltweit.

Die Industrie hat die Chancen auf diesen Märkten längst erkannt – die Unternehmen überbieten sich derzeit im Bemühen, ihre Produkte als grün und ihr Wirtschaften als nachhaltig darzustellen. Umwelttechnik, so heißt es, hat das Potenzial, zur wichtigsten Industrie des 21. Jahrhunderts zu werden. Bereits heute setzen Firmen mit Umwelttechnologien weltweit jedes Jahr über 1.000 Milliarden Euro um – in zehn Jahren könnten es dreimal so viel sein. Die Unternehmensberater von Roland Berger haben errechnet, dass sich

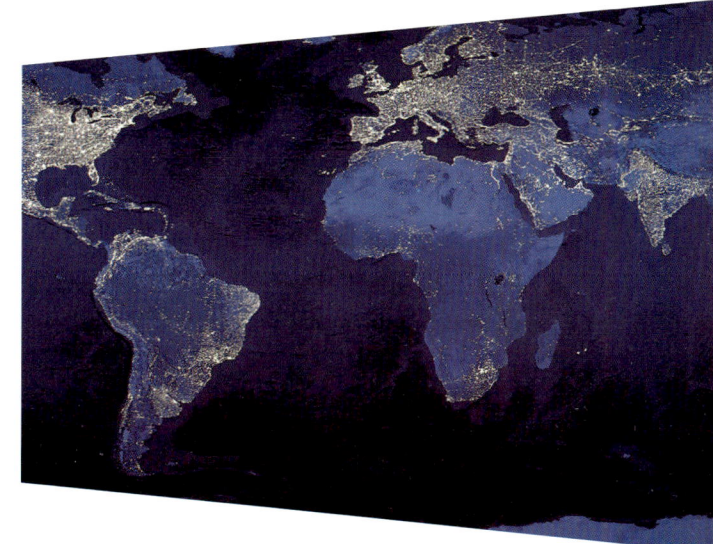

Die großen Städte leuchten: Aus dem All ist deutlich zu erkennen, wo auf der Erde besonders viel Energie verbraucht wird.

allein in deutschen Green-Tech-Firmen die Mitarbeiterzahl von heute einer Million bis 2020 auf über zwei Millionen verdoppeln könnte. Dabei geht es um erneuerbare Energien wie Wind und Sonne ebenso wie um die Reinhaltung von Wasser und Luft und die Recyclingwirtschaft oder um alternative Antriebe und energieeffiziente Geräte aller Art, von Energiesparlampen bis zu Industriemotoren.

Eine Neuauflage der industriellen Revolution – in Grün

Auch die Politik ist nicht untätig geblieben: Die Europäische Union hat sich bereits im Jahr 2007 dem Ziel angeschlossen, dass die globalen Emissionen bis 2050 um die Hälfte unter den Wert von 1990 sinken müssen. In einem ersten Schritt will Europa seine eigenen Treibhausgasemissionen bis 2020 um mindestens 20 Prozent senken – und es sollen sogar 30 Prozent werden, wenn andere Industrieländer Vergleichbares tun. Die deutsche Regierung ging noch einen Schritt weiter und erhöhte diese Werte für das eigene Land um weitere zehn Prozent. Im Energiekonzept, das im Herbst 2010 beschlossen wurde, ist vorgesehen, dass der Anteil »grünen« Stroms – vor allem durch Windanlagen – bis 2050 auf 80 Prozent steigen soll, während zugleich der Wärmebedarf von Gebäuden um 80 Prozent sinken soll. Außerdem sollen die Stromnetze und Energiespeicher ausgebaut und bis 2030 fünf Millionen Elektrofahrzeuge auf deutsche Straßen gebracht werden. Selbst in den USA, die sich jahrzehntelang gegen internationale Vereinbarungen zum Klimaschutz sträubten, brechen die Dämme: In Kalifornien werden Milliarden Dollar an Risikokapital nicht mehr in Internettechnologien gesteckt, sondern in die aufstrebende Umwelttechnik, und US-Präsident Barack Obama spricht von der Notwendigkeit einer »grünen industriellen Revolution« – selbst wenn es ihm sehr schwerfällt, die politischen Institutionen seines Landes zum Handeln zu bewegen.

Doch was muss geschehen, damit eine solche Revolution Wirklichkeit werden kann? Welche technischen Lösungen gibt es, um die Treibhausgasemissionen bis 2050 um die Hälfte zu senken – trotz weltweiten Bevölkerungswachstums und trotz des gleichzeitigen Ziels, den Wohlstand zu steigern? Denn beides bedeutet mehr Energieverbrauch ... und dies wiederum ging bislang Hand in Hand mit wachsenden Treibhausgasemissionen. Doch genau das muss sich ändern: In Zukunft muss es möglich sein, den Energieverbrauch zu erhöhen und zugleich die Emissionen zu senken. Die Fachleute sprechen von der Entkopplung von Wirtschaftswachstum, Energieverbrauch und CO_2-Emissionen – erstmals in der Menschheitsgeschichte.

Insgesamt gibt es nur drei Wege, die Atmosphäre mit deutlich weniger Kohlendioxid zu belasten:

☐ den massiven Ausbau von Technologien, die Strom erzeugen, ohne CO_2 auszustoßen – dazu zählen die erneuerbaren Energien wie Wind, Sonne, Wasserkraft, Erdwärme und Biomasse, aber auch die Entwicklung von Fusionskraftwerken

☐ die Entwicklung von Lösungen, die verhindern, dass CO_2 in die Luft abgegeben wird, oder die es sogar aus der Atmosphäre wieder entfernen, und

☐ den möglichst breiten Einsatz von Produkten, die die Energie wesentlich effizienter nutzen – aus einem Kilogramm Kohle, einem Liter Öl oder einem Kubikmeter Erdgas also wesentlich mehr an Nutzenergie herausholen.

Auf all diesen Feldern sind Ingenieure und Forscher bereits gut vorangekommen. In den folgenden Kapiteln werden etliche dieser spannenden Entwicklungen beschrieben – was ist bereits möglich, und was bleibt noch zu tun, um bis 2050 die weltweiten CO_2-Emissionen mindestens zu halbieren?

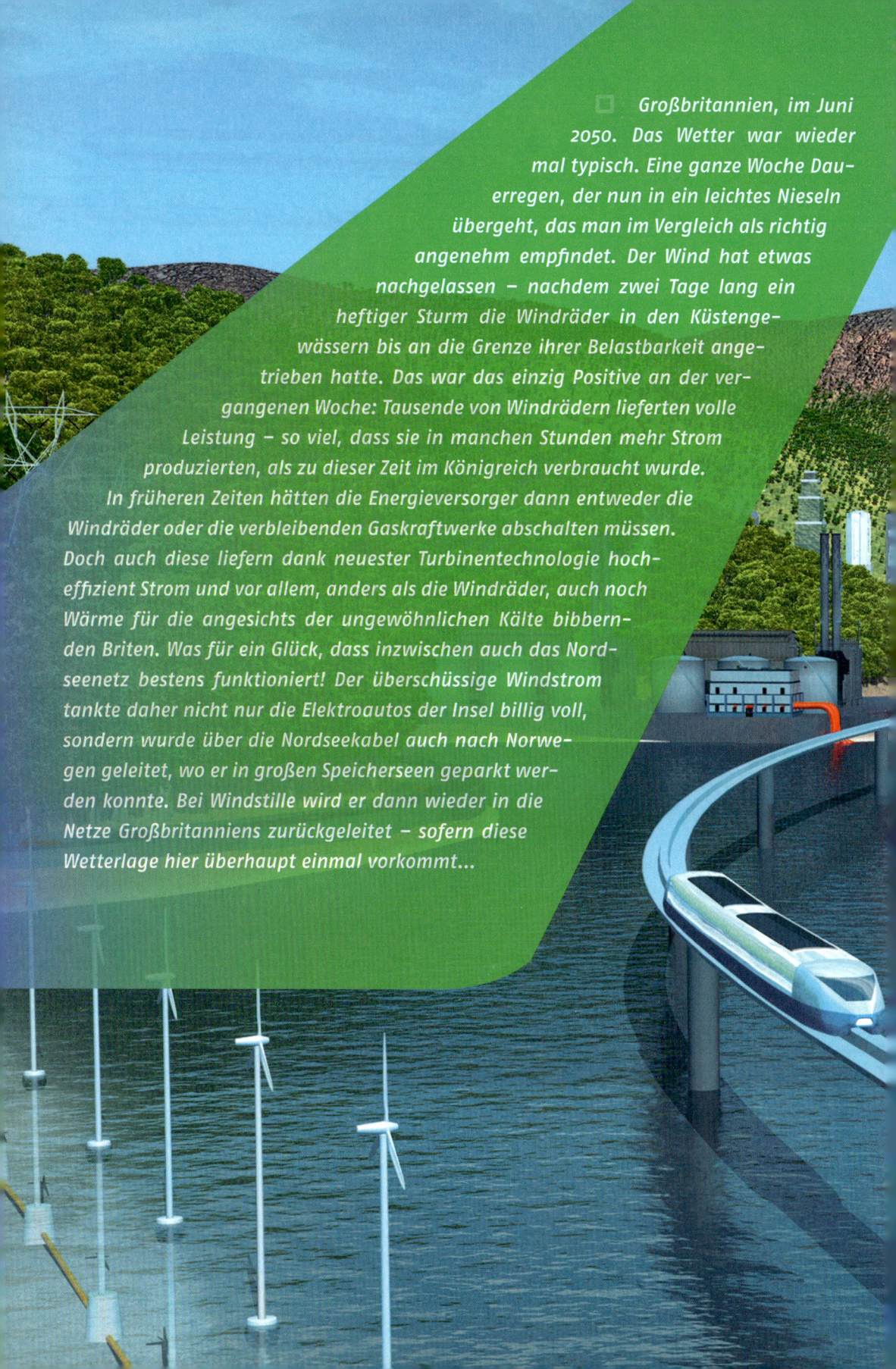

Großbritannien, im Juni 2050. Das Wetter war wieder mal typisch. Eine ganze Woche Dauerregen, der nun in ein leichtes Nieseln übergeht, das man im Vergleich als richtig angenehm empfindet. Der Wind hat etwas nachgelassen – nachdem zwei Tage lang ein heftiger Sturm die Windräder in den Küstengewässern bis an die Grenze ihrer Belastbarkeit angetrieben hatte. Das war das einzig Positive an der vergangenen Woche: Tausende von Windrädern lieferten volle Leistung – so viel, dass sie in manchen Stunden mehr Strom produzierten, als zu dieser Zeit im Königreich verbraucht wurde. In früheren Zeiten hätten die Energieversorger dann entweder die Windräder oder die verbleibenden Gaskraftwerke abschalten müssen. Doch auch diese liefern dank neuester Turbinentechnologie hocheffizient Strom und vor allem, anders als die Windräder, auch noch Wärme für die angesichts der ungewöhnlichen Kälte bibbernden Briten. Was für ein Glück, dass inzwischen auch das Nordseenetz bestens funktioniert! Der überschüssige Windstrom tankte daher nicht nur die Elektroautos der Insel billig voll, sondern wurde über die Nordseekabel auch nach Norwegen geleitet, wo er in großen Speicherseen geparkt werden konnte. Bei Windstille wird er dann wieder in die Netze Großbritanniens zurückgeleitet – sofern diese Wetterlage hier überhaupt einmal vorkommt...

DIE PIONIERE DER GRÜNEN REVOLUTION

Werfen wir einen Blick in ein paar der Forschungslabors und auf die Wissenschaftler und Ingenieure, die all ihren Ehrgeiz daran setzen, die Energiewende Wirklichkeit werden zu lassen. Auf solchen Menschen ruht die Hoffnung, denn sie sind entschlossen, die Energiewirtschaft der Welt so massiv zu verändern, dass sie im Jahr 2050 völlig anders aussehen wird als in den 200 Jahren zuvor.

Einer dieser Revolutionäre ist Henrik Stiesdal. Schon als Abiturient war er in den 1970er-Jahren stark beeindruckt von der Ölkrise und den Diskussionen, die Meadows und der Club of Rome angestoßen hatten. Stiesdal lebt im stets windumtosten Dänemark. Warum also nicht die Kraft des Windes anzapfen? Auf dem Hof seiner Eltern bastelte er eine der allerersten Windturbinen überhaupt. Das Material dafür holte er sich von Schrottplätzen, die Rotorblätter waren aus Holz – »zu 50 Cent das Kilo«, erinnert er sich. In einer verfeinerten Version hatte seine Anlage dann schon drei Flügel aus Fiberglas, die sich automatisch an der Windrichtung orientierten. Die Lizenz dafür verkaufte Stiesdal an den Landmaschinenhersteller Vestas. Er wurde damit zu einem der Begründer des globalen Windbooms: Vestas ist heute der größte Windturbinenhersteller der Welt – mit rund 40.000 Windkraftanlagen in über 60 Ländern.

Doch in den 1980er-Jahren war die Zukunft der Windenergie noch keineswegs so rosig, und Stiesdal entschied sich, erst einmal Medizin, Biologie und Physik zu studieren. Sein Jugendtraum ließ ihn allerdings nicht los, und so heuerte der frischgebackene Biologe bei Bonus Energy in der 6.000-Seelen-Gemeinde Brande an, einer Firma, die sich vom Regensprinklerhersteller zu einem der renommiertesten Produzenten von Windrädern gemausert hatte. Dänemark war zu dieser Zeit – und ist es heute noch – ein Eldorado für Windkraftpioniere. Bereits in den 1980er-Jahren hatte die Regierung ein Stromeinspeisegesetz für Windanlagen erlassen, was zu einem Boom der entsprechenden Technologien führte. »Die ersten Maschinen, die wir in den frühen 80er-Jahren bauten, hatten eine elektrische Leistung von 22 Kilowatt«, sagt Stiesdal. »Ungefähr alle vier Jahre hat sich die Leistung verdoppelt. Heute sind 3,6 Megawatt typisch, also mehr als das Hundertfache der ersten Turbinen, und auch 6-Megawatt-Maschinen gibt es bereits. Ein Ende dieser Entwicklung ist nicht in Sicht.«

Mit fast 100 Patenten katapultierte Cheftechnologe Stiesdal die Firma Bonus, die 2004 von Siemens übernommen wurde, zur Innovationsführerschaft auf vielen Feldern der Windenergie. So erkannte er früh, dass die Kunden von Windturbinen vor allem Wert auf hohe Zuverlässigkeit und auf die pro Jahr lieferbaren Strommengen legten. Denn Reparaturen sind extrem aufwendig – bei Windanlagen auf hoher See sind sie wegen des stürmischen Wetters oft tage- oder wochenlang gar nicht möglich: Wenn die Anlagen dann stillstehen und keinen Strom liefern, wird es für die Betreiber richtig teuer.

Rotorblätter länger als die Flügel eines Jumbos – gebacken aus einem Stück

Stiesdals oberstes Ziel ist es, Reparaturen möglichst zu vermeiden. »Es muss uns gelingen, Probleme immer vor unseren Kunden zu erkennen«, verrät er sein Erfolgsrezept. Sein Team stattet daher Windanlagen mit einer Vielzahl von Sensoren aus, die neben den Betriebsdaten auch Angaben über Windstärke, Regenfälle, Blitzeinschläge, Temperaturen oder Vibrationen automatisch in die Zentrale melden – drohende Ausfälle werden so oft schon im Vorfeld erkannt. Darüber hinaus hat sein Team in jahrelanger Arbeit eine Windturbine ohne Getriebe entwickelt: Das reduziert die Zahl der Einzelteile um die Hälfte, senkt das Gewicht um zwölf Tonnen und macht es unwahrscheinlicher, dass Teile ausfallen und repariert werden müssen. Entscheidend für eine hohe Zuverlässigkeit ist auch das Fertigungsverfahren für die Rotor-blätter, das Stiesdal aus dem Schiffsbau abgeschaut hat. Dort werden viele Kunststoffteile in einem Stück hergestellt, und der Hobbysegler fragte sich, warum dies nicht auch bei Windturbinen möglich sein sollte. Das Ergebnis der Forschungsarbeiten: leichte und robuste Rotorblätter, die trotz Abmessungen von 50 bis 60 Metern – länger als die Flügel eines Jumbojets – ganz ohne Kleben oder sonstige Nahtstellen auskommen.

Innen hohl, aber extrem stabil: Moderne Windräder sind oft über 50 Meter lang und werden in einem Stück »gebacken«.

Die Rotorblätter entstehen in einer 250 Meter langen Halle in Schalen, die riesigen Sandkastenbackformen ähneln. Arbeiter legen diese Formen mit dünnen Schichten aus Glasfasermatten und Lagen von Balsaholz aus. Dann verschließen sie die Ober- und Unterteile der Formen, wobei der Innenraum vorher mit aufblasbaren Lufttaschen gefüllt wird, um Hohlräume zu schaffen und die Flügel leichter zu machen. Jetzt spritzen die Arbeiter mehrere Tonnen flüssiges Epoxidharz hinein, das sich seinen Weg zwischen den Luftballons und dem Fiberglas sucht und beide Flügelseiten gleichmäßig verklebt. »Und dann backen wir alles bei 70 Grad für acht Stunden, wie eine riesige Pizza«, beschreibt Stiesdal anschaulich den genialen Fertigungsprozess.

Wie hart im Nehmen die Rotorblätter sind, beweisen die Ingenieure im Dauertest. Ein riesiger Hydraulikarm versetzt die Blätter in Schwingungen, teilweise bis zu zehn Meter nach oben und unten. Vier Millionen Schwin-gungen simulieren dabei in wenigen Wochen die Belastungen, die während eines Betriebs von 20 Jahren entstehen. Derart robuste Flügel sind auch nö-tig, denn auf offener See, wo zwei- bis dreimal so viel Strom erzeugt werden kann wie an Land, presst der Wind Luftmassen mit einem Gewicht von 100 Tonnen durch die Blätter, die an ihrer Spitze mit bis zu 300 Kilometern pro Stunde durch die Luft pfeifen. Das ist so schnell wie ein Hochgeschwindigkeitszug.

Wenn die Rotorblätter fertig gebacken und frisch poliert sind, reisen sie auf Sattelschleppern in den Hafen. Dort werden die Flügel mit den »Gondeln«, an denen sie später befestigt werden und in denen sich die Anlagen zur Stromerzeugung befinden, sowie mit dem Befestigungsmast auf ein Schiff verladen. Das transportiert alles zum Bestimmungsort – beispielsweise zu einem Windpark in der Nordsee. Vor Ort geht es dann schnell: Bis eine einzelne Windkraftanlage komplett errichtet ist, dauert es nur sechs bis acht Stunden. Der Kran des Montageschiffs hebt dabei den Stahlturm, die Gondel und den Rotor auf einen Sockel – ein Stahlfundament, das zuvor 20 Meter tief in den Untergrund getrieben wurde. Verschraubt werden die Komponenten ganz altmodisch per Hand.

Tausende von Windrädern in der Nordsee

Bei Windparks im Meer werden jedes Jahr neue Rekorde aufgestellt. Einer der größten Windparks entsteht derzeit im Mündungsbereich der Themse: Hier sollen 270 Windturbinen bis zu einem Gigawatt elektrischer Leistung liefern – genug für 750.000 Londoner Haushalte. Im Januar 2010 hat Großbritannien zudem bekannt gegeben, dass es bis 2020 mit Investitionen von 110 Milliarden Euro ein Viertel seines Strombedarfs durch Offshorewindanlagen decken will. Die etwa 6.000 Windräder sollen insgesamt über eine Leistung von 30 Gigawatt verfügen. Im Vergleich zum weltweiten Strommix, der noch zu fast 70 Prozent aus fossilen Quellen stammt, würden diese Windräder pro Jahr 54 Millionen Tonnen an CO_2-Emissionen einsparen – das entspricht etwa dem CO_2-Ausstoß von 27 Millionen Autos.

Dänemark deckt bereits heute über 20 Prozent seines Strombedarfs mit Windstrom. Kein Wunder, denn nur an zehn Tagen im Jahr herrscht hier völlige Flaute. An windreichen Tagen produzieren die Windräder auch schon mal die Hälfte der Elektrizität im Land, in einer windreichen Nacht können es sogar 100 Prozent werden. Diese schwankende Stromerzeugung stellt Dänemark vor ganz neue Herausforderungen: So muss das Land bei Starkwind entweder Windanlagen abschalten oder überschüssigen Windstrom in großen Speicherseen in Norwegen zwischenlagern. Bei Flaute holt man sich die Energie von dort wieder zurück. In den kommenden Jahren wird diese Speicherproblematik noch deutlich zunehmen, denn bis 2030 will Dänemark etwa die Hälfte seines Stroms aus Windkraft beziehen.

In Deutschland sind es bislang rund sieben Prozent des Stroms, der von 21.000 Windrädern meist an der Küste und in Mittelgebirgen produziert wird. Im vergangenen Jahrzehnt hat sich die Zahl der Windräder hierzulande mehr als verdreifacht – bis vor Kurzem stand Deutschland damit weltweit an erster Stelle, wurde aber inzwischen von den USA verdrängt. Auf Platz drei liegt China, gefolgt von Spanien und Indien. Insgesamt sind weltweit Windanlagen mit einer Gesamtleistung von 160 Gigawatt installiert, die pro Jahr fast 300 Milliarden Kilowattstunden (300 Terawattstunden) an Strom liefern können – so viel, wie 30 Großkraftwerke erzeugen. Und der Boom hält an: Bis 2020 will allein China 100 Gigawatt Leistung aus Windenergie gewinnen. Das Reich der Mitte könnte damit schon bald der größte Windenergiemarkt der Welt werden.

Auch an neuen Ideen mangelt es nicht: So wird derzeit vor der norwegischen Küste das weltweit erste schwimmende Windrad getestet. Das ist eine Anlage, die nicht wie bislang üblich in relativ seichten Gewässern mit maximal 30 Metern Wassertiefe fest fixiert ist, sondern 220 Meter über dem Meeresboden treibt. Ein 120 Meter langer Schwimmkörper aus Stahl und Beton mit Ballasttanks verhindert, dass das Windrad bei Wellengang wie ein Badewannenthermometer hin und her schwankt. Damit es nicht abtreibt, wird es mit drei flexiblen Stahltrossen auf dem Meeresboden vertäut. Der Strom lässt sich über ein langes Seekabel abtransportieren. »Eine derartige Konstruktion sollte bis zu Meerestiefen von etwa 700 Meter einsetzbar sein«,

Kraftwerk auf dem offenen Meer: Binnen sechs Stunden hebt der Kran des Montage-schiffes einen der riesigen Stahltürme mitsamt Rotoren auf seinen Sockel.

hofft Stiesdal. Damit erschließen sich völlig neue Einsatzorte: Beispielsweise haben Fachleute errechnet, dass sich mit Windanlagen innerhalb von 50 Seemeilen vor der US-Küste mehr Strom erzeugen ließe als in allen Kraftwerken der USA zusammen.

Weltweit sagen Schätzungen voraus, dass sich die Strommenge, die Windanlagen erzeugen, bis 2030 verdreizehnfachen dürfte. Da aber zugleich der Stromverbrauch um etwa 70 Prozent steigen wird, sind dies auch 2030 erst knapp zehn Prozent des weltweiten Strombedarfs. Bis 2050 könnten 35 Prozent erreicht werden. Noch größer sind nur die Steigerungsraten bei der Sonnenenergie: Deren Strommenge soll bis 2030 um das 53-Fache steigen, allerdings von einem deutlich geringeren Niveau aus: von heute 30 auf dann 1.600 Terawattstunden weltweit – das wäre immerhin das Zweieinhalbfache des gesamten heutigen Stromverbrauchs in Deutschland.

Sechs Stunden Wüstensonne reichen für die Menschheit

In Deutschland sind heute über zwei Millionen Solarkollektoren und Fotovoltaikanlagen auf Dächern installiert – die Ersteren für Warmwasser, die Letzteren als Solarzellen zur Stromerzeugung. Zu verdanken ist dieser Boom vor allem der langjährigen staatlichen Förderung, die den Betreibern von Solarzellen für jede ins Netz eingespeiste Kilowattstunde ein Vielfaches dessen vergütet, was Strom aus Kohle- oder Gaskraftwerken kostet. Dank dieser Förderung ist Deutschland zum weltgrößten Absatzmarkt für Fotovoltaikanlagen geworden – vor den USA und Spanien. Die deutschen Anlagen mit einer Leistung von 18 Gigawatt liefern derzeit elf Terawattstunden Strom pro Jahr. Damit lassen sich knapp zwei Prozent des deutschen Bedarfs decken. Inzwischen sind Solarmodule, vor allem aus China, allerdings so kostengünstig geworden, dass mancherorts Solarstrom schon billiger produziert werden kann, als der Strom aus dem Netz für Privatleute kostet. Damit wird künftig der Strom vom Dach auch ohne staatliche Förderung günstiger sein als der aus dem Netz – und immer mehr Hausbesitzer werden zu ihren eigenen Stromproduzenten werden.

Dennoch leistet Solarenergie bislang nur einen bescheidenen Beitrag zur Energieversorgung. Dabei ist die Sonne eine wahre Kraftquelle: Ein Zehntausendstel der Energie, die sie auf die Erde strahlt, würde für die Menschheit genügen. In nicht einmal sechs Stunden empfangen allein die Wüsten unseres Planeten so viel an Sonnenenergie, wie alle Menschen zusammen in einem Jahr benötigen. Möglichst viel dieser Energie zu ernten ist das Ziel von Gerhard Knies, einem pensionierten Elementarteilchenphysiker aus Hamburg: »Es geht nicht nur darum, unsere Energieversorgung umzustellen, weil wir es tun müssen, um die Welt zu retten – ich bin überzeugt davon, dass dies auch für Firmen enorme Geschäftsmöglichkeiten verspricht«, sagt er. Und in der Tat hat es der agile 74-Jährige in den vergangenen Jahren geschafft, engagierte Mitstreiter um sich zu versammeln: die technischen Experten des Deutschen Zentrums für Luft- und Raumfahrt ebenso wie den Club of Rome oder Prinz Hassan von Jordanien.

Zusammen entwickelten sie das Konzept, das Knies »Desertec« getauft hat. Dabei soll bis 2050 Strom aus Nordafrika und angrenzenden Staaten nicht nur zur lokalen Energieversorgung sowie zur Meerwasserentsalzung beitragen, sondern auch 15 bis 20 Prozent des europäischen Strombedarfs decken. Im Sommer 2009 gelang den Wüstenstromspezialisten der vielleicht entscheidende Coup: Etliche der größten Energieversorger, Solar- und Elektrounternehmen, Banken und Versicherungen gründeten eine Industrieinitiative zur Umsetzung des Desertec-Konzepts. »Die Weltenergieversorgung umzustellen schaffen nicht Einzelne mit ein paar Solarzellen auf dem Dach«, sagt Knies. »Die großen Konzerne müssen mitziehen.«

Spiegel folgen dem Lauf der Sonne

Denn Desertec wird nicht billig: Die Realisierung wird Hunderte Milliarden Euro kosten. Das Konzept sieht vor, dass neben etlichen Windparks einige Dutzend Solarkraftwerke errichtet werden. Dabei wäre der Flächenbedarf gar nicht so groß, denn die Sonne liefert in Nordafrika übers Jahr gerechnet zwei- bis dreimal mehr Energie als in Mitteleuropa. Um 700 Terawattstunden pro Jahr zu erzeugen – das entspricht 20 Prozent des europäischen Bedarfs –, reichen rund 50 mal 50 Kilometer Fläche. Das ist etwa die Größe des Saarlands.

Die Technik für solarthermische Kraftwerke ist an sich einfach: Die Energie der Sonne erhitzt Wasser, das verdampft. Mit dem Dampf wird – ähnlich wie in fossil befeuerten Kraftwerken – eine Turbine angetrieben, deren Bewegung in einem Generator in Strom umgesetzt wird. Die Sonnenwärme muss dabei durch Spiegel gebündelt werden, um hohe Temperaturen zu erzielen. Die am weitesten verbreitete Technologie nutzt gebogene, nach oben offene Spiegel, die dem Lauf der Sonne nachgeführt werden. In deren Brennlinie befindet sich ein Rohr, durch das eine Flüssigkeit als Wärmeträgermedium strömt – meist ein Spezialöl. Es erhitzt sich auf fast 400 Grad Celsius und gibt dann die Hitze an Wasser ab, das verdampft und die Turbine treibt. Eine Alternative stellen spezielle Salze dar, die auf bis zu 550 Grad Celsius erhitzt werden können und damit die Effizienz der Anlage steigern. Um dauerhaft Strom produzieren zu können, werden künftige Solarkraftwerke über Wärmespeicher verfügen, die die eingefangene Sonnenhitze speichern – zum Beispiel in geschmolzenen Salzen oder in Sand – und so auch nachts Strom erzeugen können.

Die Sonne im Fokus: Mit 170.000 präzise gekrümmten Spiegeln liefert das spanische Solarkraftwerk Lebrija Strom für 50.000 Haushalte.

In der kalifornischen Wüste versorgen Solarkraftwerke schon seit mehr als 20 Jahren über 200.000 Haushalte mit elektrischem Strom. Im Oktober 2010 kündigte die US-Regierung an, dass die deutsche Solar Millennium AG in der Mojave-Wüste das größte Solarkraftwerk der Welt bauen wird – auf einer Fläche von 4.000 Fußballfeldern soll es mit 1.000 Megawatt Leistung genug Strom für bis zu 750.000 Haushalte liefern.

Auch in Spanien wird derzeit ein Solarkraftwerk nach dem anderen gebaut, und Marokko will bis 2020 mehrere Tausend Megawatt Leistung in Wind- und Solaranlagen produzieren. Die Stromkosten solarthermischer Kraftwerke sind günstiger als bei Solarzellen aus Silizium, aber noch deutlich höher als bei Windstrom. Da allerdings die großindustrielle Fertigung gerade erst startet und Forscher viele technische Details noch verbessern werden, dürfte der Strom aus Solarkraftwerken in 15 Jahren auch gegenüber konventionellen Kraftwerken wettbewerbsfähig sein. Windstrom ist das in manchen Gegenden bereits heute.

Das neue Stromzeitalter

Die Errichtung von Solaranlagen in den Wüsten ist keineswegs eine neue Idee. Bereits in den 1970er- und 80er-Jahren haben Vordenker wie der Flugzeugingenieur Ludwig Bölkow solche Konzepte ausgearbeitet. Damals ging es allerdings noch um Solarzellen aus Silizium, die in den heißen Gegenden Strom erzeugen und damit Wasser spalten sollten: Dabei bilden sich die Gase Wasserstoff und Sauerstoff. Der energiereiche Wasserstoff sollte dann mit Schiffen oder Pipelines nach Europa transportiert werden. Hier würde man daraus in sogenannten Brennstoffzellen wieder Strom und Wärme gewinnen oder den Wasserstoff in Verbrennungsmotoren zum Antrieb von Autos nutzen. Als »Abfallprodukt« entsteht dabei nur Wasser – kein Kohlendioxid. Der Energieträger Wasserstoff ist so umweltfreundlich, dass die Pioniere dieser Idee bereits vom »solaren Wasserstoffzeitalter« schwärmten. Doch auch 30 Jahre danach ist davon noch wenig zu sehen – Firmen wie Daimler haben zwar für viel Geld Brennstoffzellenfahrzeuge entwickelt, und BMW baute leistungsstarke Wasserstoffverbrennungsmotoren, doch vom Wasserstoffzeitalter spricht kaum mehr jemand.

Das liegt zum einen an technischen und organisatorischen Hürden und zum anderen an einem starken neuen Konkurrenten. Was aus Sicht von Physik, Chemie und Technik gegen Wasserstoff spricht, ist einfach: Wasserstoff ist ein sehr flüchtiges Gas, das 14-mal leichter ist als Luft. Um es sinnvoll nutzen zu können, muss man das Gas entweder stark verdichten oder verflüssigen. Aber selbst bei 200 bar Druck speichert ein Liter Wasserstoffgas nur ein Fünfzehntel der Energie eines Liters Benzin – in verflüssigter Form bei minus 253 Grad Celsius erreicht er zwar fast ein Drittel der Energie von Benzin, aber dies erfordert eine starke Kühlleistung und gut isolierte Tanks.

Eine dritte Möglichkeit ist die Einlagerung des Wasserstoffs in Metallhydride oder sogenannte Nanoröhren, doch auch hier werden die Speichertanks nicht wesentlich handlicher. Außerdem ist Wasserstoff ein leicht entzündliches Gas, das in bestimmten Mischungsverhältnissen mit Luft bereits durch einen kleinen Funken zur Knallgasexplosion führt. Wasserstoff ist also schwierig zu handhaben, zu speichern und zu transportieren. Dennoch wird er bei der Energieversorgung von morgen eine wichtige Rolle spielen, aber eher als kurzfristiger Energiespeicher und chemisches Zwischenprodukt statt als breit eingesetzter Energieträger.

Diese Rolle wird mit ziemlicher Sicherheit ein anderer übernehmen, der uns schon seit eineinhalb Jahrhunderten begleitet: der elektrische Strom.

Sein erster Siegeszug begann in der zweiten Hälfte des 19. Jahrhunderts: Als Werner von Siemens 1866 die erste Dynamomaschine baute, war damit der wirtschaftlichste Weg gefunden, elektrischen Strom zu erzeugen. Wenn sich in einem solchen Generator eine Spule in einem Magnetfeld bewegt, entsteht aus der mechanischen Energie – wie beim Fahrraddynamo – elektrischer Strom, der vielfältig genutzt werden kann, etwa, um Licht zu erzeugen, oder in einem Elektromotor. Siemens entwickelte viele Innovationen gleich selbst: die erste elektrische Eisenbahn, den elektrischen Kutschenwagen – einen Vorläufer von Elektroauto und Straßenbahn – oder den ersten elektrischen Aufzug. Auf Basis von Siemens-Dynamos wurde 1878 im Park von Schloss Linderhof in Bayern das weltweit erste Elektrizitätskraftwerk gebaut. Mit dem Strom ließ König Ludwig II. seine sogenannte Venusgrotte in hellen Farben erstrahlen.

Auch jenseits des Atlantiks setzten geniale Erfinder auf die neue Technik: So beschloss Thomas Alva Edison Ende der 1870er-Jahre, mit der elektrischen Glühbirne Licht in alle Haushalte zu bringen. Fast 30 Millionen Menschen bestaunten 1893 ein Lichtermeer aus 200.000 Glühbirnen auf der Weltausstellung in Chicago. Als George Westinghouse und Nikola Tesla zwei Jahre später das erste 50-Megawatt-Kraftwerk an den Niagarafällen eröffneten und Strom bis ins 40 Kilometer entfernte Buffalo übertrugen, war dies das endgültige Startsignal für die Elektrifizierung der Welt.

Heute – fast 120 Jahre danach – beginnt nach Meinung vieler Fachleute das zweite Pionierzeitalter der Elektrotechnik, denn elektrischer Strom ist der beste Weg, die Treibhausgasemissionen zu senken. Der Grund: Er kann extrem umweltfreundlich produziert, hocheffizient übertragen und mit geringen Verlusten verbraucht werden – er ist ideal für den Einstieg in die kohlenstofffreie Energiewirtschaft. Denn anders als bei Wasserstoff ist die Infrastruktur für elektrischen Strom bereits vorhanden. Und die letzten noch fehlenden Puzzleteile werden gerade ins große Bild des »neuen Stromzeitalters« eingefügt:

- neue Übertragungstechniken, die Strom verlustarm über Tausende von Kilometern transportieren können,
- leistungsfähige Energiespeicher für Wind- und Sonnenenergie sowie für Elektrofahrzeuge
- und intelligente Stromnetze, die flexibler und sicherer sind als die, die wir bislang kennen.

Das Puzzle fügt sich zusammen

Große Mengen an Wasserstoff von den Wüsten Afrikas nach Mitteleuropa zu befördern, wie es der Bölkow-Plan vorsah, ist extrem teuer. Ganz anders im Desertec-Konzept: Hier soll die Energie in Form von elektrischem Strom über Hochspannungsgleichstromleitungen übertragen werden, bei 800.000 oder gar einer Million Volt Spannung. Dass dies funktioniert, zeigen die ersten derartigen Leitungen, die gerade in China in Betrieb genommen wurden, um Strom aus Wasserkraftwerken im Landesinnern bis in die Megacitys an der Küste zu befördern: Bei der einen Leitung werden fünf Gigawatt Leistung – das entspricht fünf Großkraftwerken – über 1.500 Kilometer übertragen, bei der anderen sogar 6,4 Gigawatt über 2.000 Kilometer.

Die elektrischen Verluste sind dabei mit etwa drei Prozent pro 1.000 Kilometer minimal. Bei konventionellen Hochspannungsleitungen mit Wechselstrom, wie sie überall auf der Welt stehen, wären sie zwei- bis dreimal so hoch. Auch durchs Meer wurden bereits Hochspannungsgleichstromkabel verlegt: etwa von Tasmanien nach Australien oder vom spanischen Festland auf die Balearen. Mit dieser Technik kann künftig der Stromtransport von der Sahara bis nach Mitteleuropa bewältigt werden – die Entfernungen von 2.000 bis 3.000 Kilometern sind damit gut zu überbrücken. Dies gilt sogar weltweit, denn 90 Prozent aller Menschen leben weniger als 3.000 Kilometer von den sonnenreichsten Gegenden der Erde entfernt, die in Nord- und Südamerika, Afrika, Indien, China oder Australien liegen.

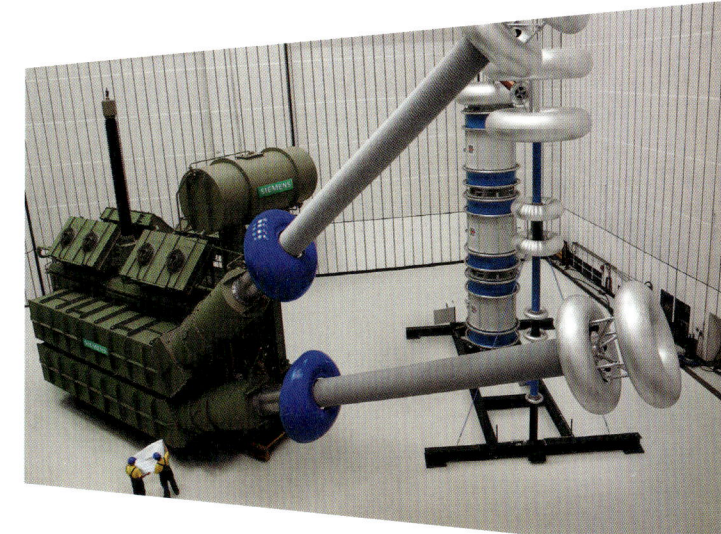

Koloss im Dienste der Umwelt: Transformatoren, so groß wie ein Einfamilienhaus, sind nötig, um Strom sehr effizient über Tausende von Kilometern zu befördern.

Auch die zweite Lücke im Puzzle des neuen Stromzeitalters wird gerade von Forschern in aller Welt gefüllt: Elektrizität war bisher nur schlecht speicherbar. An dieser Tatsache scheiterten die ersten Elektroautos. Kaum jemand weiß heute noch, dass um 1900 in New York jedes zweite Auto ein Elektrofahrzeug war. Kurz zuvor hatte der belgische Ingenieur Camille Jenatzy erstmals die Geschwindigkeit von 100 km/h erreicht – auch dies mit einem Elektrorennwagen. Als 1912 rund 20 Hersteller weltweit fast 34.000 Elektroautos bauten, war der Höhepunkt erreicht. Ab da setzten sich die Verbrennungsmotoren durch. Der Grund lag neben dem billigen Öl und der Erfindung des elektrischen Anlassers – der die schwere Handkurbel ersetzte – vor allem in der mangelnden Speicherfähigkeit der Batterien, die die Reichweite der Fahrzeuge drastisch einschränkte.

Viele Jahrzehnte lang passierte bei der Verbesserung von Batterien recht wenig – bis die massive Verbreitung von Notebooks und Handys Forschern einen mächtigen Anreiz gab, hier wieder aktiv zu werden. Die heutigen Lithium-Ionen- und Lithium-Polymer-Akkus können pro Kilogramm Gewicht vier- bis sechsmal so viel Strom speichern wie ein klassischer Bleiakku. Mit Lithium-Ionen-Zellen einer Speicherkapazität von 40 Kilowattstunden müssen Elektroautos heute erst nach etwa 200 Kilometern wieder aufgeladen werden (siehe S. 125 ff.).

Wenn Energieversorger zahlen, damit die Kunden den Strom abnehmen

Und diese Entwicklung wird weitergehen, denn wenn künftig mehr und mehr Wind- und Solarstrom in die Netze gespeist werden, geht es nicht ohne Stromspeicher. Schon heute führt das Fehlen solcher Speicher zu bizarren Phänomenen: So sanken die Strompreise am 4. Oktober 2009 an der Leipziger Strombörse zeitweise unter null – bis auf minus 500 Euro pro Megawattstunde. Der Grund: Wegen des plötzlich auftretenden starken Windes lieferten die deutschen Windräder rund 18 Gigawatt Leistung statt wie üblich zwei bis acht Gigawatt – es stand also viel zu viel Strom zur Verfügung. Für die Energieversorger wurde das teuer: Jede Megawattstunde Strom, die sie in die Netze schickten, brachte nicht nur kein Geld, sondern kostete sogar noch 500 Euro. Sie hätten nun eigentlich konventionelle Kraftwerke abschalten müssen, doch auch das ist mit hohen Kosten verbunden – und sie können nur langsam wieder hochgefahren werden, was die Versorger ebenfalls vermeiden müssen, denn der Wind könnte ja genauso plötzlich wieder nachlassen.

Derzeit arbeiten die meisten großen Stromspeicher weltweit nach der Pumpspeichertechnik. Dabei wird mithilfe elektrischer Energie Wasser in ein hoch gelegenes Speicherbecken gepumpt, wenn wenig Stromnachfrage herrscht. Steigt der Bedarf wieder an, strömt das Wasser ins Unterbecken, treibt dabei Turbinen an und erzeugt erneut Strom. 33 dieser Speicher mit einer Gesamtleistung von 6,7 Gigawatt stehen heute in Deutschland zur Verfügung, um Nachfragespitzen auszugleichen – etwa wenn abends überall die Herdplatten eingeschaltet werden. Neue Pumpspeicherkraftwerke können allerdings kaum gebaut werden, weil geeignete Standorte fehlen.

Im Januar 2010 kündigten daher Nordseeanrainerstaaten wie Deutschland, Großbritannien, Dänemark, die Niederlande und Norwegen an, ein gemeinsames Ökostromnetz zu planen, um dem Speicherproblem einen Teil seiner Brisanz zu nehmen. Dazu sollen bis 2020 für etwa 30 Milliarden Euro Hochspannungsgleichstromkabel unter der Nordsee verlegt werden, die Windparks und Sonnen- und Gezeitenkraftwerke untereinander sowie mit großen Pumpspeicherkraftwerken in Norwegen verbinden. Ein solches Netz könnte die Schwankungen des Wetters in den verschiedenen Regionen teilweise ausgleichen und die norwegischen Wasserkraftwerke als Speicher nutzen, wie dies heute bereits Dänemark tut.

Mobile Stromspeicher – mit Autos Geld verdienen

Doch es gibt noch eine andere Alternative. Auch Elektroautos könnten künftig als Stromspeicher dienen: Wenn nur 200.000 von ihnen mit 40 Kilowatt Leistung am Netz hängen, entspricht das einer Gesamtleistung von acht Gigawatt – mehr als die Summe aller Pumpspeicherkraftwerke und auch mehr, als ganz Deutschland derzeit an kurzfristiger Regelleistung benötigt, um die Netze stabil zu halten. Da Autos im Mittel nur ein bis zwei Stunden am Tag bewegt werden und in der restlichen Zeit auf Parkplätzen oder in Garagen stehen, ist dieses Szenario durchaus realistisch. Man braucht dafür eine flächendeckende Versorgung mit Stromladesäulen und eine intelligente Abrechnung: So könnten die Besitzer der Fahrzeuge Strom nachts, wenn er billig ist, tanken und ihn tagsüber zu Spitzenpreisen wieder ins Netz abgeben – natürlich nur so viel, dass in der Batterie noch genug für die Fahrt nach Hause oder zum Einkaufen verbleibt.

So etwas nennt man eine Win-win-Situation. Es profitieren die Energieversorger, weil sie die Akkus der Elektroautos als Strompuffer nutzen, um ihre Netze zu stabilisieren und auf diese Weise mehr und mehr Wind- und Sonnenenergie in die Netze integrieren können. Und die Fahrzeugbesitzer könnten mit ihren Batterien sogar Geld verdienen und die Kosten für die teuren Akkus zum Teil wieder hereinholen. Auf der dänischen Ostseeinsel Bornholm wird dies ab 2011 im Praxistest untersucht: Hier werden Elektroautos vor allem Windstrom aus dem öffentlichen Netz ziehen. Wenn dann die Stromnachfrage steigt, etwa mittags oder abends, werden die Autos Elektrizität wieder ins Netz zurückspeisen. Die Hoffnung der Dänen ist, dass sich künftig mit einigen Zehntausend Fahrzeugen die Schwankungen des Windstroms ausgleichen lassen.

Wind im Tank: Elektroautos, die mit Strom aus erneuerbaren Energien betrieben werden, fahren völlig CO_2-frei.

Darüber hinaus wird weltweit in den Labors massiv an neuen Stromspeichern gearbeitet. Materialforscher haben Hochkonjunktur. Sie müssen neue Werkstoffkombinationen und Konstruktionsprinzipien für Batterien finden, die kostengünstig hergestellt werden, viel Energie speichern, sich schnell aufladen lassen, umweltfreundlich und sicher zu handhaben sind und selbst bei hohen Belastungen lange halten. In dieser Kombination ähnelt die Aufgabe der, eine »Eier legende Wollmilchsau« zu züchten – doch die Anreize sind enorm: Dem, der es schafft, einen Stromspeicher zu entwickeln, der pro Kilowattstunde Speicher unter 200 Euro kostet – ein 40-kWh-Speicher also unter 8.000 Euro – und der die Kilowattstunde, über die Lebensdauer der Batterie gerechnet, für unter fünf Cent abgeben kann, winkt ein Milliarden-Euro-Markt. Heute sind die Kosten für solche Batterien noch vier- bis fünfmal so hoch.

Mit Rost Batterien betreiben

Vor wenigen Jahren sagten führende Wissenschaftler, dass Akkus kaum noch zu verbessern seien, doch wie so oft gilt auch hier: Sag niemals nie. Heute sprudeln die Forscher nur so von neuen Ideen: So untersuchen Spezialisten bei IBM Research Lithium-Metall-Luft-Batterien, die fünf- bis zehnmal so viel Energie speichern sollen wie die Lithium-Ionen-Akkus. Mit solchen Batterien, wenn sie sich denn realisieren lassen, könnten Autos 800 Kilometer weit fahren, bevor sie wieder aufgeladen werden müssen. Mit einer 300 Kilogramm schweren Lithium-Metall-Polymer-Batterie gelang einem elektrisch angetriebenen Audi A2 im Oktober 2010 erstmals die 620 Kilometer lange Fahrt von München nach Berlin – ohne Stopp zum Stromtanken.

Noch sind solche neuen Batterien allerdings zu schwer, zu teuer und es gibt Sicherheitsprobleme, weil Lithium-Metall brennen kann, wenn es auf Wasser trifft. Experten der deutschen Firma Li-Tec entwickelten bereits eine flexible Keramikmembran, die bei Unfällen einen Kurzschluss im Lithium-Ionen-Akku verhindert und damit die Hochleistungsakkus sicherer macht.

Zugleich arbeiten Wissenschaftler aus Korea mit Methoden der Nanotechnologie an hochporösem Silizium, das wesentlich mehr Lithium-Ionen aufnehmen kann als die bisher verwendeten Grafitelektroden. Und in Labors in den USA studieren Forscher metallbeschichtete Keramiken, die auf der einfachen Reaktion von Eisen mit Sauerstoff – also der Rostbildung – basieren: Sie wollen damit ebenfalls die mehrfache Energiedichte einer Lithium-Ionen-Zelle erreichen, und das bei einer wesentlich einfacheren Herstellungsmethode. Innovationen überall – es ist sicher nicht falsch, von einem Batterieboom zu sprechen.

Und es gibt noch eine Möglichkeit, Überschüsse aus Wind- und Solaranlagen zu speichern: Hier kommt nun doch der Wasserstoff ins Spiel. Denn man könnte den Strom nutzen, um Wasser in Wasserstoff und Sauerstoff zu spalten und das komprimierte Wasserstoffgas in unterirdischen Kavernen lagern – ähnlich wie das heute bereits mit Erdgas getan wird. Auch Wasserstoff kann in diesen riesigen Hohlräumen sicher verwahrt werden, pro Jahr würden weniger als 0,01 Prozent verloren gehen. Das liegt daran, erklären die Experten, dass sich die Steinsalzwände solcher Kavernen wie eine Flüssigkeit verhalten. Lecks schließen sich von selbst. Für Erdgas sind in Deutschland rund 60 Untergrundspeicher in Betrieb oder in Bau – würde nur einer davon als Wasserstoffspeicher verwendet, könnte er 140 Gigawattstunden Energie aufnehmen, mehr als das Dreifache aller deutschen Pumpspeicherkraftwerke. Wird die gespeicherte Energie wieder benötigt, so lässt sich der Wasser-stoff in Gasturbinen oder in Brennstoffzellen erneut in Strom verwandeln. Hierbei entstünde nur Wasser – kein Kohlendioxid.

Stromnetze mit Köpfchen

Neben dem schwankenden Windstrom werden die Netze in Zukunft auch immer mehr kleine, regionale Energieerzeuger einbinden müssen. Dezentrale Energieerzeugung nennen dies die Fachleute: Strom wird an vielen Orten produziert werden, über Solaranlagen auf den Dächern, über neuartige Fotovoltaikbeschichtungen von Wänden oder Fenstern, über Minikraftwerke im Keller oder über Windräder und Biomasseanlagen für größere Hauskomplexe. Dadurch fließt immer mehr Strom nicht nur wie heute von großen Kraftwerken in Richtung Verbraucher, sondern künftig auch in die Gegenrichtung. Es entstehen – ähnlich wie im Internet – Netzknoten, die den Stromfluss bündeln und in alle möglichen Richtungen lenken. Darauf sind allerdings die heutigen Netze noch nicht vorbereitet.

Was zu tun ist, ist klar: Die Netze müssen intelligenter werden. Insbesondere die Verteilnetze nahe den Endkunden, also im Bereich von 230 und 400 Volt, sind für Energieversorger oft noch ein Buch mit sieben Siegeln. Denn bislang liefern Stromzähler hier keine kontinuierlichen Daten, sondern werden nur einmal im Jahr ausgelesen.

Viele Informationen bleiben daher im Dunkeln: etwa über den aktuellen Energieverbrauch oder den Zustand des Leitungssystems. So verschwinden in Europa bis zu zehn Prozent des Stroms aus dem Netz, ohne dass die Versorger es bemerken – entweder durch Ineffizienz oder durch Stromdiebe. In den Großstädten mancher Entwicklungsländer lösen sich sogar über 50 Prozent scheinbar in Luft auf.

Smart Grids – intelligente Netze – heißt die Lösung. Das ist der dritte, bislang noch fehlende Puzzlestein im Bild des »neuen Stromzeitalters«. Dabei werden leistungsfähige Rechner, Sensoren und Kommunikationstechniken Teil des Energiesystems: Das Netz wird transparenter, flexibler und besser steuerbar. Die Experten rechnen damit, dass in den nächsten Jahrzehnten weltweit Hunderte Milliarden Euro in Smart Grids gesteckt werden. Ein wichtiger Baustein sind elektronische Stromzähler, die derzeit zu Millionen installiert werden. Damit lässt sich künftig zum ersten Mal im Detail feststellen, wo gerade wie viel Strom verbraucht und eingespeist wird. Über flexible Tarife lässt sich dann die Nachfrage dem Angebot anpassen.

Die Waschmaschine startet später

Bislang ist es genau umgekehrt: Wird mehr verbraucht, muss mehr Strom produziert werden. Viele Kraftwerke wurden in der Vergangenheit nur deshalb gebaut, um solche Nachfragespitzen abzudecken. In Zukunft werden stattdessen Stromspeicher einspringen, oder die Energieversorger geben ihren Kunden durch höhere Preise Anreize, Geräte abzuschalten oder das Einschalten zu verzögern.

Wenn der Strom teuer wird und dies beispielsweise die Waschmaschine aufgrund eines eingebauten Kommunikationschips weiß, dann kann sie – vorausgesetzt, ihr Besitzer hat diesen automatischen Modus freigegeben – den Waschvorgang hinausschieben und erst nachts starten, wenn der Strom wieder billiger geworden ist. Gleiches gilt für Kühlhäuser oder Klimaanlagen in großen Gebäuden: Bei ihnen spielt es keine Rolle, ob sie die Kühlung für eine halbe Stunde unterbrechen und die Temperatur in dieser Zeit um vielleicht 0,1 Grad ansteigt.

Eine weitere Komponente des Smart Grids sind »virtuelle Kraftwerke«. Die Idee dahinter ist einfach: Kleine Energieerzeuger wie Wind- und Solaranlagen oder Wasser-, Erdwärme- und Biomassekraftwerke, die bislang ihren Strom einzeln ins Netz einspeisen, bündeln ihre Leistung und vermarkten sie gemeinsam. Auch davon würde das Netz profitieren, denn viele kleine Anlagen, intelligent gesteuert, stabilisieren das Netz. Ählich wie im Internet spielt es keine Rolle, wenn die eine oder andere Komponente ausfällt oder in ihrer Leistung schwankt – der Strom findet seinen Weg.

Im Netz der Zukunft werden auch neue Stromautobahnen – etwa die erwähnten Hochspannungsgleichstromleitungen – ganze Kontinente über Klima- und Zeitzonen hinweg zusammenschalten. Damit lassen sich dann im Jahr 2050 Schwankungen durch Jahreszeiten, Tageszeiten und das Wetter ausgleichen. So könnte man nicht nur Solarstrom aus Afrika nach Europa transportieren oder aus den Wüsten Chinas und Nordamerikas in die großen Metropolen in diesen Ländern, sondern auch Windstrom vom offenen Meer am Atlantik, wo der Tag gerade beginnt, in die bereits erwachten quirligen Städte in Mittel- und Osteuropa.

Der Trend jedenfalls ist klar: Die Welt wächst elektrisch zusammen. Gestern noch hat sie sich fast nur um Öl gedreht, morgen wird es der elektrische Strom sein, der zum allumfassenden, umwelt- und klimafreundlichen Energieträger wird.

Wärme aus der Tiefe und die Kraft der Wellen

Neben Wind und Sonne wird dabei auch die dritte große CO_2-freie Energie genutzt werden: die Erdwärme, auch Geothermie genannt. Sie ist die einzige Energiequelle, die rund um die Uhr überall auf der Welt zur Verfügung steht. An jedem Ort der Erde muss man nur ein paar Kilometer in die Tiefe gehen. Pro hundert Meter Tiefe, so die Faustregel, steigt die Temperatur um drei Grad Celsius: In drei Kilometern Tiefe ist die Erde 80 bis 120 Grad heiß, in fünf Kilometern sogar 130 bis 160 Grad. Diese Wärme lässt sich auf zwei Arten nutzen: Entweder direkt als heißes Wasser aus dem Bohrloch – ideal für vulkanische Gegenden wie in Italien, Mexiko oder Island, oder indem Wasser in die Tiefe gepumpt und die Erde als Durchlauferhitzer verwendet wird. So arbeitet nahe München ein Geothermiekraftwerk, das 6.000 Haushalte mit Strom und 20.000 mit Wärme versorgt. Nach verschiedenen Studien könnte die Geothermie im Jahr 2050 bis zu zehn Prozent des deutschen Energiebedarfs decken, doch ob dies realisiert werden kann, wird vor allem davon abhängen, inwieweit diese Kraftwerke zu wettbewerbsfähigen Kosten Energie liefern.

Aus der vierten erneuerbaren Energie, der Wasserkraft, stammen heute schon 16 Prozent der weltweiten Stromerzeugung. Das meiste davon wird in Kraftwerken an Stauseen und Flüssen produziert, doch diese sind nicht mehr wesentlich ausbaubar – vor allem weil mächtige Stauseen erhebliche Eingriffe in die Natur bedeuten und auf großen Widerstand in der Bevölkerung stoßen. Noch kaum genutzt wird jedoch die Energie des Meeres: An einigen Stellen mit großem Unterschied zwischen Ebbe und Flut gibt es Gezeiten-

Unsichtbare Turbinen: Auch die Energie von Gezeitenströmungen kann man ernten – mit Rotoren, die Windrädern unter Wasser ähneln.

kraftwerke: So etwa in der Bucht von Saint-Malo in Frankreich, wo der Tidenhub zwölf Meter beträgt und die Turbinen im 750 Meter langen Staudamm 240 Megawatt Leistung liefern.

Keinerlei Staudämme brauchen hingegen neue Gezeitenströmungskraftwerke, die eher einem Windpark unter Wasser ähneln. Weil die Dichte von Wasser viel höher ist als die von Luft, müssen die Rotorblätter nicht so groß sein wie bei Windturbinen, allerdings müssen sie einem hohen Druck standhalten. Ihr Vorteil: Die Stromproduktion ist wegen der festen Gezeitenzyklen gut planbar. Eine erste Anlage ist seit Ende 2008 vor Nordirland in Betrieb. Dort versorgen zwei Rotoren mit einer Gesamtleistung von 1,2 Megawatt rund 1.500 Haushalte mit Strom. Insgesamt schätzen Fachleute das weltweite Potenzial für solche Gezeitenströmungskraftwerke auf 200 Gigawatt – das wäre das Eineinhalbfache der derzeit in Deutschland installierten Kraftwerksleistung.

Während Gezeitenkraftwerke die Kraft des Mondes nutzen, der Ebbe und Flut verursacht, werden künftige Wellenkraftwerke auf die Kraft des Windes bauen. Beispielsweise gibt es an der Küste Schottlands eine kleine derartige Anlage, die wie eine Napfschnecke an den Felsen klebt. In einer Kammer im Inneren wird durch das Auf und Ab der Wellen Luft zusammengepresst und wieder entspannt. Der Druckunterschied treibt eine Turbine an. Dieses Prinzip lässt sich auch gut bei Häfen einsetzen, die sowieso meist Schutzmauern als Wellenbrecher benötigen. Baut man in diese Mauern kleine Luftkammern ein, kann man sie zugleich als Wellenkraftwerk nutzen – an guten Standorten erreicht man damit im Schnitt etwa drei Megawatt Leistung pro 100 Meter des Bauwerks.

Sprit aus Zuckerrohr und Strom aus Kokosnüssen

Die fünfte erneuerbare Energie liefert heute weltweit so viel Energie wie Wind, Sonne, Wasser und Geothermie zusammen, aber ihr Anteil am gesamten Energiemix dürfte künftig zurückgehen: die Biomasse. Europas größtes Biomassekraftwerk in Wien verbrennt den Holzeinschlag aus Österreichs Wäldern und versorgt 48.000 Haushalte mit Strom und 12.000 mit Wärme. Da bei der Verbrennung nur das Kohlendioxid freigesetzt wird, das die Pflanzen vorher während ihres Wachstums aus der Luft gebunden hatten, ist auch dies eine CO_2-neutrale Energieerzeugung – allerdings ist sie weltweit umstritten. Das Problem entsteht nicht durch die Verwendung von Holzresten wie in Wien oder von Kuhdung wie in vielen Entwicklungsländern, sondern dann, wenn man auf Flächen, die für Nahrungsmittel verwendet werden könnten oder für die Urwald abgeholzt wird, aus Profitgier Energiepflanzen anbaut. Dann steigen die Preise für Nahrungsmittel, und der schützenswerte Urwald wird zerstört.

Allerdings sind die Zusammenhänge komplex: So ist Brasilien weltgrößter Lieferant von Bioethanol, das in Automotoren und für Biokunststoffe verwendet wird. »In Brasilien wird – wohlgemerkt, fernab des Regenwaldes – derzeit auf vier Millionen Hektar Zuckerrohr angepflanzt, aus dem wir 22 Milliarden Liter Ethanol pro Jahr gewinnen«, berichtet der Physiker José Goldemberg, der diese Entwicklung entscheidend vorangetrieben hat. »Bis 2020 könnte sich der nationale Markt für Bioethanol verdreifachen«, schätzt er und betont, dass auch Staaten wie Indien, Südafrika oder Kolumbien ähnlich gute klimatische Voraussetzungen für den Zuckerrohranbau besitzen. In Indien gibt es zudem Projekte mit dem Ziel, die Jatrophapflanze für Biodiesel zu nutzen: Ihre Samen enthalten viel hochwertiges Öl, und sie wächst auch auf schlechten Böden, selbst in trockenen Savannen, wo keine der üblichen Nahrungsmittelpflanzen angebaut werden können.

Doch nicht überall ist die Herstellung von Biosprit sinnvoll: So wurde auch in Europa und den USA beschlossen, den Fahrzeugkraftstoffen Biosprit beizumischen. Dies hatte allerdings zur Folge, dass die Nachfrage nach Biodiesel aus Raps ebenso stieg wie die nach Bioethanol aus Mais – was die Maispreise in Mexiko nach oben trieb und zu heftigen Protesten führte. Zu Recht: Wenn sich pro Hektar Anbaufläche zehn bis 20 Menschen ernähren lassen oder stattdessen der Treibstoff für ein einziges Fahrzeug erzeugt werden kann, sollte die Entscheidung klar sein.

Weit weniger umstritten sind Biokraftstoffe der zweiten Generation. Sie erhält man aus Pflanzenteilen, die sich nicht zur Nahrungsproduktion eignen, wohl aber zur Energiegewinnung. So entwickeln Forscher derzeit in Indien kleine Kraftwerke, die Kokosnussschalen in Strom verwandeln: Sie konsumieren pro Stunde etwa 35 Kilogramm dieser Abfälle, die sie in Wasserstoff und Kohlenmonoxid verwandeln. Dieses Gas lässt sich in einer einfachen und wartungsarmen Maschine, einem Stirlingmotor mit Generator, in Strom umsetzen. Mit diesen Minikraftwerken können zwischen 25 und 300 Kilowatt Leistung erzeugt werden, was für ein typisches indisches Dorf mit 50 bis 100 Familien vollkommen genügt. Darüber hinaus entsteht aus den Kokosnussschalen Kohleasche, die in Aktivkohle für die Trinkwasseraufbereitung umgewandelt werden kann. Dies ist nur ein Beispiel einer ausgesprochen smarten Lösung, wie sie derzeit viele Wissenschaftler in Entwicklungs- und

Schwellenländern erarbeiten (siehe S. 161 f.): Sie macht nicht nur CO_2-neutral aus Abfällen elektrischen Strom und Wärme, sondern verbessert auch noch die Trinkwasserversorgung der Landbevölkerung und beugt dadurch Krankheiten vor.

Damit ist das Kokosnussschalenkraftwerk ebenso wie die Solarzellenanlagen, denen man auch in armen Ländern immer öfter begegnet, ein wichtiger Teil der dezentralen Stromversorgung der Zukunft. In Regionen, die nicht an die großen Stromnetze angeschlossen sind, ist dies der sinnvollste Weg, Menschen elektrisches Licht und Strom für Hausgeräte, Fernseher, Radio und Internet zur Verfügung zu stellen – auf jeden Fall wesentlich umweltfreundlicher, als lärmende und rußende Dieselgeneratoren anzuwerfen. Doch auch in den Industrienationen zeigt sich ein starker Trend zur dezentralen Energieversorgung: So gibt es in Deutschland schon 100 Regionen und Kommunen mit insgesamt über sieben Millionen Menschen, die beschlossen haben, bis spätestens 2050 eine Vollversorgung aus erneuerbaren Quellen zu erreichen – mit Wind, Sonne, Wasser, Biomasse und Geothermie. Das reicht von Ostfriesland bis zur Uckermark, vom Rhein-Sieg-Kreis bis zum Harz, vom Vogtland bis zum Ostallgäu oder dem Berchtesgadener Land.

Kerne spalten oder verschmelzen?

Allerdings gehen die meisten Fachleute zumindest für stark industriell geprägte Regionen davon aus, dass es auf absehbare Zeit ohne Großkraftwerke, die eine Grundversorgung garantieren, nicht gehen wird. Doch auch solche Anlagen können Energie fast CO_2-frei erzeugen. Manche Länder setzen beispielsweise nach wie vor stark auf Kernenergie: Ob China, Indien, Korea oder Russland – weltweit sind über 40 Kernkraftwerke in konkreter Planung oder im Bau.

Insgesamt gibt es rund um den Globus 440 solcher Strommeiler. In Deutschland sollen jedoch alle Kernkraftwerke bis spätestens 2022 abgeschaltet werden. Auch in den USA herrscht eher Stillstand: Hier sind über 100 Anlagen in Betrieb, aber nur eine einzige im Bau. Dabei sind sie – betrachtet man nur ihre Klimabilanz – vorbildliche Stromquellen: Würde der Strom, den ein einziges Kernkraftwerk erzeugt, aus typischen Kohlekraftwerken stammen, dann würde die Atmosphäre jedes Jahr zwischen acht und zehn Millionen Tonnen Kohlendioxid mehr ertragen müssen. Wie viel das ausmacht, zeigt ein Blick ins Nachbarland: Frankreich erzeugt fast so viel Strom wie Deutschland, aber seine CO_2-Emissionen aus Kraftwerken liegen um 350 Millionen Tonnen pro Jahr niedriger, weil nahezu drei Viertel des Stroms aus Kernkraftwerken stammen – in Deutschland ist es weniger als ein Viertel.

Doch der Reaktorunfall von Tschernobyl 1986 und die Explosionen und Kernschmelzen mehrerer Reaktoren im japanischen Fukushima, die sich als Folge eines schweren Erdbebens und eines Tsunamis im März 2011 ereigneten, haben dieser Art der Energieerzeugung einen Stempel aufgedrückt, der sich nicht mehr wegwischen lässt. Gegen die tief sitzenden Ängste hilft auch ein vierfach redundantes Sicherheitskonzept wenig, über das die neuesten Anlagen verfügen. Denn nach einem Unglück sind ganze Landstriche auf Jahrzehnte nicht mehr bewohnbar, und viele Menschen müssen für lange Zeit radioaktiv belastete Lebensmittel fürchten – Nachhaltigkeit sieht anders aus. Auch das Problem der Endlagerung der radioaktiven Abfälle ist nach wie vor ungelöst. Ob in Salzbergwerken oder in Höhlen in Granitgestein, wie sicher die Abfälle darin wirklich gelagert werden können, weiß niemand. Denn hier geht es um Jahrtausende: Das gefährlichste Element, Plutonium 239, das im abgebrannten Reaktorbrennstoff etwa zu einem Prozent enthalten ist, braucht 24.000 Jahre, bis es zur Hälfte zerfallen ist. Diese Kombination aus ungelöster Endlagerung und der fragwürdigen Sicherheit der Kraftwerke sowie die Gefahr terroristischer Anschläge machen die Kernenergie selbst in den Augen vieler Energieexperten zum Auslaufmodell.

Das Sonnenfeuer auf die Erde holen

Doch es gibt möglicherweise eine Alternative. Seit fast 60 Jahren wird weltweit daran gearbeitet, Energie nicht wie im Kernkraftwerk durch die Spaltung von Atomkernen zu gewinnen, sondern durch die Vereinigung von Wasserstoffkernen zu Helium – das ist die Kernfusion, wie sie im Inneren der Sonne abläuft. Die Idee ist bestechend, denn gelänge es, über die Kernfusion pro Tag nur 500 Kilogramm Helium zu erzeugen, so würde die dabei frei werdende Energie reichen, den gesamten Strombedarf der Welt zu decken. Die zu überwindenden Hürden sind allerdings so exorbitant hoch, dass selbst beteiligte Forscher meinen: »Egal, wann man fragt, es dauert immer 50 Jahre, bis Fusionskraftwerke ihren Beitrag zur Stromversorgung leisten können.«

Das sagten die Wissenschaftler in den 1970er-Jahren, als der Bau der ersten Forschungsanlage namens JET in Großbritannien beschlossen wurde, ebenso wie Ende der 90er-Jahre, als JET zum ersten Mal eine Leistung von 16 Megawatt lieferte – wobei allerdings noch 24 Megawatt in die Heizung gepumpt werden mussten. Die Anlage erzeugte also weniger Energie, als sie benötigte. Das soll sich im internationalen Forschungsreaktor ITER ändern, der demnächst im südfranzösischen Cadarache gebaut wird und in den 2020er-Jahren in Betrieb gehen soll. »ITER soll mit 500 Megawatt Leistung zehnmal mehr Energie liefern, als zu seinem Betrieb nötig ist«, berichtet Norbert Holtkamp, der bis 2010 als technischer Direktor den Bau leitete. Wird dieser Forschungsreaktor ein Erfolg, soll um 2035 herum ein großes Demonstrationskraftwerk folgen – ab 2050 könnten kommerzielle Fusionskraftwerke entstehen.

Der eine Grund, warum der Bau eines Fusionsreaktors so lange dauert, ist technischer Natur: Selbst im Innern der Sonne nähern sich Wasserstoffkerne erst bei Temperaturen von zehn Millionen Grad Celsius so weit einander an, dass sie zu Helium verschmelzen. Dabei hilft die enorme Schwerkraft der Sonne, die Abstoßung der elektrisch geladenen Kerne zu überwinden. Auf der Erde fehlt diese Unterstützung durch die Schwerkraft, daher braucht man in einem Fusionsreaktor sogar Temperaturen von rund 100 Millionen Grad. Eine solche Höllenhitze ist über eine geeignete Heizung durchaus erreichbar, allerdings gibt es keine Materialien, die ein derart heißes Gas elektrisch geladener Teilchen – das sogenannte Plasma – aufbewahren können.

Sonne im Kleinformat: In solchen ringförmigen Anlagen lässt sich ein Wasserstoffplasma aufheizen, bis die Atomkerne wie in der Sonne verschmelzen.

Eine Flasche für 100 Millionen Grad Celsius

Da die Teilchen im Plasma aber elektrisch geladen sind, kann man sie in einer Art Magnetfeldkäfig so im Kreis führen, dass sie von den Wänden ferngehalten werden. Dafür brauchen die Ingenieure ganz starke, speziell geformte Magnete mit supraleitenden Wicklungen, die auf Temperaturen von minus 260 Grad Celsius gekühlt werden müssen. Die besonderen Materialien, die Supraleiter, sorgen bei diesen niedrigen Temperaturen dafür, dass der Strom ohne elektrischen Widerstand fließen und sehr hohe Magnetfelder erzeugen kann. Diese magnetische Flasche muss so klug konstruiert sein, dass innerhalb weniger Zentimeter die Temperatur von 100 Millionen Grad im Plasmainneren auf relativ moderate 250 Grad Celsius an den Wänden absinkt.

Ein künftiges Fusionskraftwerk wäre dann wie eine Zwiebel aufgebaut, mit mehreren Wänden und einem Vakuumgefäß, auf dem wieder die Magnetspulen aufgefädelt sind. Der Brennstoff – bestehend aus den Wasserstoffkernen Deuterium und Tritium – soll in Form gefrorener Kügelchen ins Plasma hineingeschossen werden. Etwa 100 Gramm davon würde ein Großkraftwerk mit drei Gigawatt elektrischer Leistung pro Stunde verbrauchen. Für einige Sekunden benötigt so ein Kraftwerk eine Startheizung, bis dann Deuterium und Tritium zu Helium verschmelzen und die schnellen Heliumkerne – im Magnetfeld gefangen – herumsausen. Sie geben ihre Energie über Stöße ans Plasma ab und heizen es dadurch weiter auf.

Ab dann brennt das Fusionsfeuer selbstständig. Die bei der Kernfusion entstehenden Neutronen lassen sich, weil sie elektrisch neutral sind, durch das Magnetfeld nicht daran hindern, das Plasma zu verlassen. Sie schießen daher ungehindert in die Wände und heizen diese wiederum auf, was das eigentliche Ziel des Kraftwerks ist. Denn dort in den Wänden fängt ein konventionelles Kühlmittel – zum Beispiel Wasser – die Wärme auf, verdampft und erzeugt in klassischen Turbinen und Generatoren elektrischen Strom.

Im ganzen Prozess entsteht keinerlei Kohlendioxid, und auch die radioaktiven Abfälle sind gering: Es sind vor allem die Wände des Reaktors, die nach Betriebsende zwischengelagert werden müssen. Allerdings nimmt deren Radioaktivität sehr rasch ab. Nach hundert Jahren beträgt sie nur noch ein Zehntausendstel des Anfangswerts. Auch die Sicherheit eines Fusionsreaktors ist sehr hoch: »Sollte das Plasma die Wand berühren, sinkt seine Temperatur sofort ab, und die Plasmareaktion stoppt. Die braucht nämlich die hohe Temperatur, um die Fusion treiben zu können«, erklärt Holtkamp. »Man kann sich zwar vorstellen, dass ein Teil der Wand zerstört wird, aber das kann auf keinen Fall den Reaktor selbst zerstören. Dazu ist gar nicht genug Energie im Plasma.« Ein Unfall mit katastrophalen Folgen, der die Bevölkerung in der Nähe eines Fusionsreaktors gefährden könnte, ist also aus physikalischen Gründen unmöglich.

Bei den Kosten eines Fusionskraftwerks fällt der Brennstoff kaum ins Gewicht: Deuterium lässt sich einfach aus Wasser gewinnen, und Tritium wird im Reaktor selbst aus Lithium hergestellt, das es auf der Erde reichlich gibt. Die für ITER derzeit veranschlagten 12 bis 15 Milliarden Euro verteilen sich daher vor allem auf die komplexen Bauteile des Kraftwerks sowie die Errichtung der Anlage. Dabei entsteht ein hoher Aufwand allein dadurch, dass sich alle Beteiligten auf einen gemeinsamen Weg einigen müssen. Denn ITER wird als Forschungsprojekt von sieben gleichberechtigten, aber sehr unterschiedlichen Partnern entwickelt, gebaut und betrieben: der Europäischen Atomgemeinschaft, Japan, Russland, China, Südkorea, Indien und den USA. Vor diesem Hintergrund ist es kein Zufall, dass für das Projekt der Name ITER gewählt wurde – denn dieser Begriff steht nicht nur für »internationaler thermonuklearer experimenteller Reaktor«, sondern bedeutet im Lateinischen auch einfach »der Weg«.

Ein Kohlekraftwerk alle zwei Tage

Ob Fusionsreaktoren im Jahr 2050 einen merklichen Anteil an der Energieversorgung der Welt haben werden, ist angesichts der geschilderten Schwierigkeiten unwahrscheinlich – vermutlich werden sie erst in der zweiten Hälfte des 21. Jahrhunderts ihren Beitrag leisten. Eine andere Klasse von Großkraftwerken wird aber 2050 sicherlich noch eine wichtige Rolle spielen – schon aus dem einfachen Grund, weil sie zurzeit den Löwenanteil unserer Stromversorgung stellt und solche Anlagen eine Betriebsdauer von Jahrzehnten haben: Gemeint sind die Kohle- und Gaskraftwerke.

In ihnen entstehen heute fast zwei Drittel des weltweit erzeugten Stroms, und trotz des Booms der erneuerbaren Energien werden sie nach Berechnungen der Internationalen Energieagentur (IEA) auch im Jahr 2030 noch über die Hälfte des Stroms beisteuern. Für die Zeit nach 2030 wagt die IEA zwar keine detaillierten Prognosen mehr, sondern nur noch verschiedene Szenarien, doch eines ist kaum von der Hand zu weisen: Angesichts der langen Lebensdauer solcher Kraftwerke und der verfügbaren Reserven an Kohle- und Gasvorkommen – was die Preise weiterhin relativ niedrig halten dürfte – wird wohl auch im Jahr 2050 noch mehr als ein Drittel des weltweit erzeugten Stroms aus Kohle und Gas gewonnen werden.

Da sich aber zugleich wegen des Bevölkerungswachstums und des zunehmenden Wohlstands in den Schwellenländern sowie des zu erwartenden Booms von Elektroautos der Strombedarf bis 2050 gut und gerne verdoppeln dürfte, ist die Schlussfolgerung klar: Heute stammen 63 Prozent von 21.000 Terawattstunden (TWh) an Strom, die rund um den Globus pro Jahr produziert werden, aus Kohle- und Gaskraftwerken: Das sind etwa 13.200 TWh. Wenn 2050 weltweit 42.000 TWh gebraucht werden und davon Kohle und Gas ein Drittel ausmachen, dann sind das rund 14.000 TWh – also in absoluten Zahlen sogar mehr als heute, obwohl sich ihr relativer Anteil an der Stromerzeugung dank Sonne, Wind, Wasser, Biomasse und Geothermie gegenüber heute fast halbiert hat.

Und dies ist noch eine optimistische Prognose, denn im Moment sieht es nicht so aus, als ob der Boom von Kohle- und Gaskraftwerken nachlassen würde. So hat China im Jahr 2006 insgesamt 174 Kohlekraftwerke in Betrieb genommen – im Durchschnitt jeden zweiten Tag eines! Damit hat China in einem einzigen Jahr mehr an Kohlekraftwerksleistung hinzugebaut, als Deutschland insgesamt besitzt. In den darauffolgenden Jahren hat sich die Bautätigkeit zwar verlangsamt, doch insgesamt stammen derzeit 73 Prozent des Stroms in China aus Kohle. In Deutschland sind es 43 Prozent.

Der Grund ist offensichtlich: China hat genug billige Kohle im eigenen Land. Mit 2,5 Milliarden Tonnen pro Jahr beträgt der Anteil Chinas an der weltweiten Steinkohleförderung fast 45 Prozent – mit stark steigender Tendenz. Dementsprechend rasant steigen die chinesischen CO_2-Emissionen. Zwar stimmt die von der chinesischen Regierung oft gemachte Aussage, dass ihr Land für weniger als zehn Prozent des bislang von Menschen in der Atmosphäre angehäuften Kohlendioxids verantwortlich ist – während die USA mehr als ein Viertel zu verantworten haben –, doch geht die Entwicklung so weiter, wie sie sich derzeit abzeichnet, dann wird China einen erheblichen Teil der in den nächsten Jahrzehnten neu hinzukommenden Emissionen verursachen.

Ein wichtiger Schritt, um hier gegenzusteuern, ist der Beschluss Chinas, den Anteil erneuerbarer Energien – Wind, Sonne, Biomasse und vor allem Wasserkraft – von heute sieben auf mindestens 15 Prozent im Jahr 2020 zu erhöhen, aber noch entscheidender wird es sein, den CO_2-Ausstoß von Kohle- und Gaskraftwerken erheblich zu senken. Um dies zu erreichen, gibt es zwei Möglichkeiten: Zum einen kann man die Kraftwerke selbst effizienter machen, also dieselbe Strommenge mit weniger Kohle und Gas produzieren, und zum anderen kann man verhindern, dass das bei der Verbrennung entstehende Kohlendioxid überhaupt in die Atmosphäre gelangt.

Materialien im Härtetest

Bei der ersten Maßnahme, der Effizienzsteigerung, lässt sich noch viel erreichen. So sind die besten heutigen Kohlekraftwerke so gut, dass sie bei gleichem Rohstoffeinsatz eineinhalbmal so viel Strom liefern wie der weltweite Durchschnitt: Gerade China hat in der Nähe von Schanghai mithilfe westlicher Firmen derartige Kraftwerke in Betrieb genommen – sie haben Wirkungsgrade von 45 Prozent, was bedeutet, dass sie 45 Prozent der in der Kohle enthaltenen Energie in Strom verwandeln. Das weltweite Mittel liegt nur knapp über 30 Prozent. Damit sind diese neuen chinesischen Kraftwerke auch besser als fast alle, die in Europa stehen: Hier beträgt der mittlere Wirkungsgrad von Kohlekraftwerken erst 38 Prozent.

Dabei bringt jeder Prozentpunkt bei einem großen 1.000-Megawatt-Kraftwerk eine Einsparung von etwa 180.000 Tonnen CO_2 pro Jahr – die 15 Prozentpunkte, um die eines der neuen Kraftwerke besser ist als der Weltdurchschnitt, ersparen der Atmosphäre bei gleicher Stromerzeugung also rund 2,7 Millionen Tonnen CO_2. Möglich machen dies vor allem neue Dampfturbinen, die durch den heißen Wasserdampf in Bewegung gesetzt werden, der bei der Verbrennung der Kohle erzeugt wird. Sie arbeiten bei 600 Grad Celsius und einem Druck von über 260 bar. Damit lässt sich besonders effizient Strom erzeugen – je höher Temperatur und Druck, desto höher der Wirkungsgrad.

Mit neuen Materialien und anderen Fertigungsverfahren streben Ingenieure noch in diesem Jahrzehnt sogar Temperaturen von 700 Grad und einen Druck von 350 bar an – damit sollten dann 50 Prozent Wirkungsgrad drin sein. Die Belastungen der Werkstoffe sind dabei allerdings so hoch, als wenn sie am Boden der Ozeane, bei 3.500 Meter Wassertiefe, Temperaturen von 700 Grad aushalten müssten – für die herkömmlichen Metalle ist dies viel zu viel.

Stattdessen setzen die Forscher auf raffinierte Legierungen aus hochfesten Metallen wie Nickel und Chrom mit einer Prise Eisen, doch dies erfordert neue Guss-, Schmiede- und Fräsverfahren, die für die tonnenschweren Teile erst noch entwickelt werden müssen: Nicht zuletzt muss dann auch noch nachgewiesen werden, dass sie den enormen Belastungen standhalten, denn die Kunden verlangen von einer Dampfturbine mindestens 200.000 Betriebsstunden – eine Lebensdauer von über 25 Jahren.

Eine einzige Turbine für 1,8 Millionen Menschen

Bei Gasturbinen sind solche Nickellegierungen schon länger im Einsatz, doch im Vergleich zu den riesigen Dampfturbinen sind Gasturbinen, in denen Erdgas verbrannt wird, vergleichsweise filigran. Zwar sind die in ihrem Innern herrschenden Temperaturen mit bis zu 1.500 Grad Celsius noch wesentlich höher, allerdings ist der Druck mit 20 bar relativ niedrig. Die sehr hohen Temperaturen geben dem erreichbaren Wirkungsgrad solcher Kraftwerke einen erheblichen Schub: Verbrennt man zunächst Erdgas in einer derartigen Gasturbine zur Stromerzeugung und verwendet dann die immer noch 600 Grad heißen Abgase, um Wasser zu verdampfen und über eine nachgeschaltete Dampfturbine erneut Strom zu erzeugen, so lassen sich in einem solchen kombinierten Gas-und-Dampfturbinen-Kraftwerk Wirkungsgrade von über 60 Prozent erreichen. Nutzt man gar noch die entstehende Wärme zur Fernwärmeheizung von Gebäuden oder für die Wärmeversorgung von Industrieanlagen, so hat man Gesamtwirkungsgrade von etwa 90 Prozent – effizienter kann Energieerzeugung kaum sein.

Die weltweit leistungsfähigste Gasturbine ist 13 Meter lang, fünf Meter hoch und bringt ein Gewicht von 444 Tonnen auf die Waage, fast so schwer wie sechs Dieselloks. Siemens hat diesen Koloss erstmals Ende 2007 in einem neuen Kraftwerk von E.ON im bayrischen Irsching bei Ingolstadt in Betrieb genommen. Diese eine Gasturbine leistet mit 375 Megawatt so viel wie hundert große Windräder – sie könnte ganz allein die 1,8 Millionen Menschen einer

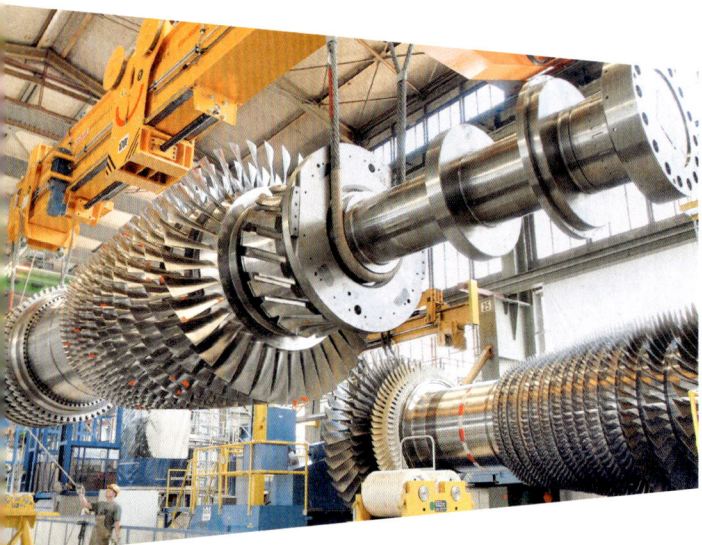

So schwer wie sechs Dieselloks: Die weltweit größte Gasturbine leistet so viel wie hundert große Windräder.

Stadt wie Hamburg mit Strom versorgen. Zusammen mit der nachgeschalteten Dampfturbine erreicht die Anlage sogar eine Leistung von 578 Megawatt. Bei einem Wirkungsgrad von über 60 Prozent stößt ein solches Kraftwerk pro Kilowattstunde Strom fast 75 Prozent weniger CO_2 aus als durchschnittliche Kohlekraftwerke. Derartige Erdgaskraftwerke werden daher auch in einer »grünen« Zukunft ihre Berechtigung haben – zumal sich die Gasturbine aus dem Stand-by-Betrieb binnen fünf Minuten starten lässt und nach einer Viertelstunde bereits die volle Leistung liefert. Damit ist sie ideal geeignet, die natürlichen Schwankungen bei Wind- und Solarenergie auszugleichen.

Mehr als 750 Entwickler arbeiteten fast zehn Jahre lang an der Konstruktion der Turbine, die aus über 7.000 einzelnen Komponenten besteht. Tonnenschwere Teile und winzige Elemente wurden dabei im Berliner Gasturbinenwerk mit der Präzision eines Uhrmachers zusammengefügt und bis hinunter zu Abmessungen von Tausendstelmillimetern optimiert: »Es ist technisch ganz schön knifflig, wenn man an den Metallschaufeln einer Turbine einen Tornado aus heißen Gasen mit Temperaturen von 1.200 bis 1.500 Grad Celsius vorbeiströmen lassen will«, sagt Willibald Fischer, der verantwortliche Entwicklungsleiter. »Denn die höchstzulässige Temperatur auf den Schaufeloberflächen beträgt nur 950 Grad. Dabei schimmert die Oberfläche bereits rötlich glühend. Wird es noch heißer, verliert sie an Stabilität, und das Material oxidiert.«

Um das zu verhindern, arbeiteten die Ingenieure mit allen Tricks: Die Turbinenschaufeln sind innen hohl. Im heißesten Bereich der Turbine haben die Schaufeln feine Löcher, aus denen Luft über die Schaufelblätter streicht und sie mit einem isolierenden Luftfilm überzieht. Neben dieser aktiven Luftkühlung besitzen sie auch noch zwei dünne Schutzschichten: eine 0,3 Millimeter feine Haftschicht direkt am Metall und eine darüber liegende Keramikschicht für die eigentliche Wärmeisolierung. Die Haftschicht muss besonders trickreich gestaltet sein. Sie dient als Mittler zwischen Keramik und Metall und soll zugleich verhindern, dass der Sauerstoff aus der Verbrennungsluft ans Metall gelangt und es rosten – oder wie die Fachleute sagen: oxidieren – lässt.

Die Prise Rhenium macht das Rezept perfekt

Ein wahrer Künstler für die Rezeptur solcher Werkstoffe ist Werner Stamm, ein Materialforscher in Mülheim an der Ruhr. Seine jüngste Entdeckung für die optimale Haftschicht ist Rhenium, ein seltenes Metall mit einem extrem hohen Schmelzpunkt von 3.200 Grad Celsius. In geringen Mengen von ein bis zwei Prozent verbessert es nicht nur die mechanischen Eigenschaften von Stamms bisheriger Mixtur aus Kobalt, Nickel, Chrom, Aluminium und Yttrium, sondern es verhindert auch, dass das Aluminium nach und nach in den Grundwerkstoff eindringt. »Ohne diese Schutzschicht würde die Nickellegierung nur 4.000 Stunden überleben«, sagt Stamm. »Mit der Schicht trotzt sie den Angriffen des Sauerstoffs im Brenngas mehr als 25.000 Stunden und damit länger, als von den Kraftwerksbetreibern für solche Turbinenschaufeln gefordert wird.«

Doch nicht nur die Temperaturen machen den Schaufeln zu schaffen, auch die Fliehkräfte sind enorm: Auf die Enden einer jeder Turbinenschaufel wirken Kräfte bis zum 10.000-Fachen der Erdbeschleunigung – das ist eine Belastung, als ob jeder Kubikzentimeter so viel wiegen würde wie ein Mensch. Klassische Herstellungsverfahren reichen für diese Hochleistungsbauteile nicht mehr aus, spezielle Abkühlverfahren machen sie besonders stabil und bruchfest. Zudem optimieren die Ingenieure die Form der Schaufeln vorab am Computer mithilfe von 3-D-Simulationsprogrammen. Jede einzelne dieser Maßnahmen bringt zwar nur kleine Prozentteile für die Verbesserung des Wirkungsgrades, doch alle zusammen ermöglichen sie die Weltrekordwerte.

Im 18-monatigen Testlauf war die Turbine mit rund 3.000 Sensoren ausgestattet worden, die von Druck- und Temperaturverlauf bis zu mechanischen Spannungen und Materialschwächen so ziemlich alles registrierten, was man mit moderner Technik messen kann. Im Juli 2011 startete der Normalbetrieb, und die Turbine wird nun Kraftwerksbetreibern in aller Welt angeboten. Mit ihrer hohen Effizienz schont sie nicht nur die Umwelt, sondern spart auch bares Geld, weil sie pro erzeugter Kilowattstunde wesentlich weniger vom teuren Rohstoff Erdgas benötigt. Ein Energieversorger in den USA, der bereits sechs dieser Anlagen bestellt hat, hofft, damit rund eine Milliarde Dollar an Betriebs-, Wartungs und Investitionskosten einsparen zu können.

Forscher wie Werner Stamm versuchen unterdessen, in den nächsten Jahrzehnten die erreichbaren Temperaturen noch weiter in die Höhe zu schrauben und noch höhere Wirkungsgrade zu erreichen. Der ultimative Traum der Materialforscher sind Schaufeln, die nicht mehr aus Metall, sondern vollständig aus Keramik bestehen – sie könnten dann ganz ohne Kühlung auskommen, weil Keramiken wesentlich höhere Temperaturen aushalten als Metalle. Doch der Weg dorthin sei noch weit, sagt Werner Stamm und schmunzelt: »Vielleicht in 15 Jahren – aber das haben meine Vorgänger vor 15 Jahren auch schon gesagt.«

Der Hauptgrund: Alle Keramiken haben einen Nachteil, den jeder kennt, dem schon einmal eine Teetasse oder ein Keramikteller zu Boden gefallen ist: Sie sind sehr spröde und brechen leicht. Daher brauchen sie Verstärkung, wenn sie die geforderten 25.000 Stunden durchhalten sollen. Die zurzeit vielversprechendste Idee sind faserverstärkte Keramiken. Dabei halten glasartige Fasern aus Aluminiumoxid und Siliziumdioxid die Keramik intakt, auch wenn diese schon Risse hat. Allerdings senken diese Fasern die Temperaturbeständigkeit, denn sie halten nur 1.200 Grad aus – die Keramik alleine würde bis zu 1.700 Grad Celsius überstehen.

Mit neuen Turbinen so viel CO_2 einsparen, wie Europa verursacht

Mit solchen Konzepten kann es gelingen, die Effizienz von Kohle- und Gaskraftwerken noch weiter nach oben zu schrauben. Doch schon die bislang erreichten Fortschritte sind enorm: So würde ein Kohlekraftwerk mit der künftigen 700-Grad-Technologie pro Kilowattstunde Strom nur noch 288 Gramm Kohle benötigen und 669 Gramm CO_2 ausstoßen – heutige Kohlekraftwerke brauchen hingegen im Durchschnitt 480 Gramm Kohle und erzeugen 1.115 Gramm CO_2. Noch besser sind die Gas-und-Dampfturbinen-Kraftwerke: Ein Kraftwerk mit der neuen Gasturbine würde pro Kilowattstunde nur wenig mehr als 330 Gramm CO_2 verursachen. Welches Potenzial in diesen Verbesserungen liegt, zeigt folgende Rechnung: Besäßen alle gegenwärtigen Kohlekraftwerke weltweit die 700-Grad-Technologie, so würden sie 3,7 Milliarden Tonnen CO_2 weniger ausstoßen als heute, und weitere 300 Millionen Tonnen CO_2 ließen sich einsparen, würden alle Gaskraftwerke Turbinen des Irsching-Typs besitzen. Diese vier Milliarden Tonnen Einsparpotenzial entsprechen etwa den gesamten CO_2-Emissionen der Europäischen Union!

☐ USA, Westküste, im Juli 2050. Verschmutzungsrechte zu erwerben ist richtig teuer geworden. 50 Dollar pro Tonne Kohlendioxid – da müsste eines der alten großen Kohlekraftwerke jedes Jahr 400 Millionen Dollar zahlen, nur um das Treibhausgas in die Luft blasen zu dürfen. Gut, es gibt nicht mehr viele von diesen Kohlenstoffschleudern. Heute sieht man Solaranlagen und Windräder überall – sogar hoch oben in den Windschneisen zwischen den Wolkenkratzern. Und die Großkraftwerke leisten sich jetzt Anlagen, die das CO_2 aus den Abgasen wegfangen. Obwohl dies ziemlich viel Energie kostet, rechnet es sich angesichts der Preise, die die Energieversorger ansonsten für die Verschmutzungsrechte bezahlen müssten. Die einen pressen das CO_2 dann in Erdöllagerstätten, um mit dem hohen Druck noch die letzten Reste des wertvollen Rohstoffs herauszuholen. Die anderen nutzen es, um in riesigen Algentanks das Wachstum der grünen Winzlinge zu beschleunigen und daraus Biosprit und Biokunststoffe zu machen. Auch gibt es schon erste Firmen, die sich darauf spezialisiert haben, CO_2 direkt aus der Luft zu holen. Entweder indem sie aus Holzresten und Bioabfällen Strom gewinnen und das entstehende CO_2 einfangen oder indem sie mit Windstrom Wasserstoff erzeugen. Der lässt sich direkt nutzen oder mit dem CO_2 der Luft zu Methan umwandeln – beides ideale Energiespeicher für eine CO_2-neutrale Welt ...

LASST DIE TREIBHAUSGASE NICHT ENTKOMMEN!

Ingenieure und Forscher sind sehr erfinderisch, wenn es darum geht, immer mehr Strom aus einer Tonne Kohle oder einem Kubikmeter Erdgas herauszuholen. Doch all dies hilft dem Klima wenig, wenn gleichzeitig Hunderte neuer Kohle- und Gaskraftwerke gebaut werden und dadurch mehr Kohlendioxid in die Atmosphäre geblasen wird, als an anderer Stelle eingespart werden kann. In diesem Fall gibt es nur zwei Auswege: Entweder muss das CO_2 weggefangen werden, bevor es in die Luft gelangt, oder es muss aus der Atmosphäre wieder entfernt werden. Dass dies machbar ist, zeigt schon ein Blick in den Garten: Alle grünen Pflanzen wachsen nur deshalb, weil sie CO_2 aus der Luft holen und den Kohlenstoff in ihre Biomasse einbauen. Wissenschaftler in aller Welt träumen daher den Traum vom »grünen« Kohle- oder Gaskraftwerk: Sie wollen das CO_2 aus Kraftwerken abtrennen und es entweder sicher lagern oder in nützliche Stoffe verwandeln – beispielsweise indem sie damit Algen füttern.

Die Abtrennung des CO_2 aus Kohlekraftwerken wird bereits in Pilotanlagen erprobt. Bei der einen Variante wird die Kohle in ein brennbares Synthesegas verwandelt, aus dem sich das CO_2 relativ einfach entfernen lässt. Verbrannt wird dann reiner Wasserstoff – und in die Atmosphäre gelangt nur Wasserdampf, kein Kohlendioxid. In anderen Testanlagen waschen die

Forscher das CO_2 nach der Verbrennung aus dem Abgas der Kraftwerke: Sie führen das Abgas durch einen großen Turm, in dem sich eine Waschlösung befindet, durch die das Gas nach oben blubbert. Diese Lösung enthält spezielle Salze, die CO_2 sehr wirksam an sich binden – 90 Prozent des Treibhausgases lassen sich so einfangen. Schließlich wird dann in einer anderen Anlage das Kohlendioxid durch Erwärmen wieder aus dem Salz herausgelöst und verdichtet. Das Salz lässt sich danach fast vollständig wiederverwenden und dem Kreislauf erneut zuführen.

Was all diese Methoden der CO_2-Abtrennung gemeinsam haben, ist, dass sie aufwendig sind, eine Menge Geld und Energie kosten und den Wirkungsgrad der Kraftwerke um derzeit neun bis zwölf Prozentpunkte senken – sie entfernen also zwar das Treibhausgas, machen aber gleichzeitig die Effizienzsteigerungen, die in den vergangenen 20 Jahren erreicht wurden, wieder zunichte. Es sind also gar nicht einmal die technischen Hürden, die bislang verhindert haben, dass es bereits große Kraftwerke mit CO_2-Abtrennung gibt: Ohne staatliche Förderung, wie bei den Pilotprojekten, rechnet es sich derzeit einfach nicht.

Das wird sich für die Kraftwerksbetreiber erst dann ändern, wenn es teurer wird, Kohlendioxid in die Luft zu blasen, als es vor oder nach der Verbrennung zu entfernen – und das hängt zum einen davon ab, wie kostengünstig diese Anlagen gebaut werden können, und zum anderen davon, wie viel die Emissionszertifikate für eine Tonne CO_2 künftig kosten. Diese Verschmutzungsrechte muss ein Kraftwerksbetreiber kaufen, wenn er das Treibhausgas in die Atmosphäre entlassen will. Derzeit sind sie mit Preisen zwischen 10 und 20 Euro pro Tonne CO_2 noch viel zu billig – Fachleute schätzen, dass sie zwischen 2020 und 2030 auf über 30 Euro steigen dürften: Dann wäre es wohl kostengünstiger, das Treibhausgas zu entfernen, als es in die Luft zu pusten.

Ein Speicher 1.000 Meter tief unter der Nordsee

Neben der betriebswirtschaftlichen ist jedoch noch eine weitere Hürde zu überwinden: die politische. Noch ist nämlich völlig unklar, was mit den riesigen Mengen CO_2 geschehen soll. Am meisten diskutiert wird zurzeit die unterirdische Lagerung. Platz genug gäbe es in der Tiefe. Allein in Deutschland schätzen Experten die Kapazität für die CO_2-Speicherung auf zwölf bis 28 Milliarden Tonnen. Das würde für die deutschen Kraftwerke für einige Jahrzehnte reichen. Weltweit hat der Weltklimarat der Vereinten Nationen die

Speicherkapazität in ehemaligen Öl- und Gaslagerstätten mit 900 Milliarden Tonnen berechnet. In saline Aquifere – das sind mit Salzwasser vollgesogene Sandsteinschichten – könnte noch zehnmal mehr CO_2 passen. Theoretisch sind diese Aquifere so aufnahmefähig, dass sich darin das ganze CO_2 speichern ließe, das die Menschheit jemals aus fossilen Rohstoffen freisetzen könnte!

Am besten wäre es, man würde das Gas direkt von den Kraftwerken, wo es abgetrennt und verdichtet oder verflüssigt wird, über Pipelines in solche Lagerstätten befördern. Dass dies funktioniert, beweist der norwegische Öl- und Gaskonzern StatoilHydro, der schon seit 1996 zehn Millionen Tonnen CO_2 in eine Gesteinsschicht in 1.000 Meter Tiefe unter der Nordsee gepumpt hat. Das CO_2 wird als Verunreinigung mit dem Erdgas mitgefördert und käme StatoilHydro teuer zu stehen, wenn es einfach in die Atmosphäre entlassen würde, weil Norwegen jede Tonne CO_2 mit einer hohen Steuer belegt. Forscher haben diese Kohlendioxidlagerung unter der Nordsee begleitet, und ihre Ergebnisse sind eindeutig: Das CO_2 bleibt stabil in der Lagerstätte und steigt nicht etwa in Gasblasen wieder auf.

Auch in Deutschland, bei Ketzin nahe Potsdam, läuft seit 2008 ein Projekt, bei dem 60.000 Tonnen CO_2 in einen salinen Aquifer in 700 Meter Tiefe gepumpt werden. Zahlreiche Sensoren liefern Signale, wie sich das Gas dort ausbreitet. Die bisherigen Ergebnisse bestätigen die Erwartungen: Das CO_2 löst sich im Salzwasser – ähnlich wie es sich bei CO_2-Sprudlern im Mineralwasser löst – und wird in den Poren der Sandsteinschichten festgehalten. Nach Tausenden von Jahren können sich daraus Kalk oder Carbonate bilden. Ein Großteil des Treibhausgases bliebe dann für immer der Atmosphäre erspart.

Unterirdische Käseglocken

Und wenn doch CO_2 an die Oberfläche gelangt? Das Gas ist schwerer als Luft und könnte sich in Becken sammeln, wo es alles Leben erstickt, befürchten Kritiker. In Konzentrationen ab etwa drei Prozent verursacht das geruchlose Gas Kopfschmerzen und Schwindel, ab zehn Prozent kann es zu Atemstillstand führen. Als 1986 in Kamerun der Nyos-See – ein alter Vulkankrater – schlagartig 1,6 Millionen Tonnen CO_2 freisetzte, starben 1.700 Menschen und Tausende Tiere. Doch wenn die Lagerstätten richtig gewählt sind, sind solche Katastrophen kaum zu befürchten. So liegt über dem Aquifer in Ketzin eine Schicht aus Gips und Ton, die wie eine Käseglocke die neun Quadratkilometer große Sandsteinwölbung abdichtet. Das hat sie auch schon früher getan, als hier mehr als 40 Jahre lang eine Sandsteinschicht als Erdgasspeicher genutzt wurde, wie dies an vielen Stellen weltweit üblich ist. Als beste CO_2-Speicher bieten sich daher solche an, in denen schon immer unterirdisch Gase gespeichert waren, also im Prinzip alle Erdgaslagerstätten, denn die sind nachweislich seit Jahrmillionen dicht. Tatsächlich pumpen schon heute einige Öl- und Gasproduzenten CO_2 in ihre Lagerstätten zurück, um durch den erhöhten Druck die Ausbeute zu steigern.

Reinhard Hüttl, wissenschaftlicher Vorstand des GeoForschungs-Zentrums in Potsdam, das das Projekt in Ketzin leitet, weist darauf hin, dass CO_2 grundsätzlich nicht giftig ist – in kleinen Mengen nehmen wir es mit der Atemluft auf oder trinken es in Sprudelwasser oder Limonade. »Sollte es aber wirklich austreten, würden wir das mit unseren Überwachungssystemen sofort merken und könnten es einfach in der Luft verwirbeln.« Allerdings sagt auch Hüttl, dass die ganze Prozesskette aus CO_2-Abscheidung, Transport, Verpressen und Überwachung doch sehr aufwendig und mit hohen Kosten verbunden ist: »Insofern ist die CO_2-Speicherung eher eine Übergangstechnologie, solange wir die Kohle- und Gaskraftwerke haben.«

Der wichtigste biochemische Prozess auf Erden

Doch es gibt noch eine andere Möglichkeit, Kohlendioxid von der Atmosphäre fernzuhalten, als es unterirdisch zu lagern: Man kann es auch chemisch an andere Stoffe binden. Die intelligenteste Methode hat die Natur selbst erfunden, als vor über drei Milliarden Jahren die ersten Bakterien lernten, die Fotosynthese zu nutzen – den wichtigsten biologisch-chemischen Prozess auf Erden. Den Purpur- und Cyanobakterien folgten später die Grün-, Braun- und Rotalgen und dann die höheren grünen Pflanzen. Mit der Energie des Sonnenlichts bauen sie aus Wasser und dem Kohlendioxid der Luft Kohlenhydrate auf, beispielsweise Zucker und Stärke. Dabei setzen sie den Sauerstoff frei, der wiederum von Tieren und Menschen eingeatmet wird. Unsere Energieversorgung beruht in Form von Kohle, Öl, Erdgas und Biomasse noch heute zu über 90 Prozent auf dieser pflanzlichen Fotosyntheseleistung der vergangenen Jahrmillionen. Und die Fotosynthese treibenden Organismen sind nach wie vor sehr aktiv: Jedes Jahr setzen sie etwa das Sieben- bis Zehnfache der Energie um, die die Menschheit verbraucht.

Schaut man sich die Pflanzen im Detail an, so findet man im Innern ihrer Zellen spezielle Antennenmoleküle, die das Licht einfangen und an sogenannte Reaktionszentren weiterleiten. Die Antennen decken mit ihren Farbstoffen – den grünen Chlorophyllen und den gelbrötlichen Carotinoiden

– das Spektrum des Sonnenlichts sehr gut ab und können damit besonders viel Licht ernten. In den Reaktionszentren führen die eingefangenen Lichtteilchen dann innerhalb von wenigen Billionstelsekunden zur Trennung von positiven und negativen Ladungen – es wird sozusagen blitzartig die Batterie der Pflanzen aufgeladen. Diese Ladungstrennung muss deshalb so schnell erfolgen, damit sich positive und negative Ladungen nicht wieder vereinen und die Energie des Lichts letztlich einfach in Form von Wärme verloren geht.

Stattdessen nutzt die Pflanze ihre interne Batterie dazu, Wasser in Wasserstoffionen und Sauerstoff zu spalten und energiereiche Moleküle aufzubauen. Diese energiereichen Moleküle setzt die Pflanze dann ein, um mit dem Kohlendioxid der Luft die Kohlenhydrate aufzubauen, die sie zum Wachsen braucht. Letztlich können nur die grünen, fotosynthetisch aktiven Teile der Pflanzen CO_2 binden. In der Nacht hingegen sowie in den nicht grünen Pflanzenteilen, von den Wurzeln bis zu den Früchten, werden Kohlenhydrate wieder abgebaut, um Energie zu gewinnen – dies entspricht unserer Atmung: Dafür wird Sauerstoff benötigt und CO_2 an die Luft abgegeben.

Insgesamt aber binden Pflanzen mehr CO_2 als sie freisetzen: Im Durchschnitt baut ein Baum in Deutschland pro Jahr je nach Art und Größe zwischen 10 und 30 Kilogramm CO_2 aus der Luft in seine Biomasse ein – in tropischen Gebieten kann es auch das Doppelte oder Dreifache sein. Ein Wald in Mitteleuropa bindet pro Quadratkilometer und Jahr etwa 1.000 Tonnen CO_2. Das extrem schnell wachsende Chinaschilf, ein meterhohes Grasgewächs, liegt mit 5.600 Tonnen an der Spitze der in freier Natur wachsenden Pflanzen. Nur Algen schaffen noch mehr: Sie können beim Wachstum in Bioreaktoren bis zu 40.000 Tonnen CO_2 pro Jahr und Quadratkilometer Grundfläche aufnehmen.

Pflanzen tun es – Bakterien auch: In komplexen Molekülen (rechts das Reaktionszentrum eines fotosynthetischen Bakteriums) bilden sie mithilfe des Sonnenlichts aus CO_2 und Wasser Biomasse.

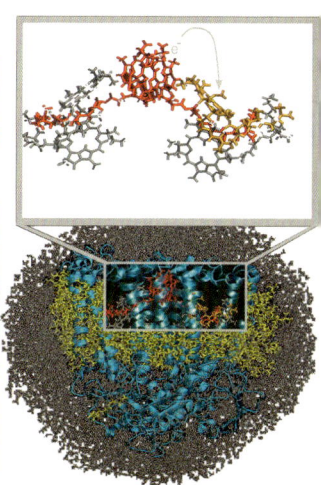

Blühende grüne Landschaften

Kein Wunder, dass es also bereits Versuche gibt, das CO_2 aus Kraftwerksabgasen durch Algen einfangen zu lassen. So hat der Kraftwerksbetreiber RWE Power am Braunkohlekraftwerk Niederaußem bei Köln 2008 eine 600 Quadratmeter große Pilotanlage in Betrieb genommen. Ein kleiner Teil des Abgases wird durch lichtdurchlässige, mit Salzwasser gefüllte Schläuche geleitet, in denen Mikroalgen schwimmen. Pro Jahr wandeln sie rund 12 Tonnen CO_2 in Biomasse um – bei den 27 Millionen Tonnen, die dieses riesige Kraftwerk im Jahr ausstößt, ist das allerdings gerade einmal die Menge, die Niederaußem in weniger als 15 Sekunden Betriebszeit in die Luft pustet.

Algen lieben Kohlendioxid: Sie können das Klimagas direkt aus Kraftwerksabgasen aufnehmen – hier ein Test beim Braunkohlekraftwerk Niederaußem.

Dennoch ist es natürlich ein sinnvolles Forschungsprojekt, denn Algen wachsen zehnmal schneller als Landpflanzen. Außerdem können Algen CO_2 direkt aus Kraftwerksabgasen verarbeiten – wobei auch noch die Abwärme beim Wachsen hilft –, und ihre Biomasse lässt sich recht problemlos in die unterschiedlichsten Stoffe umwandeln: etwa in Biodiesel, Biogas oder Biokunststoffe.

Biogas und Biodiesel könnte die aus Erdöl produzierten Treibstoffe ersetzen. Allerdings hat die Firma Shell errechnet, dass sich Biodiesel aus Algen erst ab einem Rohölpreis von 800 Dollar pro Barrel rechnen würde. Ein Barrel ist ein Fass mit 159 Litern Inhalt. 800 Dollar pro Barrel sind etwa das Zehnfache des heutigen Preises und immer noch mehr als das Fünffache dessen, was Rohöl zu den Höchstpreisen im Sommer 2008 gekostet hat.

Biotreibstoffe aus Algen sind zudem ungeeignet, um CO_2 länger aus der Atmosphäre fernzuhalten – denn die ursprünglichen Kraftwerksabgase werden ja sozusagen nur verzögert in die Luft gelassen, wenn der Biotreibstoff verbrannt wird. Manche Forscher verfolgen daher eine andere Idee: Sie wollen das Algenwachstum im Meer durch die Düngung mit Eisen anregen und hoffen, dass sie dadurch CO_2 aus der Luft entfernen, wenn die Algen absterben und auf den Meeresboden sinken. Doch mehrere Versuche im Indischen Ozean und im Südatlantik haben gezeigt, dass das nicht funktioniert. Was die Forscher nicht bedacht hatten: Kleine Krebstiere fressen die meisten Algen, womit das CO_2 wieder in die Nahrungskette gelangt und letztlich von Tieren in die Luft ausgeatmet wird.

Viele Wissenschaftler lehnen solche Konzepte auch grundsätzlich ab – ebenso wie vergleichbare Methoden des »Geoengineering«. Dabei greift der Mensch direkt und in großem Umfang in die biologischen oder chemischen Vorgänge auf der Erde ein: Beispielsweise gibt es neben der Eisendüngung auch Vorschläge, mithilfe von Schwefelpartikeln die Bildung kühlender Wolken zu fördern oder Schatten spendende Sonnensegel zwischen Sonne und Erde zu installieren. Unabhängig davon, wie zielführend solche Maßnahmen wären und ob man sich international überhaupt einigen könnte, sie einzusetzen, sind die Hauptkritikpunkte die unbekannten und möglicherweise unbeherrschbaren Nebenwirkungen, die solche Experimente hätten.

Eine unbestritten sinnvollere Möglichkeit, CO_2 zu binden, wären hingegen Aufforstungen – sie würden das Kohlendioxid jahrzehntelang aus der Luft entfernen, bis die Bäume, die es in ihre Biomasse eingebaut haben, verrotten und das Treibhausgas wieder freisetzen. Forstfachleute haben errechnet, dass die elf Millionen Hektar Wald in Deutschland pro Jahr insgesamt rund 17 Millionen Tonnen CO_2 aufnehmen. Dabei ist das CO_2, das durch die Holznutzung – etwa in Biomassekraftwerken – freigesetzt wird, bereits abgezogen.

Weltweit gehen allerdings jedes Jahr durch Waldbrände und Abholzung rund 13 Millionen Hektar Wald verloren, insbesondere in den Entwicklungsländern der Tropen. Damit wird auf der Erde alljährlich mehr Wald vernichtet, als Deutschland überhaupt besitzt! Das dadurch in die Atmosphäre gelangte Kohlendioxid erreicht mit sechs bis sieben Milliarden Tonnen bereits rund ein Fünftel aller vom Menschen verursachten CO_2-Emissionen. Allein die Emissionen aus der Urwaldabholzung und dem Abbrennen der Torfmoore in Indonesien werden mittlerweile auf über 2,5 Milliarden Tonnen pro Jahr geschätzt – etwa das Dreifache der CO_2-Emissionen Deutschlands.

Auch die Zerstörung der Artenvielfalt ist erschreckend: So wurden auf nur einem Hektar peruanischen Regenwalds 283 verschiedene Baumarten gezählt – in ganz Bayern gibt es bloß 40 einheimische Baumarten. Insgesamt schätzen Forscher, dass es in tropischen Regenwäldern rund 50.000 Baumarten gibt und etwa ebenso viele Wirbeltierarten. 90 Prozent aller Tier- und Pflanzenarten finden sich in den Regenwäldern. Den Raubbau an den grünen Lungen der Erde zu stoppen muss daher international höchste Priorität haben, denn noch existieren weltweit rund 1,3 Milliarden Hektar Urwald. Zugleich müssen in Zukunft Aufforstungen als Klimaschutzmaßnahmen angerechnet werden und beispielsweise mit Emissionszertifikaten belohnt werden. Erste Pilotprojekte hierfür gibt es: Bereits 2006 erhielt die Schweizer Firma Precious Woods für die Wiederaufforstung von 4.600 Hektar Weideland in Costa Rica Emissionszertifikate über 221.700 Tonnen CO_2, die sie an der Klimabörse von Chicago handeln konnte.

Ein Felsen für das ganze CO_2 der Menschheit

Doch vielleicht ist es nicht einmal die belebte Natur, die die einfachste Möglichkeit bietet, CO_2 aus der Atmosphäre zu entfernen. Werfen wir einen Blick an die östliche Ecke der saudi-arabischen Halbinsel, nach Oman: Hier kletterte Evelyn Mervine im Jahr 2009 mehrere Wochen lang auf einem der größten Felsen der Welt herum. Die Geologiestudentin am Woods-Hole-Ozeanografischen Institut nahe Boston untersuchte den Samail-Ophiolit-Felsen, ein 350 Kilometer langes, 40 Kilometer breites und fünf Kilometer dickes Steinmeer, das einst der Boden eines Ozeans war. Dieser Felsen besteht zum großen Teil aus Magnesiumsilikaten: »Wenn Wasser in den Stein eindringt und die Silikate nach oben spült, bilden sie mit dem CO_2 der Luft Carbonate, also feste Mineralien. Das CO_2 wird auf diese Weise aus der Luft entfernt«, berichtet Mervine. »Wenn man versteht, wie dieser Prozess abläuft, kann man ihn vielleicht auch beschleunigen – das ist eine extrem spannende Verbindung aus Geologie und Klimaschutz.«

Ron Zevenhoven, Professor an der Abo-Akademi-Universität in Finnland, betont das hohe Potenzial dieser Idee: »Allein der Felsen im Oman enthält solche Mengen an Magnesiumsilikaten, dass man damit den gesamten Kohlenstoff aus allen fossilen Rohstoffen der Erde binden könnte.« In der Natur geht dieser Prozess zwar langsam vor sich, doch immerhin läuft er ohne Anstoß von außen ab: Denn die Bildung von Carbonaten ist die einzige chemische Reaktion mit Kohlendioxid, für die keine Energiezufuhr nötig ist. Der

Samail-Ophiolit nimmt pro Jahr 100.000 Tonnen CO_2 aus der Luft auf, und die Forscher hoffen, dass sie diesen Prozess – wenn sie beispielsweise warmes Wasser in den Felsen pumpen – vielleicht nochmals um das Hundertfache beschleunigen können.

»Im Prinzip«, sagt Zevenhoven, »könnte man auch einfach Pulver aus Magnesiumsilikaten verstreuen – am besten in den warmen und feuchten Tropen –, und dann würde der Regen dafür sorgen, dass die Stoffe verwittern, also mit dem CO_2 der Luft Carbonate bilden.« Eine simplere Methode zur CO_2-Entfernung ist kaum vorstellbar. Auch ist Magnesiumcarbonat ein unbedenklicher Stoff, den jeder kennt. In Form eines lockeren weißen Pulvers wird er beim Klettern oder Geräteturnen verwendet, um Hände griffiger zu machen und den Schweiß zu trocknen. Das größte Hindernis für die Idee dürfte aber der schiere Materialbedarf sein: Um allein die jährlichen Abgase eines Großkraftwerks wie Niederaußem zu neutralisieren, entstünde ein Berg von Magnesiumcarbonat, der einen Kilometer lang und breit sowie über 17 Meter hoch wäre – ganz abgesehen vom Aufwand, der nötig wäre, die riesigen Silikatmengen aus dem Oman zu gewinnen und zu transportieren.

Doch es gibt noch viele weitere Möglichkeiten, CO_2 in der chemischen Industrie zu verwenden. So wird es für die Produktion von Harnstoff – einem wichtigen Stickstoffdünger – oder für Salizylsäure als Ausgangsstoff von Aspirin sowie zur Brandbekämpfung, als Kältemittel und als Kohlensäure in Getränken eingesetzt. Allein für die Harnstoffproduktion werden etwa 80 Millionen Tonnen CO_2 pro Jahr genutzt. Insgesamt schätzt die DECHEMA Gesellschaft für Chemische Technik und Biotechnologie den maximal möglichen Einsatz von CO_2 in der chemischen Industrie weltweit auf zwei Milliarden Tonnen pro Jahr. Wirtschaftlich und technisch machbar dürften aber wohl nur rund 200 Millionen Tonnen sein.

Kohlendioxid in Treibstoff verwandeln

Besonders sinnvoll wäre es, Öl als Treibstoff zu ersetzen, denn es gibt kaum eine unsinnigere Verwendung des wertvollen Erdöls als die Verbrennung im Motor von Fahrzeugen, wo nur 20 bis 30 Prozent der Energie in die eigentliche Fortbewegung fließt und der Rest als Wärme verpufft. Dabei könnten nicht nur die bereits erwähnten Biotreibstoffe an die Stelle von Öl treten, sondern auch der Alkohol Methanol. Der amerikanische Chemie-Nobelpreisträger George A. Olah propagiert die Idee einer Methanolwirtschaft anstelle des Ölzeitalters schon seit Jahren. Methanol kann relativ problemlos statt Benzin getankt werden – die Tanks müssten nur etwas größer ausfallen und einige Bauteile, gegenüber denen Methanol aggressiv reagiert, müssten umgestaltet werden, aber ansonsten könnte dieselbe Infrastruktur wie heute benutzt werden, von den Tankstellen bis zu den Autos.

Und das Schönste: Methanol lässt sich – wie auch Methan, das im Erdgas enthalten ist – aus Wasserstoff und dem Kohlendioxid der Luft herstellen. Bei seiner Verbrennung entstehen keine zusätzlichen CO_2-Emissionen, es wird nur das CO_2, das vorher Teil der Luft war, wieder an diese abgegeben. Voraussetzung ist, dass der nötige Wasserstoff regenerativ, also etwa durch den Strom von Wind- oder Solaranlagen, erzeugt wird. Ob sich das Ganze allerdings wirtschaftlich rechnet, muss sich noch zeigen. Große Anlagen zur Wasserspaltung besitzen Wirkungsgrade zwischen 60 und 70 Prozent: Der erzeugte Wasserstoff hat daher 30 bis 40 Prozent weniger Energie als der hineingesteckte Strom. Auch bei der Methanolsynthese geht etwa ein Fünftel der Energie verloren. Alles in allem bedeutet das, dass man mit der gesamten heutigen Windenergie in Deutschland nur so viel Methanol erzeugen könnte, um sieben Prozent der deutschen Pkws versorgen zu können. Auf der anderen Seite würde aber derselbe Windstrom viermal mehr Autos das ganze Jahr über fahren lassen können – vorausgesetzt allerdings, dass es Elektroautos sind.

Von Pflanzen lernen

Wie man es auch dreht und wendet, Forscher haben in den nächsten Jahrzehnten einiges zu tun, um das CO_2 aus der Atmosphäre fernzuhalten. Am besten sollten sie an allen Schrauben gleichzeitig drehen: das CO_2 aus den Kraftwerksabgasen entfernen, »grüne« Kraftwerke bauen, die Umwandlung von Algen in Biotreibstoffe optimieren, leistungsfähige Elektroautos auf die Straßen bringen, Methoden finden, um Strom effektiv zu speichern – und vor allem auch von der Natur lernen. Denn nicht nur hinsichtlich seiner Bedeutung für das Leben auf der Erde, sondern auch rein technisch betrachtet gibt es wohl keinen genialer konstruierten Prozess als die Fotosynthese.

Fast jedes Lichtteilchen, das die biologischen Antennen einfangen, wird auch genutzt – es geht kaum etwas verloren. Der erste Schritt, der zur Trennung positiver und negativer Ladungen führt und damit die innere Batterie der Pflanzen auflädt, gehört zu den schnellsten chemischen Prozessen, die je gemessen wurden. Er findet in großen Molekülen – den Reaktionszentren – statt, in denen mehr als zehntausend einzelne Atome so perfekt aufeinander abgestimmt sind, dass sie möglichst wenig Energie verschwenden. Diese kleinen Lichtwandler messen nur einige Millionstelmillimeter im Durchmesser. Damit sind sie so winzig – aber viel komplexer aufgebaut – wie die kleinsten Bauteile, die Forscher mit der heutigen Nanotechnologie herstellen können. Dennoch bilden sich diese komplexen Strukturen in einem Räderwerk biochemischer Prozesse ständig von selbst neu – ohne einen Ingenieur, der von außen eingreift. Es ist ein perfekt selbstorganisierter Prozess.

Solche Systeme nicht nur zu studieren, sondern sie auch technisch nachzubauen und an die menschlichen Bedürfnisse anzupassen, ist seit Jahrzehnten der Traum vieler Fotosyntheseforscher. Denn die Pflanzen haben ihren Zellapparat natürlich nicht auf den Energiebedarf von Menschen optimiert, sondern auf ihr eigenes Wachstum und ihre Vermehrung. So entsteht zwar in der Pflanzenzelle eine Art Nanobatterie und es werden Wasserstoffionen gebildet, aber es macht wenig Sinn, daraus nun eine technische Solarbatterie machen zu wollen oder den Prozess so zu unterbrechen, dass Pflanzenzellen oder Algen in großen Mengen Wasserstoff produzieren.

Stattdessen müssen die Wissenschaftler versuchen, zu verstehen, wie diese Biomoleküle im Detail funktionieren – um dann mit diesem Wissen technische Systeme optimieren zu können, seien es Solarzellen, Wasserstoffproduktionsanlagen oder molekulare Hochgeschwindigkeitsschalter. Auf diesem Weg sind die Forscher seit den 1980er- und 90er-Jahren, als die Primärprozesse der Fotosynthese aufgedeckt und die Erkenntnisse mit mehreren Nobelpreisen belohnt wurden, bereits einige Schritte vorangekommen. So ist es gelungen, künstliche Elektronenstaffeln herzustellen, die Elektronen schnell weitertransportieren und dadurch eine fast genauso gute Ladungstrennung schaffen wie im Reaktionszentrum. Auch die biologischen Antennen wurden von Forschergruppen nachgebaut: Chemiker der Universität Würzburg haben beispielsweise Tausende von Molekülen zu Nanokapseln zusammengefügt. Die in den Kapseln liegenden Moleküle wirken wie Antennen – sie fangen Licht ein und übertragen die Energie auf andere Moleküle.

Farbige Solarzellen im Rucksack

Anfang der 90er-Jahre hat Michael Grätzel im schweizerischen Lausanne eine Solarzelle erfunden, die ebenfalls Prinzipien der Fotosynthese nutzt: Sie verwendet eine nur Hundertstelmillimeter dünne Schicht aus Titandioxidnanokristallen mit einer dazwischenliegenden Elektrolytlösung. An der Oberfläche der Titandioxidpartikel haften Farbstoffmoleküle. Trifft Licht auf ein Farbstoffmolekül, so passiert etwas ganz Ähnliches wie bei der Foto-synthese: Der Farbstoff fängt das Licht ein und reicht die Energie gleich wei-ter, in diesem Fall an das winzige Teilchen aus Titandioxid in seiner Nachbar-schaft. Das gibt daraufhin ein Elektron ab, das über das Netz der weiteren Titandioxidpartikel wandert, bis es zu einer Elektrode kommt. Letztlich ent-steht so ein Stromfluss.

Diese Farbstoffsolarzellen erfordern weniger Aufwand und Kosten bei der Herstellung als herkömmliche aus Silizium. Sie erreichen derzeit einen Wirkungsgrad von 12 Prozent, immerhin die Hälfte konventioneller Silizium-solarzellen. Dafür können sie aber in Kunststoff verpackt werden, was sie biegsam macht – die walisische Firma G24 Innovations produziert seit Ende 2009 die rötlich schimmernden »Grätzel-Zellen« in einem einfachen Verfah-ren von der Rolle. Eine Firma in Hongkong nutzt sie bereits, um sie in Rucksä-cke und künftig auch Zelte zu integrieren, wo sie dann zur Energieversorgung von Handys, E-Books, Kameras oder LED-Leuchten dienen sollen.

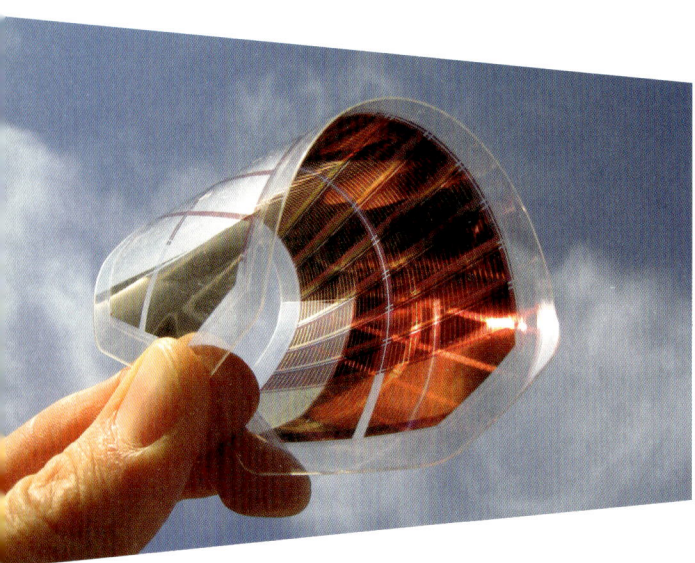

Solarzellen aus Plastik: Anders als Siliziumsolarzellen können Farbstoffsolarzellen sogar als biegsame Kunststofffolien von der Rolle produziert werden.

Andere Forscher wollen von der Fotosynthese lernen, wie sich Was-ser nur mithilfe von Sonnenlicht möglichst effizient spalten lässt. Sie wollen Antennen zum Lichteinfang koppeln mit Molekülen, die einen elektrischen Stromfluss verursachen. Der wiederum könnte mithilfe angedockter Kataly-satoren aus Wasser Wasserstoff und Sauerstoff machen – oder auch gleich mit dem Kohlendioxid der Luft Methanol erzeugen.

Doch der Weg dorthin ist noch lang und steinig. So entstehen bei-spielsweise im Verlauf der Wasserspaltung aggressive Substanzen. Pflanzen lösen dieses Problem, indem sie ihre grünen Katalysatoren ständig reparieren und erneuern. Ein technischer Nachbau kann dies nicht – er ist auf stabilere Katalysatoren angewiesen. Wissenschaftler, etwa vom Forschungszentrum Jülich, haben erste Ideen entwickelt, wie so etwas zu lösen sein könnte, aber es erfordert noch viel mühsame Detailarbeit, bis die Menschheit einst die Sonnenstrahlen auf eine ähnlich geniale Weise nutzen kann, wie dies die Pflanzen tun.

□ Monte Carlo, im August 2050. Das neue Kasino hat als Motto des Monats die römische Antike ausgerufen. Hausbedienstete tragen die prunkvolle Rüstung eines Zenturios mit Helm und Federbusch, und für die Gäste hält die Rezeption Toga und Tunika bereit. Doch beim Energieverbrauch ist das Kasino alles andere als altmodisch – im Gegenteil, dank Solaranlage auf dem Dach und ausgeklügelten Effizienztechnologien konnte es die Strommenge, die es aus dem Netz bezieht, um 80 Prozent senken. Die Nanobeschichtung der Fenster lässt Sonnenstrahlen nur dann die Innenräume aufheizen, wenn dies gewünscht wird. Strom sparende organische Leuchtdioden liefern blendfreies Licht, und überall verteilte Mikrosensoren sorgen für optimale Klimatisierung. Als Kühlschränke, Herde und Waschmaschinen werden nur die effizientesten Geräte verwendet. Computer und 3-D-Displays brauchen im Stand-by-Betrieb gar keinen Strom – und sogar die Schnellbahn reduzierte dank Leichtbaumaterialien und Bremsenergierückgewinnung ihren niedrigen Stromverbrauch nochmals um ein Drittel. Im nächsten Jahr plant die Kasinoleitung, ein eigenes kleines Wellenkraftwerk anzuschaffen, das die Brandung der Küste in Strom verwandelt – um so endgültig mehr Energie zu erzeugen als zu verbrauchen. Mit dem überschüssigen Strom wollen die Hotelmanager dann an der Börse sogar Geld verdienen ...

NEGAWATT STATT MEGAWATT - DIE KRAFT DES SPARENS

Kohlendioxid einzufangen und es technisch zu nutzen ist hilfreich, aber es wird im Kampf gegen den Klimawandel nicht reichen. Es wird keinen Königsweg geben – jede Technologie wird ihren Beitrag leisten müssen. Wenn man die Szenarien der Internationalen Energieagentur, von Shell, vom Bundesumweltministerium oder von Greenpeace vergleicht, so liegen zwar die Schwerpunkte je nach politischer Ausrichtung etwas anders, doch im Kern gehen die Trends in dieselbe Richtung. Um die Halbierung der weltweiten CO_2-Emissionen bis 2050 zustande zu bringen, schätzen die Fachleute, dass

☐ etwa ein Drittel der CO_2-Minderungen durch den starken Ausbau der erneuerbaren Energien erreicht werden kann – Greenpeace glaubt sogar, dass im Jahr 2050 über drei Viertel des weltweiten Energiebedarfs durch erneuerbare Energien gedeckt werden könnten,

☐ etwa ein Fünftel der CO_2-Reduktionen über die Abspaltung, Speicherung oder Nutzung des Kohlendioxids erzielt werden kann,

☐ aber rund die Hälfte der nötigen CO_2-Abnahme mit einer höheren Energieeffizienz erreicht werden muss – bei der Energieerzeugung ebenso wie bei der Energieübertragung und der effizienteren Nutzung, ob in der Industrie, im Haushalt oder im Verkehr.

Wie enorm hoch die Effizienzpotenziale bei Kraftwerken sind, wurde bereits geschildert: Würde man die neuesten Technologien umfassend einsetzen, ließen sich bei Kohle- und Gaskraftwerken etliche Milliarden Tonnen CO_2 pro Jahr einsparen. Was Deutschland betrifft, so haben wir bereits eine beachtliche Energieeffizienz erreicht. Dies zeigt eine kurze Rechnung: Setzt man die Wirtschaftskraft eines Landes – das »kaufkraftbereinigte Bruttoinlandsprodukt« – ins Verhältnis zur Energie, die dort verbraucht wird, so ist dies ein grobes Maß dafür, wie effizient mit Energie umgegangen wird. Definiert man für Deutschland einen Wert von 100, so liegen die USA und China bei etwa 70, Russland bei 33. Das heißt: Gelänge es, in den USA, China und Russland die Energie so effizient zu nutzen wie in Deutschland, dann würde allein dadurch der weltweite Energieverbrauch schon um 15 Prozent sinken.

Ähnliches gilt für die Kohlendioxidemissionen. Hier erhält man für die USA den Wert 147, für China 179 und für Russland 291 – bezogen auf die gleiche Wirtschaftsleistung stoßen also die USA 47 Prozent mehr CO_2 aus als Deutschland, China sogar 79 Prozent und Russland 191 Prozent mehr. Gelänge es, die Emissionen dieser drei Staaten auf das Niveau Deutschlands zu senken, so würde sich der weltweite CO_2-Ausstoß um rund ein Fünftel verringern!

Und das sind nur die Werte für den Einsatz von Technologien, die Deutschland heute bereits nutzt. Doch die Potenziale für die Zukunft sind noch viel größer, denn auch hierzulande kann noch viel getan werden. Der amerikanische Physiker Amory Lovins, einer der Geschäftsführer des Rocky Mountain Institute für nachhaltige Entwicklung, sieht im Energiesparen die größte Energiequelle überhaupt. Bereits in den 1970er-Jahren hat der Träger des Alternativen Nobelpreises hierfür den Begriff »Negawatt« geprägt. Er versteht darunter die durch höhere Energieeffizienz eingesparten Megawatt: »Oft ist es billiger und einfacher, nicht reale Kraftwerke zu bauen, sondern den Strom effizienter zu nutzen. Man baut dadurch sozusagen virtuelle Einsparkraftwerke – produziert also Negawatt statt Megawatt«, sagt er.

Doppelter Wohlstand bei halbem Naturverbrauch

In seinem 1995 mit seiner damaligen Frau und dem Physiker Ernst Ulrich von Weizsäcker veröffentlichten Buch *Faktor Vier* plädierte er für Wege, doppelten Wohlstand bei halbem Naturverbrauch zu erreichen – bei vielen Ökoinnovationen sei mindestens eine vierfache Energieeffizienz erreichbar. Und heute, im Jahr 2011, arbeitet Lovins an einem Programm, das er »Die Neuerfindung des Feuers« nennt: »Wir entwickeln einen umfassenden Fahrplan für einen profitablen Übergang der Kohle- und Ölwirtschaft zu einer Welt, in der Energieeffizienz und erneuerbare Energien dominieren.«

Lovins beschreibt die Energieversorgung als Pyramide. Bislang sind ihr Fundament die Kohle- und Kernkraftwerke, im Mittelbau findet sich Erdgas und an der Spitze gibt es die erneuerbaren Energiequellen. Lovins fordert nichts weniger, als diese Pyramide in den nächsten Jahrzehnten umzudrehen. »Die Basis wäre der effiziente Stromverbrauch. In der Mitte fänden sich die erneuerbaren Energiequellen und Technologien wie die intelligenten Stromnetze und Elektroautos. Und an der Spitze der Pyramide haben wir dann noch die verbleibenden fossilen und die Kernkraftwerke, die aber mit der Zeit ersetzt würden – ähnlich, wie wir die Dampfeisenbahnen ersetzten, als es bessere und kostengünstigere Diesel- und Elektroloks gab.«

Eine Menge Beispiele zeigen, wie recht Lovins mit der Betonung der Energieeffizienz hat: So brauchen Energiesparlampen und Leuchtdioden bei gleicher Lichtleistung nur ein Fünftel des Stroms von Glühlampen – darum haben Gesetzgeber in vielen Ländern beschlossen, dass Glühlampen nach und nach verschwinden sollen, zumal die neuen Lichtquellen auch noch 15- bis 50-mal länger leben. Noch werden weltweit fast 19 Prozent des Stromverbrauchs nur für Beleuchtung aufgewendet – was beim heutigen Energiemix pro Jahr zwei Milliarden Tonnen an CO_2-Emissionen entspricht. Ein Großteil davon könnte dank energiesparender Beleuchtung wegfallen, oder um Lovins Begriff zu verwenden: Man könnte weltweit 200 bis 300 mittelgroße Kohlekraftwerke abschalten und durch »Negawatt-Kraftwerke« ersetzen.

Forscher bei Osram haben den gesamten Lebenszyklus von Lampen unter die Lupe genommen, das heißt eine Ökobilanz erstellt – vom Steinbruch, wo die Grundstoffe für das Glas abgebaut werden, bis zur Recyclinganlage oder Deponie. Das Ergebnis: Nur ein bis zwei Prozent des gesamten Energieverbrauchs fallen bei der Herstellung an, mehr als 98 Prozent im Betrieb. Daraus ergibt sich, dass schon eine einzige Energiesparlampe Beeindruckendes leistet: Über ihre Lebensdauer gerechnet spart sie aufgrund des reduzierten Stromverbrauchs rund eine halbe Tonne CO_2 – das ist mehr, als ein Baum in derselben Zeit binden kann. Und sie spart auch bares Geld: Bei den heutigen Strompreisen haben sich ihre Mehrkosten schon nach ein paar Hundert Betriebsstunden amortisiert. Über ihre ganze Lebensdauer von etwa 15.000 Stunden gerechnet, spart eine Energiesparlampe sogar mehr als 200 Euro.

Angesichts dieser Zahlen ist es naheliegend, dass derzeit viele Städte auch die Glühlampen in ihren Ampelanlagen durch die noch langlebigeren Leuchtdioden ersetzen, die ebenfalls 80 Prozent weniger Strom verbrauchen und nur alle zehn Jahre erneuert werden müssen. Eine derartige Investition zahlt sich in jedem Fall aus: So kann eine Stadt mit 700 Kreuzungen dadurch jährlich 1,2 Millionen Euro an Energiekosten sparen. Hochgerechnet auf ganz Deutschland würde allein die Stromersparnis die Kosten für Ampelanlagen um 140 Millionen Euro pro Jahr senken.

Auch bei Hausgeräten entfallen zwischen 90 und 95 Prozent der gesamten Umweltbelastung auf die Phase ihrer Nutzung. Ein niedriger Stromverbrauch ist auch hier entscheidend für eine gute Ökobilanz. Der Austausch von Altgeräten lohnt sich also, denn Kühl- und Gefrierschränke, Waschmaschinen und Wäschetrockner sowie Küchengeräte machen zusammen fast die Hälfte des Stromverbrauchs deutscher Haushalte aus – und neue Geräte sind wesentlich energieeffizienter: Gegenüber den 1990er-Jahren ist ihr Strombedarf um 30 bis 80 Prozent gesunken!

Eine ähnliche Stromdiät gilt für Hightechgeräte wie Fernseher, Musikanlagen oder Computer, deren Betrieb derzeit ein Fünftel des Stroms deutscher Haushalte frisst. Beispielsweise benötigen energieeffiziente Fernseher – etwa diejenigen LCD-Fernseher, bei denen Leuchtdioden für die Hintergrundbeleuchtung sorgen – nur noch die Hälfte des Stroms gleich großer konventioneller TV-Geräte. Besonders wichtig ist es auch, den Stand-by-Verbrauch von Elektrogeräten zu reduzieren oder ganz auf null zu bringen: Erste Computermonitore verbrauchen im Stand-by-Betrieb überhaupt keinen Strom mehr, weil ein eingebauter Kondensator mehrere Tage lang genug Energie speichert, um den Bildschirm wieder einschalten zu können, wenn ein entsprechendes Signal vom Computer kommt.

Natürlich gibt es auch in der Industrie enorme Einsparpotenziale: So sind weltweit etwa 20 Millionen große Elektromotoren im Einsatz, die für Antriebe aller Art – etwa bei Förderbändern – oder für Pumpen genutzt werden. Derartige Motoren verursachen rund zwei Drittel des gesamten Stromverbrauchs der Industrie: In Deutschland ist dies so viel, dass es den Stromverbrauch aller Haushalte noch um die Hälfte übersteigt. Aber hier kann viel getan werden: Mit effizienteren und intelligent gesteuerten Motoren, die nicht wie heute immer mit der gleichen Umdrehungszahl laufen, sondern ihre Drehzahl an die jeweilige Anforderung anpassen, lässt sich bei vielen Antrieben und Pumpen der Stromverbrauch um bis zu 60 Prozent reduzieren.

Ein ähnlich großes Modernisierungspotenzial bieten Eisen- und Stahlwerke, die rund ein Fünftel der von der Industrie benötigten Energie verschlingen und für 30 Prozent der industriellen CO_2-Emissionen verantwortlich sind. Daher können auch hier mit energieeffizienten Technologien die Wirtschafts- und die Klimakrise gleichzeitig bekämpft werden. Beispielsweise mit Dampfturbinen, die den beim Kühlen des Koks entstehenden Dampf nutzen, um elektrischen Strom zu erzeugen – in einer einzigen Kokerei lässt sich damit zusätzlich Strom für rund 30.000 Haushalte produzieren. Vielerorts kann die Abwärme genutzt werden, etwa zur Stromerzeugung in der Glas-, Metall- oder Zementindustrie. Große Potenziale gibt es auch bei Flughäfen: So lassen sich etwa durch ein effizientes Energiemanagement und die Optimierung von Heizung, Kühlung und Lüftung sowie Beleuchtung und Gepäckbeförderung bis zu 40 Prozent Energie einsparen.

Die Investitionen mit den Einsparungen bezahlen

In der gleichen Größenordnung liegen die Einsparungen, die man durch intelligente Maßnahmen bei Krankenhäusern, Universitäten, Schulen, Schwimmbädern und vielen anderen Gebäuden erreichen kann. Beim Klinikum in Bremerhaven beispielsweise konnten die Energiekosten um mehr als 500.000 Euro pro Jahr gesenkt werden, bei elf städtischen Hallenbädern in Berlin um über 1,6 Millionen Euro. Hier wurden alte Heizkessel ausgetauscht, von Öl- auf Gasbetrieb umgestellt und effizientere Anlagen für die Wärmerückgewinnung und Warmwasseraufbereitung installiert. Würde man alle Bürogebäude, Krankenhäuser, Schulen und Universitäten weltweit so sanieren, dass sie etwa 30 Prozent Energie sparen, ließen sich die CO_2-Emissionen pro Jahr um rund 500 Millionen Tonnen senken – das entspricht etwa dem gesamten Ausstoß Großbritanniens.

Für die Kommunen besonders interessant ist eine innovative Methode der Finanzierung solcher Maßnahmen, das Energiesparcontracting. Das heißt, dass die Gemeinden überhaupt kein eigenes Geld in die Hand nehmen müssen – die Einsparungen durch die Modernisierungsmaßnahmen werden ihnen vertraglich garantiert, und sie bezahlen die Investitionen in Raten mit einem Teil der eingesparten Energiekosten, beispielsweise über zehn Jahre. Liegen die Einsparungen höher als die zu zahlenden Raten, so verbleiben die Überschüsse in ihrer Kasse und können für weitere Projekte genutzt werden. Dieses Modell ist so attraktiv, dass es inzwischen nicht nur weltweit für Tausende von öffentlichen Gebäuden angewandt wird, sondern auch für die Umstellung von Ampelanlagen auf Leuchtdioden und andere Maßnahmen, die alle eines gemeinsam haben: Sie führen zu Einsparungen bei den Energiekosten, die so hoch sind, dass sich nach einigen Jahren allein dadurch die Investitionen bezahlen lassen. Das ist genau das, was Lovins meint, wenn

er sagt, dass Investitionen in Negawatt sich mehr lohnen als die in Megawatt.

Grundsätzlich ist das Finanzierungsdilemma für Kommunen dasselbe,
das auch viele Menschen vom Kauf von Energiespar- oder Leuchtdiodenlam-
pen abhält: Sie kosten zunächst wesentlich mehr als billige Energiefresser
wie die Glühlampen. Dass man erst einmal mehr Geld in die Hand nehmen
muss, überdeckt die Tatsache, dass man auf längere Sicht deutlich Geld spart.
In noch größerem Maße gilt dies für Modernisierungen von Privathäusern,
ob es nun um Wärmedämmung geht, um besser isolierte Fenster oder den
Austausch von Heizkesseln. Der Hausbesitzer muss erst einmal investieren,
bevor er im Lauf der Jahre davon profitiert – möglicherweise profitiert er
auch überhaupt nicht, etwa bei Mietshäusern: Denn geringere Energiekosten
senken hier die Nebenkosten des Mieters. Der Vermieter hat davon nichts,
solange er nicht die Miete erhöhen oder zumindest einen Teil der Sanierungs-
kosten auf die Mieter abwälzen kann.

*Moderne Gebäudetechnik setzt
auf effiziente Beleuchtung:
So erhellen 12.000 Leuchtdioden den Bogen, der das
neue Stadion von Durban in
Südafrika überspannt.*

In Zukunft müssen solche Hürden der Finanzierung besser überwunden
werden, damit auch private Hausbesitzer ihren Teil zur grünen Energierevolution beitragen können: Hier sind Fördermaßnahmen des Staates und der
Kommunen ebenso gefragt wie innovative Banken, die Konzepte wie das
Energiesparcontracting auch für Privatkunden anbieten. Gelingt dies, dann
könnte bis 2050 einer der größten Energiesparschätze überhaupt gehoben
werden, denn Gebäude sind weltweit für rund 40 Prozent des Energieverbrauchs verantwortlich und für über ein Fünftel aller Treibhausgasemissionen

– insgesamt sind es rund 9,5 Milliarden Tonnen CO_2, die durch Gebäude verursacht werden. Davon entfallen fast sechs Milliarden Tonnen auf die indirekten Emissionen durch den Stromverbrauch in Gebäuden und 3,5 Milliarden auf die direkten Emissionen, vor allem durch die Heizung mit Öl und Gas. Beides lässt sich erheblich reduzieren: die Emissionen durch effizientere Geräte ebenso wie die Emissionen durch die Heizung, die – wie in den nächsten Kapiteln gezeigt wird – sogar ganz auf null sinken können.

40 Prozent des Verkehrs durch Parkplatzsuche

Neben den Gebäuden und der Industrie gibt es auch beim dritten großen Energieverbraucher, dem Verkehr, der weltweit mit 5,5 Milliarden Tonnen CO_2 zu Buche schlägt, noch erhebliche Chancen zur Effizienzsteigerung. So verbrauchen neue Busse und Bahnen dank Leichtbaumaterialien und Bremsenergierückgewinnung 30 bis 40 Prozent weniger Energie als früher. Fahrzeuge mit Hybridtechnik sparen ebenfalls bis zu 30 Prozent Treibstoff. Ähnlich sparsam sind neue Dieselmotoren, die nur 3,8 Liter Kraftstoff auf 100 Kilometer verbrauchen, was einem CO_2-Ausstoß von 99 Gramm auf den Kilometer entspricht. Noch effizientere Zwei- bis Dreiliterautos – etwa Diesel-Elektro-Hybridfahrzeuge – sollen in diesem Jahrzehnt in Serie gehen. Reine Elektroautos würden beim heutigen Strommix einen CO_2-Ausstoß von etwa 90 Gramm pro Kilometer verursachen. Bei Verwendung von Strom aus erneuerbaren Energien wie Wind und Sonne würden ihre CO_2-Emissionen sogar fast bis auf null sinken. Auch Verkehrsleitsysteme können helfen, die Effizienz des Verkehrs zu steigern, denn sie verringern Staus und erleichtern die Parkplatzsuche – Studien haben gezeigt, dass bis zu 40 Prozent des Verkehrs in Städten nur durch die Suche nach Parkplätzen zustande kommen.

Sehr umweltfreundlich ist zudem die Bahn: Hochgeschwindigkeitszüge, die wie in Spanien oder China mit 300 bis 450 km/h fahren, werben mit Stromverbrauchswerten, die umgerechnet 0,33 Litern Benzin pro Sitzplatz und hundert Kilometer entsprechen. Dies ist zwar schöngerechnet, weil die Emissionen nicht berücksichtigt sind, die bei der Stromerzeugung in den heutigen Kraftwerken entstehen, aber selbst wenn man sie mit einrechnet, liegt der Verbrauch pro Sitzplatz bei nur knapp einem Liter pro hundert Kilometer. Bei Fernstrecken in Deutschland und einer typischen Auslastung der Züge gibt die Deutsche Bahn derzeit Verbräuche von etwas über zwei Litern an. Auch dies ist noch um einiges besser als bei Autos oder bei Flugzeugen, die etwa drei bis vier Liter Kerosin pro Passagier und hundert Kilometer benötigen.

Flugzeuge haben sogar noch ein weiteres Problem, denn sie stoßen neben CO_2 auch Stickoxide aus, die die Ozonbildung fördern, und vor allem emittieren sie Wasserdampf, der zur Bildung von Kondensstreifen und Zirruswolken – hoch in der Atmosphäre schwebenden Eiswolken – führt. Beide reflektieren die von der Erde kommende Wärmestrahlung und verstärken damit den Treibhauseffekt. Daher ist die Klimawirkung des Flugverkehrs mindestens dreimal stärker als eine vergleichbare Emission am Boden, wie das Umweltbundesamt (UBA) errechnet hat. Die UBA-Fachleute schätzen, dass Flugzeuge durch den Ausstoß von Kohlendioxid, Stickoxiden und Wasserdampf inzwischen etwa genauso viel zum Treibhauseffekt beitragen wie der weltweite Autoverkehr. Inzwischen hat der internationale Luftverkehrsverband IATA reagiert und 2009 beschlossen, durch eine Vielzahl von Maßnahmen wie neue Triebwerke und neue Kraftstoffe sowie durch die Optimierung der Flugrouten und der Luftverkehrsüberwachung die CO_2-Emissionen des Luftverkehrs bis 2050 um die Hälfte unter den Wert von 2005 zu senken.

Jeder Einzelne zählt

Ob man nun Verkehr, Industrie oder Gebäude betrachtet: Alles in allem sind die Möglichkeiten, Energie besser zu nutzen, enorm, und sie versprechen riesige Märkte für alle Firmen, die auf diesen Gebieten tätig sind – was die Wahrscheinlichkeit stark erhöht, dass die Schätze der »Negawatts« bis 2050 auch tatsächlich gehoben werden. Dieses Vorgehen lohnt sich in jedem Fall: Denn selbst diejenigen, die den Klimawandel anzweifeln, leugnen nicht, dass die fossilen Rohstoffe zur Neige gehen. Schon allein dadurch werden die Preise für Energie künftig stark ansteigen – schafft man es also, mehr Energie aus den Rohstoffen zu gewinnen, spart dies bares Geld.

Darüber hinaus muss es aber vor allem darum gehen, das Prinzip der Nachhaltigkeit in den Köpfen der Menschen in einen »kategorischen Imperativ« zu verwandeln, wie der Philosoph Immanuel Kant vielleicht gesagt hätte. »Handle stets so, dass auch die nächsten Generationen noch eine lebenswerte Welt vorfinden« – dieses Motto des 21. Jahrhunderts ist der Kern der Nachhaltigkeit. Es muss gelingen, die Bewahrung unserer Lebensgrundlagen zu einem Teil der universellen Ethik zu machen – ebenso wie dies heute für die Menschenrechte gilt, die von fast allen Staaten anerkannt sind, auch wenn sie von manchen unterschiedlich interpretiert werden. Der Schutz der Natur und der sorgsame Umgang mit den Ressourcen der Erde – zu denen die Rohstoffe ebenso gehören wie das Trinkwasser und die Aufnahmefähigkeit der Atmosphäre für Treibhausgase – müssen zu einer Selbstverständlichkeit allen Handelns werden.

Denn letztlich ist es der Beitrag jedes Einzelnen, der zählt: ob es um den Kauf von Strom sparenden Geräten geht oder um mehr Recycling, ob Solarzellen auf dem Dach und Elektroautos in der Garage zum Statussymbol werden und Energieverschwendung geächtet wird, ob die Nutzung von Fahrrädern und öffentlichen Verkehrsmitteln ebenso selbstverständlich wird wie die Kompensation von Flugreisen durch Aufforstungszertifikate – oder auch nur, ob weniger Fleisch gegessen wird, was wiederum die Methangasemissionen durch die Nutzviehhaltung reduzieren würde. Denn die ist nach einer Studie der Vereinten Nationen für über 18 Prozent der weltweiten Treibhausgasemissionen verantwortlich.

Ernst Ulrich von Weizsäcker betont die Chancen, die die Technik bietet, um diesen in der Menschheitsgeschichte einzigartigen Umbau des Energiesystems zu schaffen: »Aus einer Kilowattstunde Strom kann man heute zehnmal so viel Licht herauszaubern wie noch vor wenigen Jahren. Häuser kann man mit einem Zehntel der damaligen Heizenergie warm halten. Das ganze Land könnte fünfmal so energieeffizient werden«, sagt er und schränkt gleichzeitig ein: »Aber solange Energie billig ist, findet das nicht statt.« Nur mit entsprechenden Anreizen würden die Menschen ihr Verhalten ändern.

Daher, so Weizsäcker, sollten wir uns nicht scheuen, den Energieverbrauch über Steuern oder CO_2-Emissionszertifikate teurer zu machen – »in kleinen Schritten, parallel zur steigenden Energieeffizienz, so dass Investoren langfristig planen können.« Das sei auch sozial fair, und ärmere Haushalte könnten zudem eine staatliche Unterstützung erhalten. Weizsäcker ist optimistisch, dass die Energierevolution gelingen kann: »Unsere Autos, Häuser und Hausgeräte sind plumpe Energieverschwender, die sich überlebt haben. Aber wir werden die Kurve kriegen. Ich sehe eine Gesellschaft kommen, die effizienter und eleganter ist als die heutige. Das wird keinen Verzicht auf Lebensqualität bedeuten – im Gegenteil: Ich sehe uns zu einer neuen Hochkultur aufbrechen.« Einer Hochkultur, die dann im Jahr 2050 nicht länger auf der Ausbeutung der Natur und dem Verbrennen von Kohle und Öl basiert, sondern auf wesentlich intelligenteren, vielfältigeren, umwelt- und ressourcenschonenderen Lösungen.

☐ Arabische Emirate, im September 2050. Die Wüste lebt. Wer weiß, wie es hier vor 40 Jahren ausgesehen hat, kann nur staunen. Wo einst staubiger Sand vom Wind über ein paar vertrocknete Büsche getrieben wurde, herrscht in Masdar City nun internationales Flair. Touristen und Geschäftsleute aus aller Welt flanieren durch schattige Straßen, kühlende Springbrunnen plätschern allerorten, es riecht nach frischem Obst und Blütenduft. Auf dem Fußgängerniveau der Stadt gibt es keine Fahrzeuge – elektrisch betriebene Hängegleiter übernehmen den Transport. Über Sprachbefehle oder eine Touchscreenkarte kann jeder Passagier die kleinen automatischen Kabinen bedienen und sie steuern, wohin er möchte. An einigen Bahnhöfen, wo die Hochgeschwindigkeitszüge zu den Metropolen des Nahen Ostens halten, gibt es Parkplätze für Elektroautos. Benzinfahrzeuge sind aus der Stadt verbannt. Frischluftschneisen und vielfältige Schattenspender, intelligente Gebäudetechnik, Solaranlagen, Windräder und Wasserrecycling sowie die elektrische Steuerung und Vernetzung aller Anlagen – viele renommierte Architekten, Ingenieure und Stadtplaner haben hier in jahrzehntelanger Arbeit etwas geschaffen, was seinesgleichen sucht: die erste CO_2-freie Stadt der Wüste. In einem Land, dessen Reichtum auf Öl baute – und das klug genug war, sich rechtzeitig für die Zeit nach dem schwarzen Gold zu rüsten.

DIE NULL-EMISSIONSSTADT

Im Jahr 2050 ist München eine durch und durch grüne Stadt – nicht nur wegen der vielen Parks und der nahe gelegenen Ausflugsziele im Voralpenland. Sondern auch, weil Energie hier so umweltfreundlich erzeugt und verbraucht wird, dass jeder Einwohner im Durchschnitt nur noch den Ausstoß von 750 Kilogramm Kohlendioxid (CO_2) pro Jahr verursacht. Das sind rund 90 Prozent weniger als heute! Zugleich liegt dieser Wert weit unter den zwei Tonnen, die jedem Menschen im Jahr 2050 erlaubt sind, um die globale Temperaturerhöhung auf zwei Grad Celsius begrenzen zu können. München ist damit fast zur Nullemissionsstadt geworden – für eine Stadt, die nicht auf dem Reißbrett entstanden ist, eine herausragende Leistung. Die Häuser müssen kaum noch geheizt werden, und wenn, dann durch eigene kleine Minikraftwerke oder durch Fernwärme. Strom entsteht in Solar-, Wind- oder Erdwärmeanlagen, und auf den Straßen rollen leise Elektroautos. Dies ist keine Utopie, sondern ein realistisches Szenario, wie Forscher des Wuppertal-Instituts für Klima, Umwelt, Energie betonen.

In ihrer 2009 publizierten Studie *München – Wege in eine CO_2-freie Zukunft* legten sie eine Untersuchung vor, die bis ins Jahr 2058 blickt. Die Studie analysiert, welche Maßnahmen den größten CO_2-Effekt haben, und ob sie sich rechnen. So verursacht allein der Wärmebedarf der Münchner Gebäude heute fast 46 Prozent der CO_2-Emissionen der bayrischen Hauptstadt. Künftig sollten daher die Häuser nach dem sogenannten Passivhausstandard renoviert werden beziehungsweise Neubauten mindestens diesem Standard folgen. Dazu gehören neben einer erstklassigen Wärmedämmung für Wände und Decken sowie vakuumisolierten Fenstern auch Lüftungsanlagen, die die Raumwärme zurückhalten, ehe die Abluft ins Freie geblasen wird. Der Heizwärmebedarf sinkt dadurch bei sanierten Altbauten von heute etwa 200 Kilowattstunden pro Quadratmeter und Jahr (kWh/m²a) auf 25 bis 35 kWh/m²a, bei Neubauten sogar auf 10 bis 20 kWh/m²a. Dies liegt weit unter den Vorgaben der neuesten Energieeinsparverordnung vom Oktober 2009, die den Heizwärmebedarf für Neubauten auf maximal etwa 50 kWh/m²a begrenzt.

13 Milliarden Euro ausgeben, 30 Milliarden sparen

Damit fast alle Münchner Gebäude in den nächsten 50 Jahren entsprechend ausgerüstet werden können, muss sich die Quote der Sanierungen von heute 0,5 Prozent auf zwei Prozent pro Jahr erhöhen. Dies bedeutet, dass künftig jedes Jahr viermal mehr Hauseigentümer als heute ihre Häuser nachrüsten. Das ist anspruchsvoll, aber machbar und es rechnet sich. So ist der Passivhausstandard teurer als ein Bau, der »nur« den Vorgaben der Energieeinsparverordnung folgt: Für ganz München belaufen sich laut dem Wuppertal-Institut die Mehrkosten für eine solche Sanierung und den Passivhausneubau gegenüber der Verordnung von 2007 auf rund 13 Milliarden Euro. Pro Bürger wären das 200 Euro im Jahr – etwa ein Drittel der jährlichen Gasrechnung. Doch am Ende stehen diesen Mehrkosten Energiekosteneinsparungen zwischen 1.200 und 2.000 Euro pro Kopf und Jahr gegenüber. Wird München konsequent nach dem Passivhausstandard saniert und neu gebaut, summieren sich die Einsparungen bis 2058 auf mehr als 30 Milliarden Euro.

Zudem sieht das Wuppertal-Institut viele weitere Maßnahmen vor: beispielsweise besonders effiziente Kraftwerke mit »Kraft-Wärme-Kopplung«, die zugleich Strom und Wärme erzeugen. Auch Erdwärmekraftwerke, wie sie bereits heute im Münchner Umland entstehen, können zugleich Elektrizität und Heizwärme produzieren. Die Wärme wird über Fernwärmerohre an die Haushalte weitergeleitet. Damit würde sich München von den individuellen Gas- und Ölheizungen verabschieden, die heute noch zu drei Vierteln den Raumwärmebedarf decken. Die Gebäude werden in Zukunft nur noch ein Fünftel der heutigen Heizwärme benötigen, und der Rest lässt sich gut mit Kraft-Wärme-Kopplung abdecken: Der Anteil der Fernwärme in München könnte von heute 20 auf 60 Prozent steigen. Das ist keineswegs unrealistisch: In Kopenhagen versorgt das Fernwärmenetz bereits jetzt 70 Prozent aller Haushalte, in Mannheim sind es 60, in Flensburg sogar 90 Prozent.

Die Wissenschaftler prophezeien zugleich, dass Strom künftig immer weniger in zentralen Großkraftwerken, sondern verstärkt dezentral erzeugt werden wird – etwa in Blockheizkraftwerken direkt in den Stadtteilen, die neben Strom auch noch Nahwärme liefern, oder sogar im eigenen Haus mit kleinen Anlagen zur Kraft-Wärme-Kopplung. Das sind eine Art Gasthermen, die Strom und Wärme für den eigenen Haushalt produzieren. Wenn im künftigen München alle Stromeinsparmöglichkeiten von der Ampel bis zum Wäschetrockner konsequent genutzt werden, lässt sich der Strombedarf der Metropole bis 2050 zum Großteil aus CO_2-freien Quellen gewinnen: Dazu gehören Fotovoltaikanlagen auf den Dächern oder an den Fassaden ebenso wie kleine Windanlagen und die Nutzung der Erdwärme. Ein Teil des Stroms wird allerdings auch weiterhin aus größeren Kraftwerken kommen. Doch diese könnten dann große Windparks in Nordeuropa oder Solarkraftwerke in Südeuropa oder Nordafrika sein, von wo der »grüne« Strom über verlustarme Leitungen nach Deutschland transportiert würde.

90 Prozent weniger CO_2: Mit heutiger Technologie könnte der CO_2-Ausstoß von München bis 2058 drastisch sinken – ohne Einbußen an Lebensqualität.

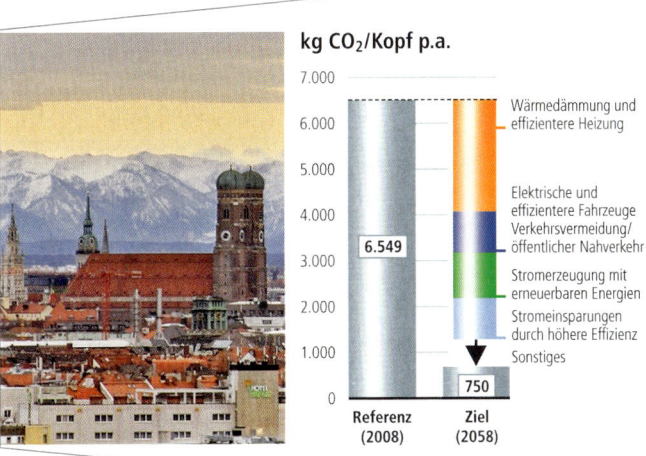

kg CO_2/Kopf p.a.

Wärmedämmung und effizientere Heizung

Elektrische und effizientere Fahrzeuge Verkehrsvermeidung/ öffentlicher Nahverkehr

Stromerzeugung mit erneuerbaren Energien

Stromeinsparungen durch höhere Effizienz

Sonstiges

6.549

Referenz (2008)

750

Ziel (2058)

Bereits heute betreiben die Stadtwerke München (SWM) zehn Wasserkraftwerke und sind an großen Windparks in der Nordsee und in Brandenburg sowie an Solarkraftwerken in Deutschland und Andalusien beteiligt. Im Dezember 2009 gab die Stadt München bekannt, dass die SWM bis 2025 rund neun Milliarden Euro für ein Ziel investieren wollen, das bislang einzigartig für eine deutsche Großstadt ist: Bis 2015 sollen schon mehr als zwei Terawattstunden (TWh) pro Jahr an Ökostrom in eigenen Anlagen erzeugt werden – damit könnten alle 800.000 Münchner Privathaushalte versorgt werden. Und bis 2025 sollen es sogar 7,5 TWh an grünem Strom sein – das würde dann den gesamten derzeitigen Strombedarf in München abdecken.

Beim Verkehr setzt die Studie des Wuppertal-Instituts zum einen auf den weiteren Ausbau des öffentlichen Nahverkehrs: Er soll komfortabler werden, um mehr Menschen vom Auto in Bus und Bahn zu locken. Dazu zählen individuelle Informationsdienste für mobile Endgeräte, die Fahrgäste jederzeit aktuell über Verkehrsverbindungen informieren und damit das Umsteigen erleichtern. Zum anderen untersucht die Studie auch die Nutzung von Elektroautos (siehe S. 125 ff.). So ist es durchaus vorstellbar und auch sinnvoll, dass zur Mitte des Jahrhunderts die meisten Pkw-Fahrten im Münchner Stadtgebiet mit Elektroautos zurückgelegt werden. Für Überlandfahrten steigen die Bürger dann auf Hybridfahrzeuge oder effiziente Diesel- und Benzinautos um. Darüber hinaus wollen die Wissenschaftler den Verkehr durch eine gezielte Stadtplanung verringern. Sie propagieren die »Stadt der kurzen Wege«. Statt Einkaufszentren auf der grünen Wiese zu bauen, sollen Stadtteile entstehen, in denen Wohnort, Arbeitsstätte und Geschäfte nah beieinander liegen. Hier ließen sich viele Dinge zu Fuß oder mit dem Fahrrad erledigen.

Europas grünste Städte

Viele Ergebnisse der München-Studie lassen sich auf andere Städte übertragen. So zeigte eine Untersuchung der Unternehmensberatung McKinsey für London, dass sich mit heute verfügbaren Technologien bis 2025 der Energie- und Wasserverbrauch sowie der Abfall und die CO_2-Emissionen um 44 Prozent senken lassen – ohne Einschränkung des Lebensstils. Die nötigen Investitionen würden weniger als ein Prozent der Wirtschaftsleistung Londons betragen. Dabei sind die meisten der 200 identifizierten Teillösungen auch ökonomisch sinnvoll, weil sie Energie und Geld sparen helfen.

Eine Studie der Economist Intelligence Unit, die im Dezember 2009 auf der Weltklimakonferenz in Kopenhagen präsentiert wurde, analysierte 30 europäische Metropolen nach ihren Aktivitäten und Resultaten beim Umwelt- und Klimaschutz. In diesem *European Green City Index* zeigt sich, dass die Metropolen, denen die höchste Lebensqualität bescheinigt wird, meist auch die sind, die im Umweltschutz vorn liegen. An der Spitze der grünsten Hauptstädte Europas stehen derzeit Kopenhagen, Stockholm und Oslo, gefolgt von

Wien und Amsterdam. Berlin liegt auf Rang acht, doch bei der Gebäudesanierung sogar auf dem ersten Platz, weil es Berlin seit 1990 gelungen ist, den durchschnittlichen Energieverbrauch seines Hausbestandes von 150 kWh/m²a auf 80 kWh/m²a fast zu halbieren.

In Skandinavien genießt der Umweltschutz seit Jahren hohe Aufmerksamkeit: So hat sich etwa Kopenhagen das Ziel gesetzt, bis 2025 vollkommen CO_2-frei zu werden. Gegenüber anderen Staaten, etwa in Osteuropa, sind die Länder Skandinaviens zudem überdurchschnittlich wohlhabend und nutzen diese Spielräume, um in den Umweltschutz zu investieren. Interessant ist aber, dass fast alle untersuchten Städte bereits Umweltstrategien entwickelt und einige Punkte mit Erfolg umgesetzt haben – selbst Städte in Osteuropa wie Warschau, Bratislava oder Kiew. Die Studie dokumentiert daher auch das hohe Problembewusstsein in den Rathäusern in ganz Europa.

Viele Städte haben verblüffende Aktionen gestartet. So nutzt Prag den Erlös aus CO_2-Emissionszertifikaten, um seinen Bürgern bei den Sanierungen ihrer Häuser finanziell unter die Arme zu greifen. Istanbul stattet seine Mülldeponien mit vier Anlagen zur Methangewinnung aus, die das Gas in Strom für 100.000 Haushalte umwandeln. In Amsterdam nutzen Busse Treibstoffe, die aus Abfall gewonnen wurden. Brüssel fördert Fahrgemeinschaften bei privaten Pkws, und Dublin unterstützt Arbeitnehmer beim steuerfreien Kauf von Fahrrädern. Tallinn stattet Busse mit Geräten aus, die dafür sorgen, dass Ampeln beim Näherkommen schneller auf Grün umschalten, und Ljubljana hat eine eigene Lotterie für Recyclingtonnen eingeführt, wo jeder bares Geld gewinnen kann – wenn er seine Abfalltonne korrekt befüllt hat.

Solche Maßnahmen erklären, warum fast alle diese Städte bei den Pro-Kopf-Emissionen unter dem EU-Durchschnitt von 8,5 Tonnen CO_2 pro Jahr liegen – zugute kommt vielen auch, dass sie in ihren Stadtgebieten kaum Industrien mit hohem Energieverbrauch und hoher Umweltverschmutzung haben. »Dennoch stehen alle Städte auch vor großen Herausforderungen«, sagt James Watson, der Autor des *European Green City Index*. »So tragen erneuerbare Energien derzeit nur rund sieben Prozent zur Energieversorgung bei.« Außerdem wird weniger als ein Fünftel des Abfalls recycelt, und viele Infrastrukturen, ob bei der Energie- oder Wasserversorgung, der Telekommunikation oder dem Verkehr, müssen dringend modernisiert werden. Eine Studie von Morgan Stanley Investment Management schätzt für Europa bis 2030 die Kosten für die Erneuerung der Wasserversorgung auf 4.800 Milliarden Euro – dazu noch 1.000 Milliarden Euro für die Energieversorgung und rund 3.000 Milliarden für Straßen und Eisenbahnstrecken.

Zwei Milliarden neue Stadtbewohner

Doch im weltweiten Vergleich leben die Europäer auf einer Insel der Glückseligen. Für Asien veranschlagt die Studie von Morgan Stanley die doppelten Kosten wie für Europa, um bis 2030 die Wasserinfrastruktur auf Vordermann zu bringen, sowie die vierfachen, also über 4.000 Milliarden Euro, für die Energieversorgung – Geld, das in den betroffenen Staaten, vielleicht abgesehen von China, kaum vorhanden sein dürfte. Dass der Fokus auf Städten liegt, ist aber richtig, sagt Frauke Kraas, Professorin der Universität Köln und Expertin für Metropolenforschung: »In den Städten werden die Chancen, Probleme und Perspektiven der Menschheit entschieden.«

Spätestens seit 2007 dürfte dies auch jedem bewusst sein, »denn dies war das Jahr, in dem der Homo sapiens zum Homo urbanus wurde«, erklärt Anna Kajumulo Tibaijuka, Wirtschaftsprofessorin aus Tansania und bis 2010 Direktorin des Siedlungsprogramms der Vereinten Nationen. 2007 wohnten weltweit erstmals mehr Menschen in Städten als in ländlichen Regionen. Die Urbanisierung ist ein Megatrend geworden, eine Entwicklung, die die ganze Erde betrifft und nicht mehr umkehrbar ist. Waren es in den 1950er-Jahren noch nicht einmal 30 Prozent der Menschheit, die als Städter bezeichnet werden konnten, so wird dieser Anteil bis 2030 wohl doppelt so hoch sein – und bis 2050 werden voraussichtlich fast 70 Prozent in Städten leben.

In den Industrienationen ist diese Zahl bereits überschritten. Etwa drei Viertel der Bevölkerung wohnen hier in Städten – ein Wert, der sich auf diesem hohen Niveau stabilisiert. Ganz anders in den Entwicklungsländern. »Deren Städte müssen zwischen 2000 und 2030 fast das gesamte Wachstum der Weltbevölkerung aufnehmen – das sind rund zwei Milliarden neue Menschen«, erläutert Frauke Kraas. Allein die Großstädte Asiens und Afrikas werden in diesem Zeitraum etwa 1,5 Milliarden Menschen zusätzlich beherbergen müssen. Bis 2015 dürfte es rund 560 Millionenstädte auf dem Globus geben, 350 Millionen Menschen werden dann in Megacitys mit über zehn Millionen Einwohnern leben. Vor 30 Jahren gab es nur vier dieser Ballungszentren – New York, Tokio, Schanghai und Mexico City –, heute sind es schon 21.

In Berlin wohnen, in Hamburg arbeiten

Dazu kommt, dass die Metropolen immer weiter zusammenwachsen: Mit Geschwindigkeiten von 300 bis 450 km/h machen Hochgeschwindigkeitszüge in China, Japan oder Spanien dem Flugzeug bereits ernsthafte Konkurrenz – in Zukunft dürfte bei Entfernungen bis 1.000 Kilometern der Zug die bessere Wahl sein. Allein in China sollen in den nächsten Jahren über 40 Hochgeschwindigkeitsstrecken die meisten Megacitys verbinden – das Reich der Mitte wird dann mehr von diesen Blitzzügen haben als der Rest der Welt zusammen. »Alles, was innerhalb einer Stunde gut erreichbar ist, gehört zum Einzugsgebiet einer Stadt«, sagen die Stadtforscher. Im Mittelalter, zu Fuß oder mit Pferdekutschen, waren das wenige Kilometer. Heute mit dem Auto oder der Bahn ist es ein Umkreis von 40 bis 50 Kilometern – und in Zukunft könnten es gut 200 Kilometer werden. Mit Hochgeschwindigkeitszügen wäre es kein Problem, in Berlin zu wohnen und in Hamburg zu arbeiten oder mal schnell zum Einkaufen von Köln nach Brüssel zu fahren.

In Metropolen wie Tokio, Buenos Aires oder Bangkok erarbeiten die Einwohner heute schon zwischen 35 und 45 Prozent der gesamten Wirtschaftsleistung ihres Landes. Das erklärt, warum derartige Zentren so attraktiv sind: Die Menschen erwarten sich dort Arbeitsplätze und eine bessere Chance auf Wohlstand als auf dem Land. Hinzu kommen eine bessere medizinische Versorgung, mehr Ausbildungschancen sowie die kulturelle Vielfalt von Städten, komfortableres Wohnen und der effizientere Zugang zum Wissens- und Kommunikationsraum des Internets. Doch auf der anderen Seite der Waagschale liegen die immensen Probleme, die das rasante Wachstum von Städten mit sich bringt: In manchen herrscht fast Stillstand auf den Straßen. So werden in Peking jeden Tag tausend neue Pkws zugelassen – mit drastischen Folgen: Innerhalb von zehn Jahren ist die Durchschnittsgeschwindigkeit selbst auf den großen Ringstraßen von 45 auf nur noch 10 km/h gesunken.

Ähnliche Werte auch in Bangkok, Mexiko City oder Moskau: In der russischen Hauptstadt sind fast vier Millionen Fahrzeuge registriert – während des Berufsverkehrs bewegen sich dort Autos nur wenig schneller als Fußgänger. Und in Metropolen wie São Paulo sind manche Geschäftsleute oft tagelang überhaupt nicht mehr auf den Straßen unterwegs: Sie fliegen nur noch mit Helikoptern von ihren Appartements auf die Dächer der Bürohochhäuser – aus Sicherheitsgründen, aber auch, weil unten in der Stadt kein Durchkommen mehr ist. Kein Wunder, dass bei einer Umfrage unter 600 Politikern, Stadtplanern, Wirtschaftsführern und Wissenschaftlern aus 25 Millionenstädten fast die Hälfte als größte Herausforderung den Verkehr nannten – noch weit vor anderen Problemen wie der ineffizienten Infrastruktur und der Luft- und Wasserverschmutzung oder der Abfall- und Abwasserentsorgung.

Schon heute verbrauchen Städte weltweit 60 Prozent des Trinkwassers, direkt oder indirekt zur Bewässerung für Nahrungsmittel. Und mehr noch:

Städte bedecken nur ein Prozent der Erdoberfläche, sind aber für geschätzte 75 Prozent des Energieverbrauchs und 80 Prozent der vom Menschen verursachten Treibhausgase verantwortlich. Doch gerade Metropolen werden den

Smog über Peking: Hier werden pro Tag 1.000 neue Pkws zugelassen – auf vielen Straßen bewegt sich nichts mehr.

Klimawandel stark zu spüren bekommen. So wird Schanghai künftig häufiger von Unwettern heimgesucht werden, in London steigt das Risiko von Überflutungen, und für München wird eine Zunahme heißer Tage und Tropennächte erwartet. Dennoch: Dass sich die Ursachen des Klimawandels in Städten konzentrieren, hat auch Vorteile. In Städten lässt sich das Problem an der Wurzel packen, denn Klimaschutzmaßnahmen entfalten hier ihre größte Wirkung.

Null Emissionen in der Wüste

Den stärksten Ehrgeiz, die erste große Nullemissionsstadt zu werden, hat derzeit eine Region, die in der Wüste liegt – ausgerechnet in einem Staat, der einen unrühmlichen Spitzenplatz beim Pro-Kopf-Energieverbrauch einnimmt: Das Emirat Abu Dhabi will in der seit 2008 entstehenden 50.000-Einwohner-Stadt Masdar City die CO_2-Emissionen in Summe auf null bringen. Insbesondere dank einer hohen Energieeffizienz: Statt mit 800 Megawatt, wie es für Städte vergleichbarer Größe in dieser Klimazone zu erwarten wäre, soll Masdar mit nur 200 MW elektrischer Leistung auskommen – dank effizienten Elektrogeräten und Beleuchtung sowie konsequentem Recycling. Dadurch wird vor allem der Bedarf an Frischwasser reduziert, das andernfalls aufwendig durch Meerwasserentsalzung gewonnen werden müsste.

Nach den Berechnungen des Londoner Architektenbüros von Sir Norman Foster, das wichtige Teile der Stadtplanung übernommen hat, wird in Masdar über die Hälfte des Beitrags zur CO_2-Reduktion durch das Städte- und Gebäudedesign zustande kommen. So sollen lang gestreckte Parks die Ökostadt durchziehen, kühlende Winde dringen dann über diese Frischluftschneisen ein. Wie in traditionellen Wüstenstädten sollen schmale Gassen statt breiter Straßen das Stadtbild bestimmen. Engen Kanälen gleich leiten sie den Wind zwischen den Häusern hindurch. Deren Arkaden spenden zusätzlich Schatten. Für erträgliche Temperaturen sorgen zudem die Betonstelzen, auf denen die Gebäude stehen, sowie Kühlungssysteme nach dem Vorbild der arabischen Windtürme: Sie erlauben eine gute Zirkulation der Luft.

Solch intelligente Architektur ist auch nötig, denn derzeit entfallen 70 Prozent des Energieverbrauchs in Abu Dhabi auf die Kühlung von Gebäuden. Liegt die gefühlte Temperatur heute im Sommer bei über 70 Grad Celsius, so soll sie in Masdar dank der neuen Architektur »nur« noch 50 Grad betragen. In den Gebäuden senkt eine intelligente Automatisierung den Energieverbrauch weiter ab: beispielsweise über Sensoren, die den Leerstand von Räumen erkennen und automatisch Licht und Kühlung herunterregeln.

Den verbleibenden Energiebedarf werden erneuerbare Quellen decken: Fotovoltaik und Solarthermie, Windkraftanlagen und Biotreibstoffe aus organischem Abfall. Außerdem soll Masdar eine Musterstadt für intelligente Stromnetze werden, die beim Energiesparen helfen. Der Verkehr soll durch Elektroautos sowie durch ein Netz elektrisch betriebener, automatischer Kabinenfahrzeuge bewältigt werden.

Darüber hinaus soll es ein autofreies Straßenniveau geben, das nur für Fußgänger und Fahrradfahrer vorgesehen ist. Mit Benzin soll künftig kein einziges Fahrzeug in Masdar City unterwegs sein – eine Revolution für einen Staat, der auf Öl gebaut ist. Falls alles nach Plan realisiert wird, würde Masdar zum Vorbild für nachhaltige Städte in aller Welt: beim Einsatz erneuerbarer Energien ebenso wie bei intelligenten Gebäuden und intelligenten Netzen, realisiert in Kooperation mit vielen internationalen Firmen und renommierten Instituten, kurz: eine Quelle – wie der Name schon sagt, denn Masdar heißt auf Arabisch »Quelle« – für neue Ideen in der Zeit nach dem Öl.

München, im Oktober 2050. Spieledesigner Julian ist stolz auf seine Multitasking-Fähigkeit, aber dies überfordert ihn nun doch etwas. Gerade wollte er den neuesten Rezeptvorschlag seiner Internet-Community ausprobieren – überbackener Curryfisch in Kokosmilch mit Pfefferkruste –, da fährt der Kunststoffschirm seiner Kommunikationswand nach oben und seine Freundin kündigt an, dass sie noch jemanden zum Essen mitbringt. Zugleich ein Angstschrei von hinten: Aus dem 3-D-Display seines Bruders zischt ein rot glühendes Monster – und wird vom Pffft der Laserpistole gestoppt. Kaum zu hören hingegen der leise Signalton der Mikro-Kraft-Wärme-Anlage: Sie hat die Vorhersage des Wetterberichts registriert und fährt die Heizung langsam hoch, bevor die Kaltfront die Stadt trifft. Im Becken rauscht immer noch der Wasserhahn, doch er schaltet auf kühl um – die Leuchtdioden färben das Wasser nun blau statt rot. Zu allem Überfluss auch noch ein Alarm wegen des offenen Backofens – kein Wunder, dass Julian ein Ei aus der Hand rutscht. Immerhin: Seinem neuen Putzroboter entgeht nichts. Wie ein aufmerksamer Butler beseitigt er in Sekundenschnelle das Malheur. Mit einem kleinen Seufzer ruft Julian der Küchensteuerung zu, das Wasser und den Ofen abzuschalten und die Trennwand zum Spielzimmer zu aktivieren – und er macht sich erneut daran, die Zutaten für ein perfektes Dinner zusammenzustellen ...

KRAFTWERK IM KELLER, LICHTHIMMEL AN DER DECKE

Über Jahrtausende hinweg waren die Behausungen der Menschen nichts weiter als ein Dach über dem Kopf zum Schutz gegen die Launen des Wetters und eine Mauer gegen Feinde und gefräßige Tiere. Dann bekamen die Gebäude eine Funktion, wurden Geschäfte und Handwerksbetriebe, Festungen und Paläste. Die Römer erfanden die Fußbodenheizung und die Aquädukte zur Wasserversorgung, es entstanden Abwasserkanäle und Toiletten. Im Industriezeitalter kamen durch den elektrischen Strom allerlei Annehmlichkeiten hinzu: in den 1880er-Jahren der erste elektrische Aufzug sowie elektrisches Licht, um 1905 der Staubsauger, in den 1920ern der Radioapparat und der Kühlschrank, in den 30ern Elektroherd, Fernseher und Haartrockner und in den 70er-Jahren die Mikrowellengeräte. Doch nach wie vor gilt, dass ein Haus nicht viel mehr ist als eine schützende Hülle, und dass die Geräte darin unabhängig voneinander und von der Außenwelt funktionieren.

Dies wird sich bis 2050 grundlegend ändern. »Die Gebäude und die Städte werden elektronische Nervensysteme und eine eigene Intelligenz bekommen«, prophezeit William J. Mitchell, Professor für Architektur am Massachusetts Institute of Technology in Boston, USA, und Leiter einer Forschungsgruppe über die Städte der Zukunft. »Häuser und Siedlungen werden sich zu Organismen entwickeln, die wissen, was in ihnen und um sie herum passiert, und die intelligent darauf reagieren.« Der Vergleich mit einem Organismus ist vielleicht überzogen, aber dass die Gebäude der Zukunft smarter und effizienter funktionieren werden, ist offensichtlich – denn es kann nicht sinnvoll sein, dass das Auto in der Garage um Längen intelligenter, sensibler und kommunikativer ist als das eigene Zuhause.

Wenn die Klimaanlage den Wetterbericht kennt

Als Erstes konnte der Energieverbrauch von Gebäuden erheblich gesenkt werden. Moderne Häuser nach dem Passivhausstandard erreichen dank gut isolierter Wände, Decken und Fenster sowie dank Lüftungsanlagen mit Wärmerückgewinnung einen Heizwärmebedarf von nur 15 Kilowattstunden pro Quadratmeter und Jahr – das ist über 90 Prozent weniger als der Wärmebedarf von Gebäuden, die vor 1984 errichtet wurden! Zugleich ist dieser Wert von 15 kWh/m²a die Grenze, unterhalb der im Mittel überhaupt keine aktive Heizung mehr erforderlich ist – daher der Begriff »Passivhaus«. Ein Großteil der Wärmeenergie wird hier von den im Haus lebenden Personen und den Elektrogeräten erzeugt und in Fußböden, Wänden und Decken gespeichert, die die Wärme wieder abgeben, wenn es kühler wird.

Sollte weiterer Wärmebedarf bestehen, kann man Wärmepumpen einsetzen: Sie nutzen mithilfe von Strom die Wärme, die in der Außenluft oder im Erdboden vorhanden ist, zum Heizen und für Warmwasser. Aus einer Kilowattstunde Strom macht eine Wärmepumpe bis zu vier und mehr Kilowattstunden Heizenergie. Derartige Passivhäuser sind beim Neubau zwar fünf bis 15 Prozent teurer als konventionell gebaute Häuser, doch durch den niedrigeren Energieverbrauch machen sie sich nach einigen Jahren bezahlt – und sie werden durch günstige Kredite und Bauzuschüsse gefördert. Inzwischen wurden Zehntausende solcher Passivhäuser und -wohnungen in Deutschland, Österreich und der Schweiz gebaut – mit weiter stark zunehmender Tendenz.

Mithilfe intelligenter Gebäudetechnik lässt sich zudem auch bei konventionellen Bauten der Energieverbrauch um 30 bis 50 Prozent senken, indem Heizung, Lüftung und Klimatisierung dem tatsächlichen Bedarf optimal angepasst werden. Computer berechnen, wann Lüftung und Heizung anspringen müssen, um Räume punktgenau zu klimatisieren – in Zukunft kann dies sogar abhängig von Wettervorhersagen erfolgen. Der Rechner würde dann beispielsweise die Heizung automatisch hochfahren, wenn eine Kaltfront im

Anmarsch ist, und sie frühzeitig ausschalten, wenn wärmere Temperaturen vorhergesagt werden. Immer öfter gibt es auch schon Präsenzsensoren, die melden, ob Räume menschenleer sind und dann Licht und Lüftung abschalten. Im Haus der Zukunft – zuerst bei Büro- und Gewerbebauten, später auch im Privatbereich – wird die Gebäudetechnik Systeme wie Elektro- und Wasserversorgung, Heizung, Lüftung, Klima- und Kältetechnik, aber auch Sicherheitslösungen wie Brand- und Einbruchschutz, Zutrittskontrolle und Videoüberwachung zu einer Einheit verknüpfen und aufeinander abgestimmt steuern.

Häuslebauer als Energielieferanten

Bis zum Jahr 2050 werden darüber hinaus viele Häuser nicht nur Energie verbrauchen, sondern auch selbst erzeugen – sie werden dann aktive Teilnehmer am Smart Grid, dem intelligenten Energienetz von morgen (siehe S. 52). Solche Plusenergiehäuser gibt es zum Teil heute schon, etwa in der Solarsiedlung des Architekten Rolf Disch in Freiburg. Ein weiteres, das große Beachtung fand, wurde von Studenten der Technischen Universität Darmstadt gebaut: Es gewann 2007 beim internationalen Wettbewerb für energieautarke Gebäude, dem »Solar Decathlon« in Washington D.C., den ersten Preis. Auch im darauffolgenden Wettbewerb des Jahres 2009 lag die TU Darmstadt bei diesem solaren Zehnkampf vor allen anderen Teilnehmern.

Das Siegerhaus, das mit Forschungsmitteln des Bundesministeriums für Verkehr, Bau und Stadtentwicklung entstanden ist, wirbt derzeit in einer mehrjährigen Wanderausstellung durch verschiedene Städte Deutschlands für nachhaltiges Bauen. Bei einer Grundfläche von etwa 90 Quadratmetern liegt sein Heizwärmebedarf bei nur 12 kWh/m²a. Neben hoch wärmedämmenden Außenwänden, Dach und Fenstern verfügt es über spezielle Energiespeicher in Form von sogenannten Phasenwechselmaterialien. Solarzellen auf dem Dach und integriert in die Sonnenschutzlamellen liefern so viel Strom, dass Überschüsse ins Netz eingespeist werden können. Zudem sind zur Warmwassererzeugung Solarkollektoren ins Dach integriert, und das ganze Gebäude besteht überwiegend aus nachwachsenden, naturnahen und recycelbaren Materialien.

Die Phasenwechselmaterialien werden vor allem vom Fraunhofer-Institut für Solare Energiesysteme in Freiburg zusammen mit der Firma BASF vorangetrieben. Drei der beteiligten Forscher waren 2009 für den Deutschen Zukunftspreis des Bundespräsidenten nominiert. Der Chemiker Ekkehard Jahns beschreibt die Idee dahinter so: »Diese Wärmespeicher funktionieren ähnlich wie ein Eiswürfel – solange er schmilzt, bleibt die Temperatur genau bei null Grad Celsius. Erst wenn alles geschmolzen ist, steigt die Temperatur. Wir verwenden statt Eiswürfeln Paraffine, wachsartige Stoffe, die bei angenehmer Raumtemperatur schmelzen. Sie nehmen an warmen Tagen große Wärmemengen aus der Umgebung auf und verhindern so, dass die Temperatur weiter steigt. Nachts verfestigt sich dann das Wachs und gibt die Wärme wieder ab.« Der Physiker Volker Wittwer, der das Fraunhofer-Institut in Freiburg mit begründete, ergänzt: »Die Grundidee, solche Materialien einzusetzen, ist bereits 50 Jahre alt. Entscheidend für den Erfolg war aber, dass es jetzt gelang, diese Stoffe in Mikrokapseln einzuschließen.«

Mit einem Durchmesser von fünf Mikrometern sind diese Kapseln aus Acrylglas nicht einmal ein Zehntel so dick wie ein menschliches Haar. »Das hat gleich mehrere Vorteile«, erklärt Wittwer. »Der Phasenübergang fest-flüssig findet im Inneren der Kapseln statt, es tritt kein Paraffin aus. Aufgrund der großen Oberflächen und kleinen Volumina all dieser Kugeln kann man schnell sehr viel Wärme in das Material hinein- oder aus ihm herausbringen. Und solche Kapseln lassen sich gut in Baustoffe untermischen und großindustriell produzieren.« Etwa in Gips oder Mörtel, den man auf die Wände aufbringt, in Trockenbauplatten und selbst in Holz. Weil die Kugeln so klein sind, unterscheidet sich der Baustoff rein äußerlich überhaupt nicht von den bekannten Materialien – auch Bohren und das Einschlagen von Nägeln sind nach wie vor möglich. Eine nur drei Zentimeter dicke Wand aus diesen Mikrokapseln hat denselben Wärmekomfort wie eine 40 Zentimeter dicke Betonmauer. Daher sind diese Wärmespeicher auch für Sanierungen sehr gut geeignet. Im besten Fall können damit Wohn-, Schul- oder Büroräume in Zukunft ganz auf Klimaanlagen verzichten.

Da man künftig immer weniger Heizenergie benötigt, wird es nach und nach möglich sein, die bisherigen Gas- und Ölheizungen auszumustern und auf kleinere Energieerzeuger auszuweichen – neben Solarzellen für Elektrizität und Solarkollektoren für Warmwasser idealerweise auf solche, die mit einer hohen Effizienz von über 90 Prozent gleichzeitig Strom und Wärme produzieren: In Zukunft werden daher Mikro-Kraft-Wärme-Kopplungsgeräte (Mikro-KWK) die konventionellen Brennwertkessel ersetzen, die nur Wärme erzeugen können. Die Mikro-KWK hingegen werden mit Gas beheizt und können daraus gleichzeitig Strom und Wärme gewinnen. Seit 2010 bringen verschiedene Hersteller solche Geräte auf den Markt, die etwa fünf Kilowatt Wärme und bis zu einem Kilowatt Strom erzeugen.

Für die Verbraucher heißt das: Sie verfügen mit den Mikro-KWK über ihr eigenes kleines Kraftwerk, das nicht nur Wärme liefert, sondern auch zwei Drittel des Strombedarfs eines durchschnittlichen Vier-Personen-Haushalts abdeckt. Alternativ zu den Mikro-KWK könnten künftig auch sogenannte Brennstoffzellen eingesetzt werden, die aus dem Gas noch wesentlich mehr Strom herausholen können, heute aber noch zu teuer sind. Der Trend, so sagen die Experten, gehe jedenfalls eindeutig hin zur »Stromerzeugung aus dem Baumarkt« – ob mit Solarzellen, Brennstoffzellen oder Mikro-KWK: Der Häuslebauer wird zum kleinen Kraftwerksbetreiber!

Mitdenkende Fenster

Wie bei den meisten anderen Zukunftstechnologien hängt auch in der Gebäudetechnik viel von der Entwicklung neuer Werkstoffe ab: Bei Dämm-stoffen geht es etwa um Vakuumisolierungen oder Aerogele – Materialien mit einer Unmenge an nanometerkleinen Poren, die den Wärmedurchfluss behindern. Bei Energiespeichern sind es die Phasenwechselmaterialien, bei den Fassaden die selbstreinigenden Farbanstriche mit Lotuseffekt, die Flüssigkeiten abperlen lassen und dadurch Verschmutzungen weitgehend verhindern. Die Fenster von morgen könnten zudem Solarzellen aus dünnen organischen Kunststoffen enthalten, die derzeit zur Serienreife entwickelt werden. Sie haben zwar eine geringere Effizienz und Lebensdauer als die bekannten Solarzellen aus Silizium, besitzen aber den Vorteil, dass sie in hohem Maße transparent sind und damit gut zwischen Glasscheiben, etwa von Isolierglasfenstern, eingebaut werden können.

Außerdem möchten Architekten für Fenster gerne elektrochrome Materialien verwenden, die gezielt ihre Lichtdurchlässigkeit verändern können: Bei manchen Rückspiegeln im Auto wird dies bereits eingesetzt, um die Blendwirkung zu verringern – ein Sensor misst das einfallende Licht und dunkelt dann den Spiegel entsprechend ab. Doch auch für Fensterscheiben existieren erste Projekte, wie das 2009 eröffnete Science College Overbach im westfälischen Barmen, das als Passivhaus errichtet wurde und voller energie-effizienter Technologien steckt. So enthalten die Fenster der Schulungsräume nicht nur eine dreifache Isolierverglasung, sondern auch eine Beschichtung, die sich nach Einschalten einer kleinen elektrischen Spannung wie von Zauberhand blau färbt und so die Computerarbeitsplätze vor blendender Sonne und zu viel Wärme schützt. Wird die Spannung umgepolt, wird die Scheibe wieder völlig transparent.

Auch das Forum im Zentrum des Science College nutzt eine gebäudetechnische Innovation: In die Decke integrierte Heliostaten – das sind Spiegel, die automatisch der Sonne nachgeführt werden – leiten Tageslicht ins Innere des Gebäudes. Denn Tageslicht, darin sind sich Arbeitsphysiologen einig, ist das beste Licht für den Menschen. Eine Mischung aus Tages- und Kunstlicht spart nicht nur Energie, sondern steigert auch das Wohlbefinden. Dabei kann man das Tageslicht auch mit Glas- oder Kunststofffasern an beliebige Stellen bringen oder Fenster mit kleinen Prismen konstruieren: Im Winter bei tief stehender Sonne leiten sie viel Licht in die Wohnungen, im Sommer bei hochstehender Sonne reflektieren sie einen gewissen Anteil und unterstützen die Kühlung des Gebäudeinneren.

Rotes Wasser aus dem Duschkopf

Die Beleuchtung in und außerhalb von Gebäuden – da sind sich die meisten Wissenschaftler einig – wird im Jahr 2050 ganz anders aussehen als heute. Vor allem zwei neue Technologien werden Lichtdesignern revolutionär neue Möglichkeiten eröffnen. Die erste basiert auf den punktförmigen Leuchtdioden, die nur ein Fünftel des Strombedarfs von Glühlampen haben und zugleich um ein Vielfaches länger leben. Leuchtdioden (LEDs) gibt es heute in allen Farben und in strahlendem Weiß – bei Autos ersetzen sie inzwischen alle konventionellen Lampen, von den Anzeigelämpchen über die Rücklichter bis zu den Frontscheinwerfern.

Auch um gewagte Architektur in Szene zu setzen, sind LEDs erste Wahl. Während man in Europa Varianten von Weiß bevorzugt, schillern in Dubai, Singapur oder Schanghai Wolkenkratzer in den buntesten Farben: Jedes Hochhaus bekommt seine individuelle Lichtdekoration – und selbst das Fußballstadion in Durban überspannt als Wahrzeichen des neuen Südafrika ein riesiger Bogen voller LEDs. In der Adventszeit 2009 stattete Osram in München sogar die Rotorblätter eines hundert Meter hohen Windrads mit 9.000 Leuchtdioden aus, die bunte Kreise, Sterne und ganze Landschaften an den Himmel zauberten und dabei nur so viel Strom verbrauchten wie zwei Wasserkocher in der Küche – und das auch noch völlig CO_2-frei, weil der Strom vom Windrad selbst erzeugt wurde. In Zukunft werden immer mehr Künstler und Werbetreibende mit Laserstrahlen 3-D-Effekte in die Luft malen und mit Videobotschaften auf großen Displays um Aufmerksamkeit buhlen – gut möglich, dass dann kommunale Ausschüsse gegen »Lichtverschmutzung« viel zu tun haben werden, um die Reizüberflutung in Grenzen zu halten.

Auch innerhalb der Wohnungen werden Leuchtdioden neue Akzente setzen: Selbst in Glühbirnenform kann man inzwischen LED-Lampen kaufen. Doch da diese punktförmigen Lichtquellen nur stecknadelkopfklein sind und wenig Wärme produzieren, werden sie künftig mehr und mehr auch in Tische und Schränke, in Schmuck, Brillen und sogar Kleidung integriert werden. Bald werden sicher auch erste Designer Leuchtdioden und Lichtfasern in Abendkleider einweben (siehe S. 200) – bei Vorhängen und Teppichen gibt es das schon. In Wasserhähne und Duschen könnten zudem »kontextbezogene« Lichtquellen integriert werden. Das sind LEDs, die mit einem Temperatursensor verbunden sind: Ist das Wasser heiß, leuchtet der Wasserstrahl warnend rot, bei kaltem Wasser ist er blau.

Ein Himmel aus Licht

Die zweite Revolution für die Allgemeinbeleuchtung werden die organischen Leuchtdioden (OLEDs) sein. Das sind keine punktförmigen Lichtquellen wie die LEDs, sondern Flächenstrahler – extrem dünne Kunststoffe, die farbiges oder weißes Licht über eine große Fläche verteilt abstrahlen, wenn elektrischer Strom durch sie hindurchfließt. Dieses homogene Licht ähnelt der indirekten diffusen Beleuchtung, wie man sie von einem Himmel voller weißer Wolken kennt. Ein »Lichthimmel« aus OLEDs würde daher dem natürlichen Lichtempfinden besser entsprechen als eine Spotbeleuchtung mit kleinen Lichtquellen. Auch könnte der Lichthimmel der Zukunft am Morgen einen hohen Blauanteil enthalten – was die Menschen agiler und leistungsfähiger macht – und am Abend mit wärmeren Farben für Entspannung sorgen. Dies

Wände aus leuchtendem Kunststoff: Nach Belieben transparent oder hell strahlend – organische Leuchtdioden werden ganz neue Lichterlebnisse ermöglichen.

beruht darauf, dass unser Auge neben den bekannten Stäbchen und Zapfen noch einen sogenannten Melanopsinrezeptor enthält, der nur auf blaues Licht reagiert und damit den Schlafwach-Rhythmus stark beeinflusst.

OLEDs sind ähnlich effizient wie die LEDs: Bereits beim heutigen, noch keineswegs ausgereiften, Entwicklungsstand liefern sie bei gleichem Strom zwei- bis viermal mehr Licht als Glühlampen und haben eine fünfmal längere Lebensdauer – und die Forscher sind überzeugt davon, dass sie diese Werte in wenigen Jahren erneut verdoppeln oder vervierfachen können. Der wichtigste Trumpf der leuchtenden Kunststoffe ist aber, dass sie extrem flach und transparent sind. Ihre aktive Schicht ist weniger als 500 Nanometer dünn, ein Hundertstel der Dicke eines menschlichen Haars. Anfang 2010 hat Osram die erste OLED-Lichtquelle auf den Markt gebracht: eine zwei Millimeter dünne OLED-Kachel, die auf einer Fläche von etwa 50 Quadratzentimetern warmweißes Licht abstrahlt und fünfmal heller leuchtet als typische Notebooks.

Dennoch ist das erst der Anfang: Heutige OLEDs sind auf Glasscheiben aufgebracht, doch Forscher arbeiten auch an biegsamen Leuchtflächen (siehe S. 205) sowie an OLEDs, die zugleich als Fenster und Leuchten dienen. Damit ließen sich transparente Lichtwände oder gebogene Raumtrenner konstruieren, die auf Knopfdruck weiß oder bunt leuchten und dadurch undurchsichtig werden. Lichtstimmungen und Lichtfarben würden sich nach Wunsch oder automatisch an die Situation anpassen – zum Beispiel auf romantisch, meditativ, anregend oder Arbeitsatmosphäre schalten.

Auch könnten die Designer Deckenflächen mit den dünnen Leuchtfolien versehen. Im Schlafzimmer beispielsweise könnten sie so in Kombination mit LEDs einen Nachthimmel mit Myriaden von Sternen gestalten, der, wenn der Wecker klingelt, von einer sanften Morgenröte abgelöst wird. Denkt man zusätzlich noch an die großen wandfüllenden Displays, die künftig je nach Bedarf Bilder zeigen oder als Fernseher, Videotelefon oder Internetzugang dienen, dann wird klar, dass sich die Lichterlebnisse in der Welt von morgen fundamental von denen unterscheiden werden, die wir heute kennen.

Fraglich ist nur, ob dann wegen der hocheffizienten Lichtquellen weniger Strom für Beleuchtung verbraucht wird als heute oder ob dies durch die schiere Anzahl neuer Beleuchtungseinrichtungen wieder kompensiert wird. Das Letztere ist fast zu befürchten, denn Experten sagen, dass sich allein in Asien der Lichtverbrauch bis 2020 verdoppeln dürfte – schon wegen des dortigen Nachholbedarfs: Auf jeden Amerikaner entfällt heute im Durchschnitt pro Jahr eine zehnmal größere Menge an künstlichem Licht als auf einen Chinesen und 30-mal mehr als auf einen Inder.

Der Sensor merkt, wenn's muffig riecht

Ob für die Energietechnik, die Beleuchtung, die Sicherheit oder die Gesundheit: Eine wichtige Rolle im Gebäude der Zukunft werden die Sensoren spielen. Sie werden Bewegungen und die Stärke des Tageslichts registrieren und danach die Beleuchtung regeln. Sie werden Temperatur und Luftqualität messen und Heizung und Lüftung anpassen. Sie werden im Kühlschrank die Frische von Lebensmitteln analysieren. Sie werden Besucher anhand ihres Gesichts, ihrer Stimme, ihrer Gestalt oder ihres Fingerabdrucks erkennen – und sie werden Gase untersuchen und daraus Rückschlüsse auf mögliche Brände ziehen oder auf das Wohlbefinden der Bewohner. All dies ist vor allem auf die Fortschritte zurückzuführen, die Forscher in Bezug auf die Miniaturisierung der Sensoren und die Rechenleistung der Computer machen.

Ein Beispiel sind die Gassensoren, die Maximilian Fleischer mit seinem Team in den Münchner Siemens-Labors entwickelt – beispielsweise für Kohlendioxid. CO_2 ist nicht nur ein Treibhausgas, sondern auch wichtig für das Raumklima in Gebäuden: Wenn die Konzentration des Gases in voll besetzten Büros durch das Ausatmen der Menschen steigt und steigt und sich auf über 1.000 ppm fast verdreifacht, dann wird man müde und unkonzentriert und fühlt sich unwohl – höchste Zeit, zu lüften. CO_2-Sensoren sind dazu da, frühzeitig Alarm zu schlagen. Doch Fleischers Erfindungen gehen noch viel weiter. Seine Karriere startete er mit einem kleinen Sensor, der das Abgas von Heizungsanlagen überprüft – sie können dadurch besonders energiesparend und emissionsarm betrieben werden.

Zurzeit arbeitet der 50-jährige Physiker, der mehr als 160 Patente hält, unter anderem an Mikrochips, die Auskunft über die Luftqualität geben sollen – »Wohlfühlsensoren« nennt er sie: »Dazu müssen sie aber neben der Temperatur mindestens drei weitere Werte messen können: die Luftfeuchtigkeit sowie Gase wie CO_2 und Gerüche«, erklärt er. Seine Sensoren besitzen deshalb an der Oberfläche mehrere Schichten, die sensitiv auf bestimmte Moleküle reagieren: Sind solche Moleküle in der vorbeiströmenden Luft vorhanden, verändern sie den elektrischen Widerstand auf dem Siliziumchip, was dieser als Signal weitergibt.

Damit können Fleischers Mikrosensoren sogar riechen, denn auch Gerüche entstehen durch spezielle Moleküle. »Für muffige Teppichböden sind zum Beispiel die organischen Verbindungen bestimmter Aldehyde ein guter Indikator«, sagt er. Stellt ein Geruchssensor zu viel von diesen Stoffen in der Luft fest, so kann er an ein Luftreinigungsgerät das Signal geben, Ozon freizusetzen – denn Ozon spaltet die Geruchsmoleküle auf und neutralisiert sie dadurch. Auch für Gesundheitssensoren sind Fleischers künstliche Nasen geeignet: So entwickelt sein Team ein Gerät, das die Atemluft von Asthmakranken auf Stickstoffmonoxid analysiert – denn bereits Stunden bis Tage vor einem drohenden Anfall steigt die Konzentration dieses Gases in der ausgeatmeten Luft um das Drei- bis Fünffache. Weiß der Patient dies rechtzeitig, hat er noch genug Zeit, Gegenmaßnahmen zu ergreifen, bevor die Entzündung zu stark wird.

Selbst einen nur reiskorngroßen Sensor für den Alkoholgehalt in der Atemluft hat Fleischer parat – er ist so klein, dass er sich im Autoschlüssel integrieren lässt. Der Schlüssel könnte dann Auskunft darüber geben, ob man noch fahrtüchtig ist. Besonders spannend ist auch die Kombination von Brandmeldern mit Gassensoren. Konventionelle Melder reagieren optisch auf Rauchschwaden. »Dann können aber Menschen in der Nähe des Brandherdes bereits giftige Gase eingeatmet haben«, sagt der Sensorspezialist. Detektoren, die typische Brandgase aufspüren, können hier Abhilfe schaffen, weil sie schon Alarm auslösen, lange bevor sich Rauch entwickelt.

Sensoren klein wie Reiskörner: Sie sollen künftig als »Sinnesorgane des Hauses« wirken und Temperatur, Gase oder Gerüche messen.

Zwar haben große Büro- und Gewerbebauten bereits heute schon manchmal Tausende von einfachen Sensoren für Temperatur, Bewegung oder Licht. Deren Signale werden in einem zentralen System zusammengeführt, um die Klimaanlage zu regulieren, Sonnenblenden hoch- oder runterzufahren oder das Licht an- und auszuschalten. Doch Gas- oder Geruchssensoren sind noch nicht üblich, und für Privathäuser war die Sensortechnik bislang meist zu teuer und zu aufwendig. Mit der Integration vieler Sensoren auf Mikrochips und der kostengünstigen Fertigung wird sich dies in den nächsten Jahrzehnten gravierend ändern – nicht zuletzt weil klug eingesetzte Sensortechnik eine Menge Energie und Geld sparen kann.

Strom aus dem Nichts ernten

Die modernsten Sensoren brauchen zudem nicht einmal eine eigene Stromversorgung, da sie ihre Energie buchstäblich aus der Umgebung »ernten« können, etwa über Solarzellen oder piezoelektrische Wandler. Das sind Kristalle, die elektrische Ladungen freisetzen, wenn ein Druck auf sie ausgeübt wird. Dies kennt man von Piezofeuerzeugen oder Drucksensoren im Auto, doch es funktioniert auch bei mechanischen Schwingungen: Sind Piezoelemente einem Luftstrom ausgesetzt oder auf ein vibrierendes Bauteil geklebt, so können sie daraus Elektrizität gewinnen. Der Sensor kann dann beispielsweise pro Minute eine Messung durchführen und hat sogar noch genug Strom, um die Messdaten per Funk an einen zentralen Rechner zu übertragen.

Der Vorteil: Solche energieautarken Sensoren lassen sich ohne großen Aufwand installieren, weil die Kabel für die Signalübertragung wegfallen. Und weil auch keine Batterien mehr ausgetauscht werden müssen, sind sie praktisch wartungsfrei. Die in Oberhaching bei München ansässige EnOcean GmbH nutzt batterielose Funksensoren schon seit zehn Jahren – etwa für Lichtschalter, die einfach dadurch mit Energie versorgt werden, dass der Nutzer sie drückt. Dieser kurze Energieimpuls reicht, um per Funk Lampen ein- und auszuschalten. Weil keinerlei Kabel benötigt werden, lassen sich solche Schalter einfach an beliebigen Stellen auf die Wand aufkleben.

Manche Forscher gehen in ihren Zukunftsvisionen sogar noch weiter und sehen in einigen Jahrzehnten Tausende winziger energieautarker Sensoren übers ganze Haus verteilt. Dank fortschreitender Miniaturisierung könnten sie klein wie Sand- oder Staubkörner sein – sie werden MEMS genannt, mikroelektromechanische Sensoren und Aktoren. Versteckt im Teppich oder in der Wandfarbe sollen die »Sinnesorgane des Hauses« dann Temperaturen, Luftströmungen, Gase und Gerüche messen und via Funk ihre Daten an das »Gehirn des Gebäudes« weiterleiten – und mehr noch: Die Hightechkrümel könnten sogar selbst aktiv werden, etwa indem sie winzige Warmluftventile in der Tischplatte öffnen oder die Fensterscheiben auf undurchsichtig schalten oder einen Ozongenerator aktivieren, um schlechte Gerüche zu neutralisieren.

Mit dem Haus telefonieren

Doch selbst wenn dies einst technisch machbar sein sollte, so dürfte doch für die meisten Haus- oder Wohnungsbesitzer eine solche Intelligenzaufrüstung ihrer vier Wände schlicht und einfach zu teuer werden. Der Trend ist allerdings klar: Unterschiedlichste Geräte werden eigene Rechenleistung erhalten und selbst kommunizieren können. Sie werden über »Home Control«-Systeme miteinander und mit der Umgebung vernetzt sein – und sie werden über einen geschützten Internetzugang sogar von außen gesteuert werden können. Die klassische Urlaubsfrage »Habe ich den Herd ausgeschaltet und die Tür zugesperrt?« wird künftig der Vergangenheit angehören, da man selbst vom fernen Strand aus schnell nachschauen und notfalls eingreifen kann.

Derartige Häuser werden immer mal wieder der Öffentlichkeit vorgestellt. So waren bereits 2005 im »T-Com-Haus« in Berlin fast alle Geräte, vom Fernseher bis zur Waschmaschine, vernetzt und kommunikationsfähig. Mit einem kleinen Mobilgerät konnten die Bewohner die Haus- und Elektrogeräte kontrollieren sowie Licht, Jalousien, Klimaanlage, Tür und Alarmsysteme steuern. Das System meldete, wann die Waschmaschine voraussichtlich fertig sein würde und ob die Eisfachtür beim Kühlschrank offen stand. Im Fitnessraum konnte man vor großen Bildschirmen durch virtuelle Welten laufen, und auf einer Art interaktiver Pinnwand konnten die Bewohner Videobotschaften hinterlegen oder selbst Nachrichten entgegennehmen.

Dass solche »Smart Homes« dennoch bis heute nicht in voller Schönheit zu kaufen oder nachzurüsten sind, liegt hauptsächlich daran, dass sich die Vielzahl von Herstellern – ob für Haus- oder Elektrogeräte, Multimediatechnik oder für die Heizung, Lüftung und Klimatisierung – nur schwer auf gemeinsame Standards für Kommunikationsnetze oder Steuersignale einigen können. Inzwischen gibt es aber immerhin ein internationales UPnP-Forum für »Universal Plug and Play«, das solche Standards setzt und Geräte zertifiziert, die sich über ein internetbasiertes Netzwerk ansteuern lassen. UPnP-Schnittstellen werden künftig allen Komponenten des intelligenten Wohnens eine gemeinsame Sprache verleihen.

Doch auch im Innern der Hausgeräte von morgen wird eine Menge Intelligenz stecken. So könnten etwa Waschmaschinen anhand kleiner Funketiketten in den Textilien erkennen, wie viele und welche Art Kleidungsstücke in der Trommel liegen. Eine farbige Socke zwischen der weißen Wäsche würde die Maschine melden. Passen die Wäschestücke zusammen, wählt das

Gerät dann selbsttätig das geeignete Programm und die optimale Wasser- und Waschmittelmenge. Außerdem könnte die Maschine auch den aktuellen Stromtarif überprüfen und – wenn dies der Besitzer gestattet – ihren Start auf eine Zeit, etwa spät nachts, verlegen, zu der der Strom billig ist.

Und schließlich kann sie auch noch selbst ihre Funktionstüchtigkeit überprüfen. Beginnen die Messwerte von den Sollwerten abzuweichen, würde sie Alarm schlagen oder sogar selbstständig übers Internet den Kundendienst alarmieren. Bei medizinischen Großgeräten, bei Kraftwerken oder in großen Bürokomplexen ist dies bereits heute üblich: Sie melden Unregelmäßigkeiten an Fernüberwachungszentralen, noch bevor die Geräte ausfallen. Dadurch können Spezialisten die Anlagen via Datenleitung überprüfen und manchmal sogar während des laufenden Betriebs reparieren, wenn es sich etwa um ein Softwareproblem handelt. Falls doch jemand vor Ort eingreifen muss, kann er einen Helm mit Kamera tragen, und die Fachleute aus der Ferne können anhand der Videobilder genaue Hinweise geben, was zu tun ist.

Der persönliche Butler

Eine spannende Frage ist auch, inwieweit sich im Haushalt der Zukunft Roboter durchsetzen werden. Bereits im T-Com-Haus von 2005 fuhren kleine automatische Staubsauger unermüdlich putzend durch die Räume, wobei sie allen Hindernissen elegant auswichen und ihre Ladestation ansteuerten, wenn ihnen die Energie ausging. Laut Internationaler Robotervereinigung

Sanfter Diener: Der Roboter, den Forscher im DESIRE-Projekt entwickelten, kann gezielt nach Objekten suchen und sie vorsichtig greifen.

gibt es weltweit inzwischen über zehn Millionen Serviceroboter, die meisten in Japan und den USA. Etwa die Hälfte davon sind Haushaltsroboter: Dazu gehören neben den Reinigungsrobotern für Boden, Fenster oder Swimmingpool auch Überwachungsroboter mit Webcam, Mikrofon und Lautsprecher sowie Rasenmähroboter.

Die andere Hälfte der Serviceroboter sind vielfältigste Spielzeugroboter, meist in Form von allerlei Plüschtieren, von der Kuschelrobbe bis zum Dinosaurier. In Japan ist zum Beispiel der weiße Seehund Paro sehr beliebt. Er reagiert auf Berührung, Licht, Temperatur und Laute, kann seinen Namen oder eine gesprochene Begrüßung erkennen und entsprechend antworten. Er lernt sogar, sich so zu verhalten, wie es der Mensch bevorzugt – etwa bestimmte Aktionen zu wiederholen, um gestreichelt zu werden. Die kleine Robbe gilt daher in Japan als therapeutischer Roboter, ideal zum Kuscheln, zur Beruhigung und zum Stressabbau für demenzkranke Patienten.

Da weltweit die Menschen immer älter werden und möglichst lange ein selbstbestimmtes Leben in den eigenen vier Wänden führen wollen, gehen die meisten Experten davon aus, dass Roboterassistenten künftig immer mehr gebraucht und akzeptiert werden – etwa um schwere Lasten zu heben, die Wohnung zu reinigen, Küchengeräte zu bedienen oder ein Buch vorzulesen. So wurden für gehbehinderte und querschnittsgelähmte Menschen bereits Rollstuhlroboter entwickelt. Das sind Rollstühle, die mit Kameras und Armen ausgestattet sind und Essen und Trinken reichen können. Im sogenannten DESIRE-Projekt (Deutsche ServiceRobotik Initiative) bauten verschiedenste Partner gemeinsam einen Roboter, der rund hundert Alltagsgegenstände erkennen und zuverlässig greifen kann – sogar wenn sie von anderen Objekten teilweise verdeckt sind.

An der Universität Karlsruhe haben Forscher einen Roboter konstruiert, der selbsttätig eine Spülmaschine ein- und ausräumen kann, und der Care-O-bot des Fraunhofer-Instituts für Produktionstechnik und Automatisierung in Stuttgart agiert wie ein elektronischer Butler.

In seiner neuesten Version kann der Care-O-bot typische Haushaltsgegenstände erkennen, sie mit seiner Dreifingerhand sicher ergreifen – selbst wenn es empfindliche Gläser sind –, sie auf ein Tablett stellen und damit ohne Kollisionen ein Ziel ansteuern. Mithilfe von 3-D-Kameras, Laserscannern und einer eingebauten Umgebungskarte kann er sich orientieren, Türen öffnen, Hindernisse umfahren und sich auch unter Menschen sicher bewegen. Wenn er beispielsweise Senioren in einem Stuttgarter Altersheim ein Getränk bringt, verbeugt er sich kurz und elegant.

Schlagzeile 2050: Roboter schlagen den Fußballweltmeister

Grundsätzlich ist es kein Problem, in solche Roboter auch eine fortgeschrittene Sprachsteuerung und Gestikerkennung einzubauen: Ein Befehl wie »Fahre dorthin und hole das Glas« oder »Bitte, räum den Teller dort in die Spülmaschine« verbunden mit einer Zeigegeste kann von geeignet konstruierten Robotern im Prinzip heute schon verstanden werden. Einige können sogar Gesichtsmimik und Gefühlsregungen in der Stimme richtig interpretieren. Auch Treppen steigen können manche Roboter bereits, und für Fußball spielende Roboter gibt es sogar eigene Wettbewerbe – beim seit 1997 jährlich stattfindenden internationalen RoboCup haben sich die Veranstalter ein sehr ehrgeiziges, langfristiges Ziel gesteckt: Roboter sollen im Jahr 2050 ein Spiel gegen den menschlichen Fußballweltmeister gewinnen!

Doch selbst wenn man sich derzeit kaum vorstellen kann, wie Fußballroboter ein Team aus Spanien, Deutschland oder Brasilien bezwingen sollen: Es ist nicht unwahrscheinlich, dass ein Kunde im Elektromarkt der Zukunft – vielleicht schon in 15 oder 20 Jahren – nicht mehr einen PC kauft, sondern einen PR, einen Personal Robot. Vermutlich werden die ersten Roboterassistenten in Fabriken, Krankenhäusern und Pflegeheimen eingesetzt werden und erst nach und nach den Markt der Privatkunden erobern.

Mit lernfähiger Software könnten solche persönlichen Butler dann auch die Vorlieben ihrer Besitzer kennenlernen und in ihrem Verhalten berücksichtigen (siehe S. 193). Nach einer gewissen Einarbeitungszeit gäbe es dann keine zwei gleichen PRs auf der Welt, obwohl alle vom Hersteller mit identischen Funktionen ausgeliefert wurden. Die Hürden, die dabei zu überwinden sind, werden wohl weniger technischer Art sein, sondern eher wirtschaftliche, soziale und juristische Fragen betreffen, wie zum Beispiel: Sind solche komplexen Systeme einigermaßen kostengünstig herzustellen, denn selbst für wohlhabende ältere Menschen dürften sie wohl nicht teurer sein als ein kleines Auto. Werden die Roboter als Mitbewohner des eigenen Haushalts akzeptiert, und wie menschenähnlich dürfen oder sollen sie sein? Und: Wer haftet, wenn die autonom agierenden persönlichen Butler einen Fehler machen oder gar einen Menschen versehentlich verletzen?

☐ Miami, im November 2050. Autofahren ist zu einer fast lautlosen Angelegenheit geworden. Manche vermissen das Röhren der Motoren ihrer alten Geländewagen, aber das gibt es bei den Elektroautos nicht mehr. Wer hier mehr Sound haben will, muss schon seinen elektronischen Beifahrer bitten, den Klangsimulator anzuwerfen. Auch das Fluchen hinterm Steuer ist seltener geworden – zum einen gibt es nicht mehr so viele Staus, seit U-Bahnen und Elektrobusse deutlich ausgebaut wurden, und zum anderen: Wer keine Lust hat, selbst zu fahren, schaltet auf Automatikmodus, lehnt sich zurück und genießt ein Rockkonzert oder macht Büroarbeiten, während sein Fahrzeug sanft mit dem Verkehr mitfließt. Unfälle braucht niemand mehr zu fürchten, seit die Autos voller Kameras, Radar- und Infrarotsensoren stecken und selbsttätig mit Ampeln, Verkehrszeichen und anderen Fahrzeugen Kontakt aufnehmen. Nur das Stromtanken ist noch etwas lästig, denn nach spätestens 200 Kilometern müssen die Elektroautos an eine Ladestation: Zu Hause, im Büro, am Flughafen oder im Einkaufszentrum macht es ja nichts, wenn sie eine Stunde lang Strom aus dem Netz ziehen, aber wer es unterwegs eilig hat, muss bei einer Schnellladestation vorfahren: Dort wird die Batterie binnen fünf Minuten zu 80 Prozent vollgetankt – allerdings ist dieser Service auch um ein Vielfaches teurer, was dann doch ab und zu wieder zu leisen Flüchen führt...

STROM MACHT MOBIL - DIE ZUKUNFT DES VERKEHRS

Das Motto »Zurück in die Zukunft« wäre – leicht ironisch übertrieben – eine gute Beschreibung dessen, was Entwickler in Autofirmen derzeit tun, um auch noch in Zukunft erfolgreiche Produkte auf die Straßen bringen zu können. Sie versuchen, ihren Blechgeschöpfen das beizubringen, was ihre Vorgänger aus Fleisch und Blut schon seit Jahrtausenden können: Pferde kollidieren höchst selten mit anderen Pferden, sie kommunizieren durch Schnauben und Wiehern, sie haben stets im Blick, was vor, neben und hinter ihnen passiert, weichen Hindernissen aus und hören im Allgemeinen auch auf die gesprochenen Befehle ihrer Reiter. Kamele sind sehr genügsame Energieverbraucher und wenn sie Abfall produzieren, dann ist der biologisch abbaubar. Und ein Esel findet selbst nach Hause – notfalls sogar, wenn sein Reiter eingeschlafen ist. Die Autos von morgen sollen all dies auch leisten: mit vielfältigen Sinnesorganen die Umgebung abtasten, mit anderen Fahrzeugen in Kontakt treten, notfalls selbstständig agieren, um Unfälle zu vermeiden, und mit ihrem Treibstoff so sparsam und umweltfreundlich wie möglich umgehen.

Schon heute sind Kraftfahrzeuge eher elegante Computer auf Rädern als plumpe Kisten aus Stahl und Kunststoff. Machte die Software im Jahr 2000 nur vier Prozent des Werts eines Pkw aus, so sind es nun bereits

15 Prozent. Auf Computerintelligenz und Elektronik zusammen entfallen sogar rund 40 Prozent der Fahrzeugkosten. Die Aufgaben, die früher Mechanik und Hydraulik erledigten, werden immer häufiger von Mikroprozessoren wahrgenommen. Da werden Lenksäulen durch elektrische Steuerungen ersetzt – erste Autos wurden schon per Joystick um die Kurven gelenkt – und die hydraulischen Bremsen machen elektrischen Platz: Drive-by-Wire nennen die Fachleute diesen Trend, der von der Flugzeugindustrie kommend nun auch die Automobiltechnik erfasst hat.

Dahinter steckt der Wunsch der Kunden nach mehr Komfort und Sicherheit. Die häufig gehörten Klagen, dass die Elektronik ständig ausfalle, werden von der Statistik als Irrtum entlarvt: Autos sind heute zuverlässiger als vor 35 Jahren. So hat der ADAC errechnet, dass die Wahrscheinlichkeit, mit einem Neuwagen innerhalb der ersten sechs Jahre liegen zu bleiben, von 3,5 Prozent im Jahr 1976 auf 0,6 Prozent gefallen ist. Allerdings: Während früher lecke Leitungen oder mechanische Defekte einen Wagen lahmlegten, sind es heute vor allem Fehler der Elektronik. Um dies zu vermeiden und zugleich die Entwicklungskosten zu senken, arbeiten führende Auto- und Elektronikhersteller gemeinsam an Standards für Hard- und Softwaremodule. Damit soll auch ein grundlegendes Problem behoben werden: Das Durchschnittsalter von Autos beträgt etwa acht Jahre, aber die Software entwickelt sich wesentlich schneller und sollte öfter erneuert werden. Es muss auch bei älteren Fahrzeugen möglich sein, Softwareupdates aufzuspielen.

Strom und Informationen tanken

Die Smart Cars von morgen werden daher nicht nur Treibstoff, sondern auch Informationen tanken und stets online sein. Sie könnten beispielsweise Kontakt mit dem Terminkalender ihres Fahrers halten und so seine Reisepläne kennen – wenn sie dann auch noch dank Internetverbindung über die aktuelle Verkehrslage Bescheid wissen, können sie nicht nur das Navigationssystem entsprechend füttern, sondern sie wissen auch, wie viel Treibstoff benötigt wird. Für die Elektroautos der Zukunft ist diese Information wichtig, um die richtige Strommenge zu laden oder um überschüssigen Strom ins Netz abgeben zu können, wenn damit Geld verdient werden kann.

Wenn der Fahrer morgens in sein Auto einsteigt, ist das Smart Car perfekt vorbereitet – es erkennt ihn, entriegelt die Tür, rückt automatisch den Sitz zurecht und schaltet die Zündung frei, vielleicht begrüßt es ihn sogar mit einem virtuellen Beifahrer: Es erscheint ein Avatar auf dem Cockpitdisplay, das als gebogene OLED-Folie (siehe S. 205) das gesamte ehemalige Armaturenbrett einnimmt. Der elektronische Dienstbote, der auch mit dem Smart Home verbunden ist, fragt den Fahrer dann etwa, ob er den Radiosender, der beim Frühstück lief, im Auto ebenfalls einstellen soll, und er erinnert ihn an seine Termine und daran, die Alarmanlage des Hauses einzuschalten. Auch unterwegs kann das Fahrzeug Informationen aufnehmen: So kann es etwa an den Orten, an denen es gerade vorbeifährt, Hinweise über Sehenswürdigkeiten oder Veranstaltungen einholen.

Mit seinem virtuellen Beifahrer wird der Fahrer dann wie mit einem realen Begleiter sprechen. Solche Sprachsteuerungen beherrschen heute rund 10.000 einfache Befehle, doch in Zukunft werden sie auch flüssig gesprochene Sätze wie »Lies mir bitte meine Mails von heute Vormittag vor!« oder unvollständige Befehle wie »Aktuellster Song von Shakira!« richtig interpretieren. Diese Kommunikationsschnittstellen zum Benutzer – ob Display, Avatar oder Sprachsteuerung – sind für die Autofirmen vor allem deshalb wichtig, weil sie es sind, die über die Akzeptanz der Technik entscheiden. Ob ein Fahrer sein Auto mag, hängt entscheidend davon ab, was er zu sehen, zu hören und zu fühlen bekommt – und nicht von irgendwelchen unsichtbaren Hightechdetails unter der Haube des Autos.

Eine weitere Neuerung aus der Flugzeugindustrie ist in einigen Automodellen bereits angekommen: das Head-up-Display. Dabei blendet ein Spiegelsystem Warn- oder Navigationshinweise in die Windschutzscheibe ein. Für den Fahrer wirkt das so, als schwebten die Informationen oberhalb der Motorhaube. Dadurch muss er den Blick nicht von der Fahrbahn nehmen, um die Daten zu lesen – ein Gewinn für die Sicherheit. Diese Head-up-Displays könnten künftig sogar mit Augmented-Reality-Techniken ausgestattet werden: Bei dieser »erweiterten Realität« wird die reale Sicht auf die Umgebung durch virtuelle, im Computer erzeugte Informationen ergänzt. Es würde also etwa der Routenverlauf als farbiges Band direkt auf die Frontscheibe eingeblendet. Der Fahrer sieht dann die Route, als wäre sie auf die Straße gemalt. So kann er sich intuitiv sehr schnell orientieren.

Autos legen Duftspuren

Auch die selbstständige Kommunikation von Autos untereinander erhöht in Zukunft die Sicherheit im Straßenverkehr. Gerät etwa ein Wagen ins Schleudern oder bremst stark ab oder verliert ein Reifen schlagartig Druck, so wird dies bereits heute registriert: etwa vom Antiblockiersystem, der Fahrdynamikregelung oder der Reifendruckkontrolle. Künftig könnten die Sensoren diese Daten auch an nachfolgende Fahrzeuge senden, die dann sehr schnell reagieren können. Gleiches gilt für einen Verkehrsstau hinter einer Kurve oder einem Hügel – wenn Autos das automatisch weitermelden, ließen sich viele Auffahrunfälle vermeiden. Die Fahrzeuge bräuchten bloß Funksender und -empfänger mit ein paar Hundert Metern Reichweite.

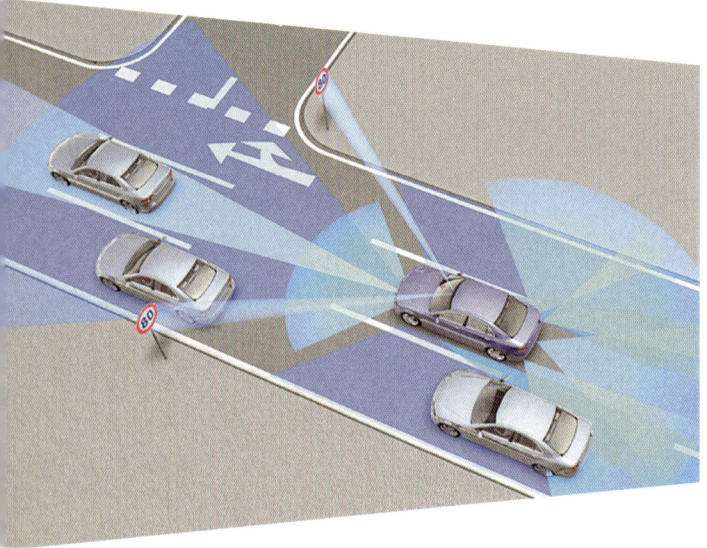

Alles im Blick: Autos werden künftig Verkehrszeichen selbsttätig erkennen und beobachten, was andere Fahrzeuge tun.

Alternativ dazu könnten Autos auch wie Ameisen »Duftspuren« hinterlassen: »Digitale Pheromone« nennen dies die Forscher. Dabei erfasst das Fahrzeug für jeden Streckenabschnitt relevante Informationen wie die benötigte Zeit und übermittelt diese Daten anonymisiert an einen Rechner, der sie wiederum an andere Fahrzeuge in der Nähe weiterleitet. So erhält jedes Auto einen Überblick über die Verkehrssituation und kann den besten Weg zum Ziel wählen. Aus dem aktuellen Verkehrsfluss und Erfahrungsdaten lassen sich sogar Stauprognosen errechnen. Je besser diese Daten sind, desto besser auch für die Umwelt: Denn allein in Deutschland wird infolge von Staus und zäh fließendem Verkehr rund ein Fünftel des Treibstoffs verschwendet. Ohne diese Verkehrsbehinderungen könnten hierzulande pro Jahr etwa zwölf Milliarden Liter Kraftstoff und 30 Millionen Tonnen CO_2 eingespart werden.

In puncto Sicherheit hatte sich die Europäische Union 2001 ein ehrgeiziges Ziel gesetzt: Bis 2010 sollte die Zahl der jährlichen Verkehrstoten auf europäischen Straßen von fast 50.000 auf 25.000 halbiert werden. In den meisten Staaten ist dieses Ziel verfehlt worden, obwohl es große Erfolge gab – so waren in Deutschland 2010 etwa 3.700 Tote im Straßenverkehr zu beklagen, gegenüber 7.000 im Jahr 2001. Wie groß der Fortschritt wirklich ist, zeigt ein Blick ins Jahr 1970: Damals gab es allein in den alten Bundesländern 19.200 Verkehrstote – fünfmal mehr als heute, obwohl seitdem fünf neue Bundesländer hinzugekommen sind. Der deutliche Rückgang ist zum Großteil auf die Einführung von Sicherheitsgurten, Airbags und Antiblockiersystemen zurückzuführen, doch für das Halbierungsziel der EU oder gar die noch weitergehende Vision vom »unfallfreien Fahren« sind diese rein passiven Schutzmaßnahmen nicht mehr ausreichend. Dafür braucht es aktive Sicherheit – kurz: das »sehende Auto«, das Unfälle gar nicht erst geschehen lässt.

Augen und Ohren für den rollenden Untersatz

Die Autos der Zukunft werden daher mit vielfältigen Sensoren den Verkehr beobachten und den Fahrer warnen sowie bei Notsituationen, wenn der Mensch nicht mehr rechtzeitig reagieren kann, auch selbsttätig eingreifen. Zu diesen Sensoren, die in ersten Versionen schon im Einsatz sind, gehören solche, die mit Radar oder Infrarotlaser die Umgebung abtasten, um Auffahrunfälle zu verhindern, den toten Winkel auszuleuchten oder vor dem Überholen zu warnen, wenn sich von hinten ein Fahrzeug zu schnell nähert. Ultraschallsensoren helfen beim Einparken. Wärmebildkameras sind ideal, um die Nachtsicht zu verbessern, und Videokameras können den Straßenverlauf verfolgen und Verkehrsschilder erkennen.

Vielversprechend ist die Kombination unterschiedlicher Verfahren. So könnten künftig die Leuchtdioden in den Frontscheinwerfern so schnell und gezielt angesteuert werden, dass sie – wenn das Nachtsichtsystem etwa einen dunkel gekleideten Fußgänger erfasst hat – dort besonders genau hinleuchten. Auch könnten Videokamera und Infrarotlaser an der Windschutzscheibe mit Radarsensoren hinter der Stoßstange zusammenarbeiten. Mit den Daten der Kamera, die die Fahrbahnmarkierungen erfasst, kann der Computer das Fahrzeug automatisch in der Spur halten – und auch Kurven folgen. Das Radarsystem misst zusammen mit dem Lasersensor Abstand und Geschwindigkeit vorausfahrender Autos. Ein solches Assistenzsystem kann das Fahrzeug bei nicht zu hohen Geschwindigkeiten automatisch fahren – ideal, um bei zäh fließendem Verkehr dem Auto den Befehl zu geben, selbsttätig dem Vordermann zu folgen. Im Herbst 2010 fuhr erstmals ein vollautomatisches Auto durch den deutschen Stadtverkehr. Das Forschungsfahrzeug »Leonie«, ein umgebauter VW-Passat, hielt selbst bei 60 km/h problemlos im Verkehr in Braunschweig mit.

Experten sagen intelligenten Fahrerassistenzsystemen eine große Zukunft voraus, vor allem weil es immer mehr ältere Menschen geben wird, die auf die gewohnte Mobilität nicht verzichten wollen, auch wenn ihre körperlichen Handicaps zunehmen und ihre Reaktionsfähigkeit abnimmt. Gut vorstellbar, dass künftig ältere – und vielleicht auch manche jüngeren – Fahrer gern den Automatikmodus nutzen werden, bei dem das Auto von selbst im Verkehrsfluss mitfährt, oder dass sie beim Aussteigen ihrem Fahrzeug einfach mitteilen möchten, dass es selbstständig in die Parklücke einparken soll.

Dabei wird es darauf ankommen, ein solches Auto nicht als »Auto für alte Menschen« anzupreisen, da sich die Senioren sonst schnell ausgegrenzt fühlen. Es muss für die 20- bis 90-Jährigen gleichermaßen entwickelt werden, sich aber an den Bedürfnissen der älteren Generation orientieren. »Gestalte für die Alten, und du schließt Junge ein – gestalte für die Jungen, und du schließt Alte aus«, lautet eine Designerweisheit, die für Mobiltelefone, Computer und Autos gleichermaßen gilt.

Sensoren werden jedoch nicht nur die Umgebung des Autos beobachten, sondern auch das Innere und den Fahrer selbst. Beispielsweise wird künftig für Klimaanlagen verstärkt Kohlendioxid als Kühlmittel verwendet statt eines fluorhaltigen Gases, das die Ozonschicht schädigt. Falls aber CO_2 in geringen Mengen austreten sollte, würde der Fahrer ermüden – ebenso wenn bei einem voll besetzten Auto die Lüftung abgeschaltet ist. Hier wäre der kritische Wert von 1.000 ppm CO_2 schon nach einer Viertelstunde erreicht. Gassensoren sollen so etwas in Zukunft merken und Alarm schlagen. Hilfreich sind auch Einschlafwarner, denn Studien haben ergeben, dass übermüdete Fahrer auf Autobahnen ein Viertel aller schweren Unfälle verursachen. Erste Systeme warnen bereits über eine Messung des Lenkverhaltens und anderer Daten vor dem gefährlichen Sekundenschlaf. Künftig könnte mithilfe einer kleinen Kamera sogar gemessen werden, wie sehr der Fahrer unter Stress steht. Das Smart Car könnte dann eine Erholungspause empfehlen und die Belastung des Fahrers verringern, indem es das Radio leiser stellt und die Anzeigeelemente im Cockpit auf die wichtigsten reduziert.

Technisch machbar sind viele Assistenzsysteme heute schon. Wesentlich ist aber, dass der Fahrer weiterhin die oberste Instanz im Auto bleibt. Schon aus Haftungsgründen dürfen ihn die elektronischen Helfer nur unterstützen, nicht entmündigen. Nur in den Fällen, in denen ein Mensch sein Auto unmöglich noch kontrollieren kann, greift die Computersteuerung selbsttätig ein. Dies ist auch heute schon so, etwa beim Bremsassistenten, der eine Notsituation erkennt und automatisch den nötigen Bremsdruck aufbaut.

Das Ende des Ölzeitalters

Wie viel Hilfe sich die Autofahrer in Zukunft von ihrem liebsten Spielzeug wünschen oder gefallen lassen, bleibt abzuwarten, doch ein Trend ist ungebrochen: Das eigene Auto ist nach wie vor die Erfüllung des Traums von der individuellen Mobilität. Über 700 Millionen Pkws gibt es derzeit weltweit, und bis 2030 rechnen Experten von Shell mit einer Verdoppelung – bis 2050 sogar eine Verdrei- oder Vervierfachung! In China und Indien boomen die Billigautos, und der Ölverbrauch steigt enorm. Für den Straßenverkehr werden heute jedes Jahr fast zwei Milliarden Tonnen Rohöl in Benzin oder Diesel verwandelt. Da aber nach Meinung der meisten Experten der Gipfel der Ölförderung noch vor 2030 erreicht sein wird, ergibt sich ein Dilemma: Doppelt so viele Fahrzeuge bei immer weniger und teurerem Öl – das passt nicht zusammen, von den negativen Auswirkungen auf das Klima ganz abgesehen. Die Lösung kann nur lauten: wesentliche Senkung des Verbrauchs pro Fahrzeug, stärkerer Einsatz von Erdgas und CO_2-neutralem Biosprit (siehe S. 56) und Umstieg aufs Elektroauto.

Zweifellos wurde beim Kraftstoffverbrauch schon viel erreicht: Schluckte ein 3er-BMW im Jahr 1975 durchschnittlich 12,5 Liter Benzin auf 100 Kilometer, so sind es heute noch etwa sieben Liter, aber bei 50 Prozent mehr Gewicht und 50 Prozent mehr Leistung. Dasselbe beim Golf: zehn Liter Verbrauch im Jahr 1975, aber nur noch etwa sechs Liter heute. Bis 2020 könnten Benzinmotoren nochmals um ein Drittel effizienter werden. Technisch geht es vor allem darum, eine möglichst gleichmäßige Verbrennung zu erreichen – bei homogenen, relativ niedrigen Temperaturen im Verbrennungsraum, um auch den Stickoxidausstoß zu minimieren. Hierzu kann man Diesel- und Benzinmotor kombinieren oder maßgeschneiderte, synthetische Kraftstoffe verwenden.

Doch diese Fortschritte haben die Chefs großer Autofirmen nicht im Sinn, wenn sie davon reden, dass sie das Automobil jetzt »zum zweiten Mal erfinden wollen«. Mit dieser Revolution meinen sie das Elektroauto. Dass ein Umbruch im Denken bevorstand, konnte man bereits 2007 erahnen: Ein Blick nach Hollywood genügte. Dort wurde es zu dieser Zeit »uncool«, mit großen Limousinen oder protzigen Sportwagen durch die Straßen zu kurven. Leonardo di Caprio war einer der ersten, der einen schadstoffarmen Toyota Prius fuhr, einen Hybrid mit kombiniertem Elektro- und Verbrennungsmotor. Julia Roberts und Cameron Diaz folgten, und George Clooney wählte gar ein reines Elektroauto. Hollywood wurde grün.

Drehbücher werden dort inzwischen auf Hanfpapier gedruckt, Filmstudios platzieren Solaranlagen auf den Dächern, rüsten ihren Fuhrpark auf Hybrid- und Elektroautos um und drehen CO_2-neutrale Kinofilme – der erste war passenderweise 2004 Roland Emmerichs Klimakatastrophenfilm *The Day After Tomorrow*: Das Filmstudio hatte errechnet, dass durch den Streifen 10.000 Tonnen CO_2 verursacht worden waren, und zur Kompensation 200.000 Dollar in Aufforstungsprojekte investiert. Zum endgültigen Mainstream wurde der Sinneswandel in der Filmindustrie, als der ehemalige Vizepräsident Al Gore im März 2007 zwei Oscars für seinen Dokumentarfilm *Eine unbequeme Wahrheit* über den Klimawandel gewann.

Unternehmensberater schätzen, dass 2020 jedes vierte neue Auto in Europa ein Hybrid- oder Elektroauto sein wird. Weltweit könnte es dann bereits 20 Millionen reine Elektroautos geben. Bis 2040 oder 2050 dürfte es so weit sein, dass die meisten Autos auf den Straßen elektrisch fahren – was den Strombedarf im Übrigen keineswegs über die Maßen in die Höhe treiben wird. Wollte man alle heutigen Pkws in Deutschland rein elektrisch betreiben, würde der derzeitige Stromverbrauch im Jahresmittel nur um 16 Prozent ansteigen, pro Million Elektrofahrzeuge jeweils um etwa 0,3 Prozent. Dafür würde aber bei elektrischem Betrieb aller deutschen Pkws der Verbrauch an Benzin und Diesel um 30 Millionen Tonnen pro Jahr sinken.

Vom Hybrid zum reinrassigen Elektroantrieb

Als Erstes werden wohl diejenigen Fahrzeuge zu reinen Elektroautos werden, die ihre Besitzer heute als Stadtautos oder Zweitfahrzeuge nutzen und die nie – auch nicht am Wochenende – mehr als 70 Kilometer pro Tag zurücklegen. Allein das wären in Deutschland schon neun Millionen Pkws. Autos, die längere Strecken fahren, werden dagegen noch für einige Zeit zusätzlich zum Elektromotor über einen Verbrennungsmotor verfügen. Das kann ein klassischer Parallelhybrid sein, in dem beide Motoren das Fahrzeug antreiben. Batterie und Elektromotor werden hier vor allem bei Kurzstrecken genutzt und dazu, die Energie, die beim Bremsen zurückgewonnen wird, beim erneuten Beschleunigen wieder einsetzen zu können.

Künftig wird aber immer mehr eine andere Alternative zum Einsatz kommen: der effizientere, serielle Hybrid. Dabei wird das Fahrzeug ausschließlich vom Elektromotor angetrieben, und ein kleiner Verbrennungsmotor erzeugt über einen Generator Strom für die Batterie, wenn die ursprüngliche Batterieladung nicht mehr ausreicht. Damit ist das Fahrzeug dann anders als ein reines Elektroauto nicht in seiner Reichweite begrenzt, und es hat den Vorteil, dass der Verbrennungsmotor – egal ob mit Benzin, Diesel, Ethanol oder Biosprit betrieben – immer in einem optimalen, effizienten Betriebszustand läuft und daher wenig Kohlendioxid ausstößt.

Mit solchen seriellen Hybriden fahren bereits etliche Busse, und sie werden auch beim neuen Opel Ampera eingesetzt: Dieser Kompaktwagen schafft rein elektrisch etwa 60 Kilometer, der Benzintank verlängert die Reichweite auf über 500 Kilometer pro Füllung. Grundsätzlich könnte in einem seriellen Hybrid statt des Verbrennungsmotors auch eine Brennstoffzelle eingesetzt werden, die Wasserstoff oder Methanol tankt und daraus direkt – das heißt ohne Verbrennung – Strom für den Elektromotor erzeugt. Brennstoffzellen wandeln die Energie des Treibstoffs mindestens doppelt so effizient in Strom um wie ein Verbrennungsmotor mit angeschlossenem Generator, aber sie enthalten teure Membranen und Platin als Katalysator und sind daher für den Massenmarkt auf absehbare Zeit noch zu teuer.

Nicht teurer als ein Benziner, aber viel umweltfreundlicher

Im Opel Ampera steckt eine 175 Kilogramm schwere Lithium-Ionen-Batterie mit 16 Kilowattstunden (kWh) Energieinhalt, die kaum mehr Platz als ein Reisekoffer beansprucht. Allerdings schlägt die Batterie eines Elektroautos derzeit mit 30 bis 40 Prozent der Gesamtkosten des Fahrzeugs zu Buche – pro kWh Speicher sind das 700 bis 1.000 Euro. Der Grund für diese hohen Kosten ist vor allem, dass es noch keine automatisierten Produktionsverfahren für die Massenherstellung solcher Batterien gibt, was sich aber aufgrund der stark steigenden Nachfrage bald ändern wird.

Ab 2025 rechnen Fachleute mit 300 Euro pro Kilowattstunde – eine 16-kWh-Batterie wäre für unter 5.000 Euro zu haben. Die Kosten für eine Fahrt von 100 Kilometern betrügen dann etwa drei Euro für den Strom und vier Euro für den Verschleiß der Batterie, deren Speicherkapazität nach rund 1.000 Ladezyklen um ein Fünftel sinkt. Damit sind die Fahrtkosten vergleichbar mit denen eines sparsamen Verbrennungsmotors – wobei der zu erwartende Preisanstieg für Benzin oder Zusatzkosten für CO_2-Emissionen noch gar nicht berücksichtigt sind.

Beim Klimaschutz sind Elektroautos sowieso unschlagbar: Bereits beim jetzigen Strommix mit seinem hohen Anteil an fossilen Quellen wäre ein gut motorisiertes Elektroauto schon so klimafreundlich wie ein Dreiliterauto mit

Verbrennungsmotor – und je mehr Strom aus erneuerbaren Energien in die Netze eingespeist wird, desto besser wird die Klimabilanz. Doch es ist gar nicht der Umweltschutz, der die Autofirmen jetzt zu Elektrojüngern macht, sondern der starke Anstieg der Ölpreise und die Erkenntnis, dass die Ölreserven unwiderruflich zur Neige gehen.

Dabei gilt auch bei Elektroautos das Motto »Zurück in die Zukunft«, denn elektrische Fahrzeugantriebe sind sogar älter als das Auto mit Verbrennungsmotor, das Carl Benz im Jahr 1885 erfand. Bereits vier Jahre zuvor stellte Gustave Trouvé auf der Internationalen Elektrizitätsausstellung in Paris ein Dreirad mit Bleiakku vor, und 1882 demonstrierte Werner von Siemens in Halensee bei Berlin einer faszinierten Öffentlichkeit auf einer 540 Meter langen Versuchsstrecke seinen elektrisch angetriebenen Kutschenwagen, den er Elektromote nannte. Ab 1905 rollte dann die »Elektrische Viktoria«, das erste in einer Kleinserie gefertigte Elektroauto, als elegantes Hoteltaxi, Lieferwagen und Kleinbus durch Berlin – zu einer Zeit, als neben den ersten elektrischen Straßen- und U-Bahnen meist noch Pferdekutschen unterwegs waren. Sogar die Technik der Bremsenergierückgewinnung war in späteren Modellen der Viktoria schon eingebaut.

Erst in den 1910er-Jahren mussten sich die Elektrofahrzeuge den Autos mit Verbrennungsmotor geschlagen geben. Nun, ein Jahrhundert später, sind sie wieder da – und stehen vor dem endgültigen Durchbruch. Doch auch heute wird es sicherlich Verlierer geben: Beispielsweise werden sich Autozulieferer, die Auspuffanlagen, Katalysatoren, Getriebe, Kurbelwellen oder Benzintanks herstellen, in Zukunft neu orientieren müssen, um weiterhin erfolgreich zu sein, denn Elektroautos brauchen all dies nicht mehr. Und dabei sind die neuen Fahrzeuge sogar noch dynamischer als solche mit Verbrennungsmotoren, denn das gesamte Drehmoment ist beim Elektroauto gleich vom Start weg vorhanden. Es gibt beispielsweise bereits Elektrosportwagen, die in weniger als fünf Sekunden von null auf 100 km/h beschleunigen.

Neue Spieler betreten das Feld

Ein neuer Pioniergeist durchweht die Industrie. BMW will die Karosserie seines neuen »Megacity Vehicle« aus ultraleichten Kohlenstofffasern bauen, um Gewicht zu sparen und dadurch trotz schwerer Batterie lange Fahrten zu ermöglichen. Mehr und mehr tun sich Autofirmen auch mit Energieunternehmen zusammen, um sowohl die Fahrzeuge wie ihre Anbindung an die elektrische Infrastruktur zu testen. Beispielsweise kooperieren Daimler, BMW und VW mit Energiekonzernen wie RWE, E.ON, Vattenfall oder EnBW, und Siemens ist in der gesamten Bandbreite der neuen Technologien tätig: auf der Fahrzeugseite – also bei den Elektromotoren, der Ladetechnik oder der Elektronik – ebenso wie bei der Kommunikation zwischen Auto und Stromnetz und auf der Energieseite, von der Energieverteilung über die Stromzähler bis zum Anschluss an die Gebäude und das intelligente Stromnetz. Dabei geht es den Forschern beispielsweise um das bequeme Laden ohne Kabel sowie um eine Schnellladetechnik mit 120 Kilowatt Leistung, die die Batterie von Elektroautos in wenigen Minuten auffüllen könnte – und sie arbeiten an Konzepten, wie das Betanken vieler Autos organisiert werden kann, ohne die Netze zu überlasten: Denn wenn bei einer Fußballarena oder am Flughafen Tausende Autos gleichzeitig Strom zapfen wollen, bräuchte man dafür die Leistung eines mittleren Kraftwerks.

Die deutsche Politik unterstützt Testversuche in vielen Modellregionen, andere helfen beim Kauf von Elektroautos: Die USA, Japan, China, Frankreich und Großbritannien zahlen Prämien oder Steuergutschriften, oft 6.000 Euro oder mehr pro Fahrzeug. Doch die eigentliche Revolution findet wohl vor allem in Asien statt, denn dort betreten ganz neue Spieler das Feld: etwa Build Your Dreams (BYD) mit Sitz im chinesischen Shenzhen. Diese Firma stellt seit 1995 Akkus für Mobiltelefone und Notebooks her – BYD hat die Hälfte des Weltmarktes für Handyakkus erobert. Insgesamt decken Firmen aus China, Japan und Südkorea rund 90 Prozent des globalen Lithium-Ionen-Marktes ab.

Schnellladen an der Stromtankstelle: Unterwegs will kein Fahrer stundenlang warten – Forscher testen, wie sich Elektroautos in Minutenschnelle aufladen lassen.

Doch BYD will mehr: Mit rund 60.000 Mitarbeitern ist das Unternehmen in die Autoproduktion eingestiegen. Ziel ist es, mit sehr kostengünstigen Hybrid- und Elektrofahrzeugen Kunden in Asien, Afrika, Südamerika und später in Europa und den USA zu gewinnen. Gerade in China, wo der Autoboom erst beginnt, tun sich riesige Zukunftsmärkte auf. So kaufen derzeit jedes Jahr mehr als 20 Millionen Chinesen Elektrofahrräder und -motorräder – warum sollte die Entwicklung hier nicht genauso laufen wie einst im Europa der 1950er- und 60er-Jahre? Zuerst erwerben die Leute kleine Motorroller, und mit zunehmendem Wohlstand steigen sie um auf erschwingliche Pkws.

Einen Preiswettbewerb mit chinesischen Firmen werden Unternehmen hierzulande wohl kaum gewinnen können. Ihre einzige Chance liegt darin, »um so viel besser zu sein, wie die anderen billiger sind«, wie es einmal ein Topmanager ausdrückte. Nur mit innovativen technischen Lösungen, kreativem Design und jahrzehntelangen Erfahrungen, wie man sichere und komfortable Autos baut, werden europäische und amerikanische Firmen punkten können. Sie müssen den Spruch, »das Auto neu zu erfinden«, ernst nehmen und mithilfe der Elektronik, Sensorik und Software die gesamte Systemarchitektur eines Fahrzeugs von Grund auf neu gestalten.

Das ist wie bei der Weiterentwicklung der mechanischen Schreibmaschine. Der entscheidende Sprung war nicht das Gerät, das halb mechanisch, halb elektrisch funktionierte und auf einem Display zwei geschriebene Zeilen anzeigen konnte – die eigentliche Revolution kam nicht aus der Schreibmaschinenindustrie, die auf ihren alten Prinzipien beharrte und sie nur leicht modifizierte: Der Umsturz kam durch den Computer und das Textverarbeitungsprogramm, das den gesamten Brief am Bildschirm anzeigte, bevor man die Daten dann einfach an einen Drucker schickte.

Der Motor von morgen sitzt im Rad

Bei den Elektroautos wird einer der wichtigsten Schritte der Wegfall des gesamten Antriebsstrangs sein – die Motoren der Zukunft werden direkt an den Rädern sitzen. Auch diese Idee ist so alt wie das Automobil: Bereits im Jahr 1900 konstruierte Ferdinand Porsche für die Weltausstellung in Paris ein Elektroauto mit derartigen Motoren. Doch künftig wird dies im Rahmen des Drive-by-Wire-Konzepts noch viel weiter gehen: Es werden nicht nur der Antrieb, sondern auch die Lenkung, die Dämpfung und die Bremsen ins Rad integriert. Die Kunst beim Autobau wird dann vor allem in einer intelligenten elektronischen Steuerung und in einer immer besseren Energieausnutzung bestehen. Ein Elektromotor ist drei- bis viermal effizienter als ein Verbrennungsmotor, und bei der Platzierung der Motoren nahe am Rad entfallen zudem einige Bauteile, die Verluste verursachen – wie etwa das schwere und sperrige Differenzialgetriebe.

Außerdem ermöglichen solche Motoren eine ganz neue Fahrzeugarchitektur. Da ein großer zentraler Motor sowie Achswellen und Getriebe nicht mehr existieren, wird der freie Bauraum erheblich größer. Mehr noch: Die Steuergeräte müssen nicht direkt bei den Elektromotoren platziert werden. Designern bieten sich daher ganz neue Möglichkeiten – etwa Räder, die völlig unabhängig voneinander bewegt werden können: Dadurch kann das Auto nicht nur gefährliche Situationen besser meistern, sondern auch quer einparken. Zudem bräuchten die Fahrzeuge keine Mittelkonsole oder starre Lenksäule mehr. Sie lassen sich auch mit Joysticks steuern, und sie könnten herausklappbare Sitze haben, was gerade älteren Leuten beim Ein- und Aussteigen helfen würde.

Autos gratis und verschwindende Verkehrszeichen

Doch nicht nur das Auto selbst, sondern das gesamte Konzept der Mobilität könnte sich gravierend verändern. So ließ sich Shai Agassi, ehemaliger Vorstand des Softwareunternehmens SAP, im Jahr 2005 von der Frage des Weltwirtschaftsforums in Davos »How do you make the world a better place?« zur Gründung seiner Firma »Better Place« inspirieren. Er will Autos ähnlich wie Handys zur Verfügung stellen, das heißt subventioniert – oder sogar vollkommen gratis. Der Kunde erwirbt in diesem Modell kein Auto, sondern »Reichweite«. Der Rechnungsbetrag richtet sich dann nach den tatsächlich gefahrenen Kilometern.

Alternativ könnte der Kunde auch ein Auto kaufen, allerdings ohne Batterie, die Better Place gehören würde. Denn mit Elektroautos, so Agassis Idee, lassen sich die Mobilitätskilometer günstiger anbieten als mit Verbrennungsmotoren. Leere Akkus könnten entweder an Schnellladestationen in wenigen Minuten geladen werden oder in roboterbetriebenen Batteriewechselstationen gegen volle Akkus ausgetauscht werden. Für den Bau der Elektroautos hat Agassi Renault-Nissan als Kooperationspartner gewonnen – und in Ländern wie Israel, Dänemark und Japan oder auch auf Hawaii und in Südostaustralien will Better Place die ersten Pilotprojekte starten.

In der Welt des Jahres 2050 wird Mobilität daher ganz anders buchstabiert werden als heute – zumindest in den wohlhabenden Staaten: In »grünen« Stadtvierteln werden viele Wege zu Fuß oder per Fahrrad zu bewältigen sein. So wie es heute in vielen Städten Fahrradverleihstationen gibt, werden in Zukunft Stadtautos zu mieten sein und nach einer einmaligen Anmeldung mit Chipkarten oder per Handy schnell und problemlos bezahlt werden können. Auch werden manche Fahrten ins Büro durch Telearbeit ganz entfallen.

*Intelligenz überall:
Elektroautos werden künftig
Strom sowohl laden als auch
abgeben – ob zu Hause oder im
Parkhaus am Flughafen.*

Zudem werden es viele Bürger vorziehen, auf das stark ausgebaute Netz der öffentlichen Verkehrsmittel umzusteigen, zumal der Betrieb von Fahrzeugen mit Verbrennungsmotoren über CO_2-Abgaben und Mautgebühren recht teuer sein wird.

In Verteilzentren an den Stadtgrenzen werden Waren in emissionsfreie und geräuscharme Nutzfahrzeuge umgeladen, die ins Stadtzentrum fahren dürfen. Busse und Bahnen werden nicht nur sehr komfortabel und energieeffizient sein, sondern sie werden auch stark automatisiert funktionieren und eng getaktet hintereinander fahren – was die Hürde, sie zu nutzen, weiter senkt. Wer dennoch mit dem eigenen Auto fährt, wird meist ein Elektroauto benutzen, das überall betankt werden kann, wo elektrischer Strom zur Verfügung steht, zu Hause ebenso wie beim Supermarkt, auf dem Firmenparkplatz oder am Flughafen.

Dank vielfältiger Sensoren wird dieses Auto fast wie ein persönlicher Roboter auf vier Rädern agieren und mit der Umgebung über zahlreiche Netze verbunden sein: Verkehrs-, Wetterdaten und Informationen über Objekte in der Nähe – vom nächsten Parkplatz bis zu den Restaurants – bekommt es übers Internet. Über verschlüsselte Daten kann es auch das Smart Home seines Besitzers kontaktieren. Metergenaue Ortsinformationen liefert das neue Satellitensystem Galileo, und die Verbindung zu anderen Autos und der Verkehrsinfrastruktur hält das Smart Car per Funk.

Dabei könnten die Fahrzeuge auch Kontakt zu »intelligenten« Ampeln aufnehmen, die so lange grüne Welle zeigen, bis sich ein Querverkehr ankündigt. In Houston, USA, wurden bereits 400 Ampeln mit Kommunikationschips ausgestattet. Fahrzeuge der Polizei und Feuerwehr sowie Krankenwagen nehmen mit solchen Ampeln automatisch Kontakt auf – kurz bevor sie über eine Kreuzung fahren, schalten dann die dortigen Signalanlagen auf freie Fahrt. In fernerer Zukunft, wenn alle Fahrzeuge solche Kommunikationssysteme besitzen, könnten die Verkehrszeichen sogar ganz verschwinden: Sobald sich das Auto dann einer Kreuzung nähert, wo früher ein Stoppschild stand, würde dieses Warnzeichen auf die Windschutzscheibe eingeblendet – oder eben auch nicht. Dann nämlich, wenn es nicht erforderlich ist, weil gerade kein Querverkehr kommt. So sähe wirklich intelligentes Fahren aus.

Singapur, im Dezember 2050. Wenn der Chefkoch des Gourmetrestaurants im Green Tower frische Früchte, unbelastetes Gemüse oder einen saftigen Lammrücken haben will, muss er nicht weit fahren – es reicht, den Fahrstuhl nach oben zu nehmen, zur Biofarm auf dem Dach des Wolkenkratzers. Dort gedeihen zwischen Büschen und Bäumen Mangos, Bananen und andere tropische Früchte. Kleine Landwirtschafts-roboter bewachen freilaufende Hühner und Schafe. Selbst exotische Schmetterlinge fühlen sich hier sichtlich wohl. Überall sind Sensoren verborgen, die Nährstoffgehalt, Feuch-tigkeit und Temperatur prüfen. Solarzellen und Windräder liefern Strom. Computer steuern den Lichteinfall, die Belüftung und die Be-wässerung – ein perfekt durchorganisiertes Ökosystem. Will ein Gast genau wissen, woher die Nahrungsmittel kommen, führt ihn der Chefkoch persönlich hier herauf und erklärt ihm die Biofarm mit ihren minimalen Transportkosten und dem völligen Ver-zicht auf Schädlingsbekämpfungsmittel. Bislang war noch jeder beeindruckt, auch vom einzigartigen Blick auf Sin-gapur. Von hier oben wird deutlich, dass der Stadtstaat durchzogen ist von Hunderten kleiner Parks und voller grüner Terrassen auf den Gebäuden. Singapur hat den Sprung geschafft vom Entwicklungsland – das es noch in den 1960er-Jahren war – zum Gewinner der Globalisierung und zu einer der lebenswer-testen Städte der Erde.

DER BAUERNHOF IM WOLKENKRATZER

Obst- und Gemüseplantagen samt Viehzucht im Wolkenkratzer? Was für manche wie eine abgehobene Zukunftsfantasie klingt, wird von Singapur tatsächlich vorangetrieben. »Wir haben ein Programm aufgelegt, das Grünflächen auf Hochhäusern fördert«, erklärt Richard Hoo von der Stadtentwicklungsbehörde. »Bis 2030 sollen auf Gebäuden 50 Hektar bepflanzt sein, auf Dächern ebenso wie auf Fassaden oder Balkonen.« Die hängenden Gärten von Singapur sollen auch als natürliche Klimaanlage dienen und die Temperatur in der Stadt um einige Grad senken. Für den Stadtstaat, in dem sich auf einer Fläche kleiner als Hamburg fünf Millionen Menschen drängen, ist die Entwicklung zur Gartenstadt Programm. Schon heute dominiert zwischen den Häuserschluchten eine Vielzahl exotischer Pflanzen, und wenige Kilometer vom Zentrum entfernt wächst üppiger Regenwald.

Insbesondere Forscher wie Dickson Despommier aus New York oder der Architekt Oliver Foster aus dem australischen Brisbane verfolgen die Vision von den »vertikalen Bauernhöfen«. Ihr Konzept sieht vor, dass in den Metropolen der Welt künftig Wolkenkratzer stehen, bei denen nicht nur auf dem Dach, sondern auf jeder Etage Felder von Weizen, Gerste oder Mais angelegt sind. Ebenso soll es dort Gemüsebeete, Obstgärten, Hühner in Bodenhaltung und Wassertanks geben, in denen Fische oder Garnelen gezüchtet werden.

Leuchtdioden liefern zusätzliches Licht, und der Stallmist des Kleinviehs dient als Dünger. Chemische Schädlingsbekämpfungsmittel wären kaum nötig, weil die Pflanzen in Granulaten wachsen oder direkt in einer Lösung mit Nährstoffen – der Verbrauch an Wasser und Dünger sinkt dadurch erheblich, und gefräßige Schädlinge können leichter ferngehalten werden.

Statt die tägliche Nahrung mit hohen Kosten und hohem Treibstoffverbrauch aus der Ferne herbeizuschaffen, ließen sich Gemüse, Obst, Getreide und Geflügel frisch vom Farmhochhaus um die Ecke holen. Zugleich wären solche grünen Oasen hervorragende Naherholungsgebiete für gestresste Städter: Das französisch-belgische Architektenbüro von Vincent Callebaut hat sogar schwimmende grüne Inseln entworfen, die vor der Küste der asiatischen Riesenstädte oder im East River New Yorks platziert werden könnten. Die Versorgung mit Wasser und Energie – beispielsweise durch Wind- und Wellenkraftwerke – wäre hier leicht zu lösen.

Vision des Architektenbüros Vincent Callebaut: Schwimmende Landwirtschaftsinseln und vertikale Gärten, die direkt vor Ort frische Nahrungsmittel liefern.

Ein Hochhaus entspricht einer zehn Quadratkilometer großen Farm

Doch sind grüne Wolkenkratzer nicht viel zu teuer, weil die Grundstückspreise in den Megacitys exorbitant hoch sind? Nicht unbedingt, denn in jeder Stadt gibt es genügend Brachland und verwaiste Baulücken, die man mit vertikalen Farmen füllen könnte. Trotz kleiner Fläche können es solche Gebäude mit großen Farmen spielend aufnehmen. Denn in ihnen lassen sich

Pflanzen das ganze Jahr über anbauen; Salat könnte alle sechs Wochen, Mais oder Weizen drei- bis viermal pro Jahr geerntet werden. »In einem dreißigstöckigen Gebäude auf einer Grundfläche von 60 Hektar kann man auf diese Weise ebenso viele Pflanzen anbauen wie auf einer zehn Quadratkilometer großen Farm«, hat Despommier ausgerechnet.

Da in den Städten des Jahres 2050 etwa 6,5 Milliarden Menschen leben werden – das sind fast so viele wie die gesamte derzeitige Weltbevölkerung –, ist es nur logisch, solche Konzepte zu verfolgen, bei denen die Nahrung direkt vor Ort erzeugt wird. Dabei geht es aber neben den niedrigeren Energie- und Transportkosten auch darum, den Kunden zeigen zu können, wo und wie die von ihnen verzehrten Lebensmittel entstehen. Denn ob Gammelfleisch, Dioxin im Lachs, Hormone im Schweinebraten, Pestizide auf Gemüse oder Frostschutzmittel im Wein – alle paar Monate schreckt ein neuer Lebensmittelskandal die Öffentlichkeit auf. Nicht nur in Deutschland achten immer mehr Verbraucher auf möglichst frische Lebensmittel bekannter Herkunft und kaufen in Läden, die Produkte von Bauernhöfen in der näheren Umgebung anbieten.

Natürlich werden auch in Zukunft viele Menschen, um Geld zu sparen, auf industriell erzeugte Billigwaren zurückgreifen, doch letztlich haben es Verbraucher und Politiker in der Hand, was mit welchen Verfahren produziert wird. Solange allerdings die privaten Haushalte in Deutschland im Durchschnitt doppelt so viel Geld für Tabak und Alkohol wie für Obst und Gemüse ausgeben und auch mehr als für Fleisch oder Brot und Backwaren, sind die Prioritäten falsch gesetzt – und das liegt nicht daran, dass hochwertige Nahrungsmittel besonders teuer wären.

1970 musste ein Arbeitnehmer in Deutschland dreimal so lange arbeiten wie heute, um sich ein Kilogramm Schweinekotelett, einen Liter Milch oder zehn Eier leisten zu können. Essen ist vergleichsweise billig geworden. Das gesparte Geld investieren die meisten heute allerdings nicht etwa in Produkte vom Biobauern, sondern in besseres Wohnen und Freizeitaktivitäten. Für Reisen, Unterhaltung und Hobbys wird inzwischen mehr Geld ausgegeben als für die Ernährung – und für die Gesundheitspflege investiert ein typischer deutscher Haushalt jeden Monat mehr Euros als für Obst, Gemüse und Brot zusammen. Wenn zwei Pfund Kaffee billiger sind als zehn Minuten im Solarium, braucht sich niemand zu wundern, dass die 25 Millionen Menschen, die in Entwicklungsländern vom Kaffee leben, unter teils unwürdigen Bedingungen arbeiten müssen: dass sie von marktbeherrschenden Konzernen in Abhängigkeit gehalten werden, dass ihr Lohn nur wenige Prozent vom Preis des Kaffees in den Läden beträgt, dass Wälder für Kaffeeplantagen abgeholzt werden und dass zu viele gesundheitsschädliche Pestizide ver-sprüht werden.

Doch es gibt auch ermutigende Ansätze: So erfuhr der »faire Handel« in den vergangenen Jahren einen deutlichen Aufschwung. Verschiedene Organisationen vergeben dabei Gütesiegel für Produkte wie Kaffee, Bananen, Zucker, Wein oder Baumwollprodukte, die zwar im Preis meist höher liegen als der jeweilige Weltmarktpreis, aber dafür sicherstellen, dass die kleinen lokalen Landwirte und Handwerker ein angemessenes Einkommen erzielen und nicht von großen Firmen benachteiligt werden. Außerdem kennzeichnet so ein »Fairtrade«- oder »Transfair«-Gütesiegel eine umweltverträgliche Herstellung und faire Arbeitsbedingungen: Kinderarbeit und gesundheitsschädliche Fertigungsumgebungen sind tabu.

Mit dem Kauf solcher Produkte kann jeder Konsument seinen Beitrag für eine globalisierte Wirtschaft mit menschlichem Antlitz leisten – inzwischen profitieren rund 1,5 Millionen Arbeiter und Farmer in Afrika, Asien und Lateinamerika vom fairen Handel. Zwar ist kaum anzunehmen, dass 2050 der Großteil der Waren unter fairen Bedingungen produziert werden wird, doch wie groß der Anteil sein wird, entscheidet letztlich jeder einzelne Verbraucher – und auch die Medien können ihren Teil dazu beitragen, indem sie immer wieder Missstände anprangern und auf Veränderung drängen. Dass ein Wandel möglich ist, zeigt das Beispiel der Haltung von Hühnern in Legebatterien: Aufgrund des Drucks von Tierschützern und Verbrauchern wird diese früher gängige Praxis der Käfighaltung in der EU ab 2012 endgültig verboten.

Kunststoffchips für Schnitzel und Medikamente

Auch die Technik kann künftig helfen, die Herkunft von Lebensmitteln »vom Stall bis auf den Teller« zu überprüfen: wo ein Tier geboren wurde, wo es aufgewachsen ist und wo es geschlachtet wurde – damit das Schweinekotelett, die Putenbrust oder das Kalbsschnitzel ohne Angst vor Gammelfleisch verzehrt werden kann. Wissenschaftler setzen für eine solche lückenlose Überwachung künftig auf elektronische Etiketten, sogenannte RFID-Tags – das sind Etiketten mit kleinen Speicherchips, die alle wichtigen Produktinformationen enthalten und berührungslos über Funk ausgelesen werden. Dies geht im Gegensatz zu den bekannten Strichcodes auch aus mehreren Metern Entfernung und selbst dann, wenn das Etikett verschmutzt ist.

Auch Hersteller teurer Elektronikprodukte oder Pharmaproduzenten wollen fälschungssichere RFID-Etiketten einführen. Der Grund: Die Pharmabranche geht davon aus, dass heute jedes zehnte Medikament gefälscht ist und dass jährlich Arzneimittel im Wert von 30 Milliarden Euro verschwinden. Elektronische Etiketten können nicht nur Echtheitszertifikate speichern, sondern – wenn sie mit Temperatursensoren kombiniert sind – auch den Temperaturverlauf aufzeichnen, um nachzuweisen, dass empfindliche Arzneien auf dem Transportweg lückenlos gekühlt wurden. Solche RFID-Etiketten müssen für einen Masseneinsatz nur noch billiger werden. Forscher entwickeln daher zurzeit Etiketten, die zu Tausenden auf Folien gedruckt werden und dann weniger als ein Cent pro Stück kosten sollen. Polymerelektronik – elektronische Schaltungen auf Kunststoffbasis – nennen dies die Wissenschaftler.

Den weltweiten Güterverkehr besser zu überwachen wird in Zukunft unumgänglich sein, weil er weiter enorm ansteigt. Bis 2025 soll er nach Expertenschätzung um zwei Drittel zunehmen. Wie stark die globale Verflechtung geworden ist, zeigt eine einfache Zahl: Das Volumen des weltweiten Handels stieg in den vergangenen 60 Jahren um das 30-Fache auf heute 12,5 Billionen Euro pro Jahr. Davon entfallen 10 Billionen auf den Austausch von Waren und 2,5 Billionen auf Dienstleistungen. Damit ist der Welthandel bereits größer als die gesamte Wirtschaftsleistung der Europäischen Union. Allein Deutschland exportiert pro Jahr Waren im Wert von etwa einer Billion Euro – vor allem Autos, Maschinen und Chemieprodukte. Insgesamt hängt etwa jeder vierte Arbeitsplatz in Deutschland vom Export ab. Je wettbewerbsfähiger die deutsche Industrie in der globalisierten Welt ist, desto besser für die Arbeitsplätze hierzulande.

6.000 Wolkenkratzer im Sumpfgebiet

In Afrika haben die meisten Länder bislang nicht von der Globalisierung der Wirtschaft profitiert – ganz anders in Ostasien und Lateinamerika. So schaffte es China, seit 1990 seine Wirtschaftsleistung zu verfünffachen und damit 500 Millionen Menschen aus extremer Armut zu befreien. Zugleich hat sich die Zahl der Studenten an den fast 2.300 Hochschulen des Landes auf 27 Millionen ebenfalls verfünffacht, und in den vergangenen zehn Jahren stieg die Zahl der chinesischen Patentanmeldungen um das Sechsfache. Das Reich der Mitte ist auf dem besten Weg, zur mächtigsten Wirtschaftsnation des 21. Jahrhunderts zu werden. Hinsichtlich seiner Wirtschaftsleistung ist China heute etwa ein Drittel so stark wie die USA, gleichauf mit Japan und knapp vor Deutschland – doch die Analysten von Goldman Sachs prophezeihen, dass die chinesische Volkswirtschaft bis 2050 die USA überholen wird und dann zehnmal so groß sein dürfte wie die von Deutschland. Gab es in Schanghai Mitte der 1980er-Jahre noch kaum ein Gebäude mit mehr als 18 Stockwerken, so sind es heute über 6.000. Das Stadtviertel Pudong war damals noch ein dünn besiedeltes Sumpfgebiet, heute gilt es weltweit als der Ort mit den höchsten Wolkenkratzern pro Quadratkilometer.

Symbol des chinesischen Jahr-hunderts: Vor 25 Jahren war dieser Stadtteil Schanghais noch ein Sumpfgelände, heute stehen hier die modernsten und höchsten Wolkenkratzer.

Doch natürlich ist nicht alles Gold, was in den glitzernden Metropolen Chinas glänzt: An der armen Landbevölkerung im Westen des Riesenreichs ist der Aufschwung weitgehend vorbeigegangen – das ist einer der Gründe dafür, warum es 150 bis 200 Millionen Wanderarbeiter vorziehen, auf den großen Baustellen der Megacitys zu malochen, statt ihren Acker zu bestellen. Denn dort, in den Städten, entsteht inzwischen eine Bevölkerungsgruppe, deren Mitglieder neben einer Wohnung immer öfter auch ein Auto ihr Eigen nennen und die über ein Jahreseinkommen von mindestens 10.000 Euro verfügen. Die chinesische Akademie der Sozialwissenschaften geht davon aus, dass 150 Millionen Menschen zum so definierten Mittelstand gehören. In 15 Jahren könnten es bereits 500 Millionen sein.

Genau hierauf – auf die eigene Entwicklung – konzentriert China all seine Anstrengungen. Das Interesse der neuen Supermacht ist nicht auf Expansion gerichtet, sondern auf die Mehrung des Wohlstands ihrer Bürger. »Wir leben nicht länger im Zeitalter des territorialen Imperialimus«, sagt Kenneth Lieberthal, Chinaforscher an der Brookings Institution in Washington. »Wenn China Ackerland in Afrika haben will, dann kauft es das einfach.« Aufgrund seiner enormen Exporte und des künstlich niedrig gehaltenen Wechselkurses besitzt China heute zwischen zwei und drei Billionen US-Dollar an Devisenreserven. Viele Milliarden davon stellte die chinesische Regierung bereits zur Verfügung, um ausländische Firmen zu kaufen und um landwirtschaftliche Flächen in Afrika, Südamerika, Australien und den ehemaligen Sowjetrepubliken zu erwerben – und vor allem auch, um in Afrika massiv in die Sicherung von Rohstoffen wie Öl und Metallen zu investieren. Alles andere, auch der Kampf gegen Terrorismus und Klimawandel, hat in China nicht so hohe Priorität wie diese Wirtschaftsinteressen.

Zocker im Weltfinanzkasino

Ob die Politik Chinas wirklich nachhaltig ist oder ob nicht doch die steigenden Umweltprobleme und der Ruf einer gebildeten Mittelschicht nach mehr Einfluss und Demokratie die Strukturen des Landes in den nächsten Jahrzehnten erschüttern werden, bleibt abzuwarten. Dennoch zeigt das Beispiel China: Wenn es Staaten gelingt, die richtigen Rahmenbedingungen für einen wirtschaftlichen Aufschwung zu schaffen – von der Bildung über die Energie- und Gesundheitsversorgung bis zur Verkehrsinfrastruktur –, und wenn ihre Bürger Waren und Dienstleistungen produzieren, die anderswo auf der Welt gefragt sind, dann hat die Globalisierung für sie mehr Vor- als Nachteile. Doch ohne Regeln darf dieser Prozess der Globalisierung nicht ablaufen, wie die jüngste Wirtschaftskrise deutlich gemacht hat.

Denn anders als reale Produkte kann Geld in Sekundenschnelle in andere Länder transferiert werden, und ein Bankmanager wird es immer dort anlegen, wo er sich die höchste Rendite verspricht. In den USA beispielsweise erhielten über Jahre hinweg selbst Menschen ohne regelmäßiges Einkommen Kredite für Hausbau und Autokauf. Diese Kredite wurden dann mit denen von verlässlicheren Schuldnern zu Paketen zusammengefasst, gestückelt und immer wieder neu durcheinandergewürfelt, bis die Risiken nicht mehr durchschaubar waren. Dann wurden sie mit dem Versprechen hoher Zinsen an Interessenten in aller Welt verkauft – das Risiko wurde so über den ganzen Globus verteilt.

Hier ging es nicht mehr um echte Werte, sondern um das Zocken in einem riesigen Spielkasino. Eine neue Weltfinanzordnung täte not. Doch noch ist es nicht gelungen, sie aufzubauen – ganz im Gegenteil: Etliche Banken haben die Hilfsmilliarden, die sie während der Finanzkrise von den Staaten zu niedrigsten Zinsen erhielten, nicht etwa dazu genutzt, Not leidenden Firmen Kredite zu geben. Stattdessen verwendeten sie das Geld, um an Aktien- und Rohstoffbörsen zu spekulieren, was die Krise weiter verschlimmerte, weil nun auch noch die Preise für Öl, Gold, Kupfer und sogar für Lebensmittel stiegen. Schlimmer noch: Um die Krise zu bewältigen, haben viele Staaten Konjunkturprogramme für Hunderte Milliarden Euro aufgelegt. Das treibt die Schulden, die in den nächsten Jahrzehnten abgetragen werden müssen, in schwindelerregende Höhen. Finanziert werden sie häufig über Staatsanleihen, für die relativ hohe Zinsen gezahlt werden – je nachdem, wie kreditwürdig der jeweilige Staat ist. Manche Länder wie Griechenland sind so an den Rand des Staatsbankrotts geraten. Um sie zu retten, wurden erneut hohe Kredite und Bürgschaften notwendig. Auch hier verdienen am Ende wieder Banken und Devisenspekulanten.

Dass dieses Finanzgebaren alles andere als nachhaltig ist, ist offensichtlich. Wenn es den Politikern nicht gelingt, gegen alle Widerstände der Finanzwelt die weltweiten Geldströme besser in den Griff zu bekommen, werden bis 2050 noch einige Crashs und Wirtschaftskrisen zu bestehen sein. Dabei liegen die Lösungen auf dem Tisch: Die Gesetzgeber könnten eine Steuer für internationale Finanzgeschäfte einführen, von den Banken mehr Eigenkapital verlangen, manche Transaktionen ganz verbieten sowie Abgaben für Hochrisikogeschäfte einführen, die in einen Sicherungsfonds fließen, der dann bei einem Bankrott zur Verfügung steht. Einiges wurde zwar bereits getan, doch die bisher eingeführten Gesetze für mehr Transparenz und eine bessere Regulierung werden weltweit kaum ausreichen. Bundeskanzlerin Angela Merkel war 2009 sogar noch einen Schritt weiter gegangen, als sie die Einrichtung eines »Weltwirtschaftsrates« analog zum Sicherheitsrat der Vereinten Nationen vorschlug, doch auch dieser Vorstoß ist im Sande verlaufen – möglicherweise »mit Wiedervorlage« bei der nächsten Wirtschaftskrise.

Das Gegenteil normaler Banken – und nicht minder erfolgreich

Dass es auch anders gehen kann, beweist der Friedensnobelpreisträger Muhammad Yunus. Die bahnbrechende Idee des heute 71-Jährigen war es, »den Kapitalismus durch die Einführung von Sozialunternehmen zu vervollständigen«. Auf einer Konferenz zum 20-jährigen Jubiläum des Mauerfalls in Berlin erinnerte sich der in Bangladesch geborene und in den USA promovierte Volkswirtschaftler und Gründer der Grameen-Bank, wie 1976 die Mauern in seinem Kopf fielen: »Ich schaue mir an, wie normale Banken agieren, und beschloss, genau das Gegenteil zu tun. Gewinne werden bei mir nicht ausgeschüttet, sondern wieder ins Unternehmen investiert. Ich gehe mit meiner Bank nicht in die Stadt, sondern aufs Land. Kredite bekommen nicht die Männer, sondern die Frauen. Ich habe keine Filialen, meine Mitarbeiter gehen stattdessen selbst zu den Menschen, um sie zu beraten und die Kreditzinsen einzusammeln – und ich brauche keine Anwälte, weil ich von den Kreditnehmern keine Garantien verlange, dass sie das Geld zurückzahlen können.«

Auch wenn Yunus auf staatlichen Druck inzwischen die Geschäftsführung der Grameen-Bank aufgeben musste: Mit seiner Idee löste er eine Revolution des Systems aus – und wird dafür ähnlich bewundert wie einst Mutter Teresa, die unter den Ärmsten der Armen in den Slums von Kalkutta lebte. Yunus hingegen hält wenig von Mildtätigkeit. Er führte ein Wirtschaftsunternehmen, das aber auch viel für die Menschen tut, indem es Millionen aus der Armut befreit. »Geschenke spornen niemanden an. Sie machen träge«, sagt er. Bei der Grameen-Bank bekommt niemand etwas geschenkt, außer Vertrauen und die Chance, vom Almosenempfänger zum Geschäftspartner zu werden. »Das verändert die Psychologie der Menschen«, erklärt der Wirtschaftsfachmann. »Sie können endlich selbst aktiv werden und ihr Leben in die Hand nehmen.«

Den Ärmsten Hoffnung geben: Muhammad Yunus gründete in Bangladesch eine Bank für Menschen, die nichts haben außer ihrer Arbeitskraft.

Yunus erfand das Konzept der Mikrokredite: Die Grameen-Bank verleiht typischerweise weniger als 100 Dollar an Menschen, die außer ihrer Arbeitskraft nichts besitzen und damit ein kleines Geschäft aufbauen können: beispielsweise Bettwäsche nähen, Schuhe flicken, Geschirr töpfern oder eine

Hühnerfarm betreiben. Die Kreditzinsen sind für westliche Verhältnisse relativ hoch, aber immer noch weit unter den Wucherzinsen privater Geldhändler. Da es sich bei den Kreditnehmern meist um Frauen handelt, die in dörflichen Genossenschaften organisiert sind, werden Rückzahlungsquoten von 97 Prozent erreicht – aus einem einfachen Grund: Das soziale Gefüge ist in vielen Entwicklungsländern so stark, dass jede der Frauen den Kredit zurückzahlen will, weil sie sonst im Dorf ihr Gesicht verliert. Heute betreuen die Bankmitarbeiter in 150.000 Dorfzentren etwa acht Millionen Familien. »Jeden Monat werden Kredite für etwa 100 Millionen Dollar vergeben«, berichtet Yunus. Und mehr noch: Die Bank gewährt auch Ausbildungsstipendien und Mikroversicherungen gegen Tod oder Lohnausfall.

Schuhe für weniger als einen Euro

Die Idee der Mikrofinanzierungen hat weite Kreise gezogen: Nicht nur die Vereinten Nationen sehen in ihr ein wichtiges Instrument zur Bekämpfung der Armut. Weltweit dürfte die Zahl der Mikrofinanzinstitute, die Yunus' Idee folgen, inzwischen auf über 70.000 angestiegen sein – mit 100 bis 200 Millionen Kunden und stets weiter wachsend. 2009, mitten in der Finanzkrise, hat der Wirtschaftswissenschaftler aus Bangladesch sein System sogar ins Zentrum des Kapitalismus exportiert: Die Grameen-Bank vergibt seitdem auch Kredite an Kunden in New York – im ersten Jahr haben hier 600 Frauen rund 1,5 Millionen Dollar erhalten, um sich eine kleine Existenz aufzubauen.

In Bangladesch arbeitete Yunus mit Partnern, die – wie er sagt – »die Welt positiv verändern wollen«. So hat er mit Danone einen Joghurt auf den Markt gebracht, der gut schmeckt und genug Eisen und Vitamine für eine gesunde Kinderernährung enthält. »Keiner fragt hier nach dem finanziellen Gewinn, sondern nur danach, wie viele Kinder am Ende davon profitiert haben«, sagt er. Auch Adidas hat er überzeugt, Schuhe zu Preisen von unter einem Euro zu produzieren, weil Fußkrankheiten ein großes Problem in Bangladesch sind. »Solche Preise sind aber nur machbar«, erklärt Yunus, »weil wir keine aufwendigen Verpackungen oder Werbung brauchen.« Der charismatische Finanzrevolutionär zieht eine einfache und zugleich Mut machende Bilanz: »Ob ich mit Privatleuten oder Unternehmen spreche: Ich finde immer Menschen, die gern Gutes tun wollen – denn es ist keineswegs so, dass jede wirtschaftliche Aktivität wie ein Egotrip funktionieren muss. Ich denke, dass das Social Business noch eine große Zukunft vor sich hat.«

Die Welt des Jahres 2050 wird beides benötigen: Zum einen mehr Kontrolle und Transparenz der globalen Finanzströme, um den Zockern, die der ganzen Welt schaden, Einhalt zu gebieten. Und zum anderen mehr Menschen wie Yunus, die es wagen, die neuen Wege des »Social Business« zu gehen und andere mit Leidenschaft und Überzeugungskraft mitzunehmen. Nur so besteht eine Chance, auch den Ärmsten in den Entwicklungsländern Hoffnung auf ein besseres Leben zu geben – mit neuen Perspektiven auch auf dem Land, nicht nur in den großen Städten.

New York, im Januar 2050. Tausende Videokameras müssen überprüft werden – viele davon an den Wänden der Wolkenkratzer. Erstmals setzt die Stadtverwaltung dafür neu entwickelte Miniroboter ein. Mit ihren Saugfüßen klettern sie wie etwas zu groß geratene Geckos die gläsernen Fassaden empor. Hoch oben streicht der Wind besonders stark über die Haare an ihrem Metallkörper. Diese haben nichts mit Ästhetik zu tun: Es sind Piezoelemente, die die Kraft des Windes in Energie umwandeln – damit laden sie ihre Akkus auf. Dank ihrer Navigationssysteme und der ständigen Funkverbindung zur Zentrale finden die Roboter jede Überwachungskamera. Sie überprüfen sie auf Risse, Abnutzung und eventuelle Manipulationen und sie tauschen die Mikrochips gegen die aktuellsten Versionen aus – schließlich sollen die Kameras auch aus großer Höhe präzise sehen und das menschliche Sicherheitspersonal auf ungewöhnliche Ereignisse aufmerksam machen. Bei den Kameras in den untersten Stockwerken installieren die Roboter zudem erstmals eine Software, die es erlaubt, die Gesichter der vorbeieilenden Menschen mit einer Datenbank zu vergleichen. Ergibt sich eine hohe Übereinstimmung mit einem gesuchten Verbrecher, wird diese Person auf den Monitoren der Sicherheitszentrale markiert, und die Kameras verfolgen automatisch ihren Weg – Big Brother is watching you ...

SICHER LEBEN IM GLOBALEN DORF

Die Welt ist klein geworden. Vieles, was an einem Ort der Erde geschieht, hat Auswirkungen auf den ganzen Planeten: Das Kohlendioxid, das in einem Kraftwerk in Russland in die Luft geblasen wird, kennt keine Grenzen, ebenso wenig wie ein Aufstand in Ägypten auf das Land am Nil beschränkt bleibt. Ein Virus, der in einem Hinterhof in China zum ersten Mal von einem Tier auf den Menschen überspringt, kann einige Wochen später eine Epidemie in New York auslösen – ebenso wie ein Computervirus, den ein Hacker in Indien in die Datennetze schleust, binnen Minuten genauso Rechner in Australien wie in Berlin treffen kann. Wie können die Menschen des Jahres 2050 dennoch sicher leben – geschützt vor Anschlägen in den dicht besiedelten Städten und vor Attacken auf ihre lebenswichtigen Energie- und Datensysteme?

Bei den Energienetzen verläuft die Entwicklung bereits in die richtige Richtung. Das liegt daran, dass es in Zukunft tausendfach mehr Energieproduzenten geben wird als heute: Ob Solaranlagen auf den Dächern, Minikraftwerke im Keller, Elektroautos als Stromspeicher, Biomasseanlagen oder Windräder – es wird eine bunte Vielfalt an Stromerzeugern entstehen, die untereinander stark vernetzt sind und Stromflüsse in alle Richtungen erlauben. Letztlich bildet sich eine Art »Internet der Energie« – dadurch wird das

Energiesystem wesentlich sicherer als heute, wo einige wenige Großkraftwerke zur Zielscheibe von Anschlägen werden könnten. Zwar wird es auch 2050 noch große Kraftwerke geben, beispielsweise riesige Solaranlagen in Nordafrika, aber die Stabilität des ganzen Energiesystems wird weniger von solchen Anlagen abhängen. Ähnlich wie beim Internet, wo die Kommunikation auch dann noch funktioniert, wenn Leitungen gekappt werden und die Daten dann einfach über andere Drähte laufen, wird auch bei den Stromnetzen der Zukunft die Elektrizität über Alternativrouten fließen, wenn einzelne Anlagen ausfallen.

In den elektronischen Datennetzen sind Hackerangriffe, Internetspionage oder Cyberattacken von Terroristen eine neue Form von Kriminalität. So wurden in den USA durch Hacker schon Baupläne eines Kampfflugzeugs gestohlen und Hunderte von Hightechfirmen ausspioniert. Auch hat man Fremdprogramme in den Stromnetzen gefunden, die den Betrieb massiv beeinträchtigt hätten – wären sie aktiviert worden. Sogar Google wurde zum Opfer: Chinesische Hacker spähten E-Mail-Konten politischer Aktivisten aus. Und im Sommer 2010 wurde ein Angriff bekannt, der von Softwareexperten als »Einstieg in das Zeitalter der Cyberwaffen« tituliert wurde. Erstmals war es jemandem gelungen, eine Schadsoftware – einen sogenannten Trojaner – so zielgenau zu konstruieren, dass sie nur in ganz genau definierten Industrieanlagen Schaden anrichten konnte. Dieses »Stuxnet« getaufte trojanische Pferd breitete sich über USB-Sticks aus, infizierte Tausende von Rechnern mit Windows-Software und suchte dort nach bestimmten Industriesteuerungen, um deren Einstellparameter wie Druck, Durchflussmengen, Temperatur oder die Rotationsgeschwindigkeit von Zentrifugen zu verändern. Viele Fachleute glauben, dass es darum ging, die iranische Anlage zur Urananreicherung zu sabotieren, doch ob dieses Ziel mit der gewünschten Präzision erreicht wurde, wird möglicherweise nie geklärt werden können.

Genauso unklar bleibt, wer die Software entworfen hat: Gewöhnliche Kriminelle waren es sicherlich nicht, denn der Aufwand war enorm, und es sollte offenbar nur eine ganz bestimmte Anlage getroffen werden, während alle anderen infizierten Systeme unbehelligt blieben. Ein Team von fünf bis zehn Spezialisten war wohl gut ein halbes Jahr mit der Entwicklung dieses Trojaners beschäftigt, und es wurden sehr trickreich Fehler im Windows-System ausgenutzt und digitale Unterschriften gestohlen – was Kosten in Millionenhöhe verursacht haben dürfte. Einen solchen »digitalen Erstschlag« trauen Fachleute eigentlich nur Geheimdiensten zu, beispielsweise aus den USA oder, was wohl am wahrscheinlichsten ist, aus Israel.

Seither haben Sicherheitsexperten Hochkonjunktur. Eine Schadsoftware wie Stuxnet vom Computer zu entfernen ist zwar kein grundsätzliches Problem – die Schwierigkeit besteht darin, solche singulären Waffen überhaupt zu entdecken und sich dagegen von vornherein zu schützen. So sollen sogenannte Firewalls Unberechtigte aus geschützten Teilnetzen fernhalten, und künftig sollen sogar »Immunsysteme« für Computer entwickelt werden. Das sind intelligente Programme, die aus Erfahrung lernen und bei einem Angriff auf das Wissen vieler Datenbanken zurückgreifen, um Eindringlinge zurückzuschlagen. Darüber hinaus versuchen die Antivirenspezialisten, fälschungssichere elektronische Unterschriften zu entwickeln und beispielsweise Bilder mit digitalen Wasserzeichen zu versehen, um sie vor Manipulationen zu schützen.

Unbemerktes Mithören unmöglich – dank Quantenphysik

Wer Daten sicher speichern oder verschicken will, verschlüsselt sie. Doch mit leistungsfähigen Rechnern kann man auch gute Verschlüsselungen knacken. Nun aber haben Wissenschaftler ein Verfahren entwickelt, das eine absolut abhörsichere Kommunikation möglich macht. Es beruht auf einem Effekt, der Albert Einstein als »spukhafte Fernwirkung« sehr suspekt war, obwohl er ihn selbst entdeckt hatte: die sogenannte Verschränkung von Quantensystemen. Dabei »weiß« bei speziell präparierten Zwillingspaaren von Lichtteilchen (Photonen) das eine Photon stets, in welchem Zustand sich das andere Zwillingsphoton gerade befindet – und zwar ohne Zeitverzögerung über beliebig große Distanzen, selbst durchs ganze Universum hindurch. Das bedeutet zugleich, dass jede Störung am einen Photon vom anderen sofort bemerkt wird. Es ist somit physikalisch unmöglich, eine Kommunikationsleitung, die mit verschränkten Quanten arbeitet, unbemerkt zu belauschen.

Forschern um Anton Zeilinger, Professor an der Universität Wien, ist es gelungen, eine derart abhörsichere Datenkommunikation einzurichten. Per Glasfaser überwiesen sie 3.000 Euro von der Bank Austria über 1,5 Kilometer ins Wiener Rathaus und zeigten damit eine der ersten Anwendungsmöglichkeiten. Banken und Behörden sind ebenso an solchen abhörsicheren Datenleitungen interessiert wie die Polizei oder das Militär. Und auch für Privatpersonen könnte dies im Jahr 2050 nützlich sein: wenn Glasfaserverbindungen bis in jeden Haushalt reichen und man ein Quantenkryptografiegerät wie einen heutigen USB-Stick einfach in den Computer steckt.

Kameras finden den herrenlosen Koffer

Sicherheit wird in der modernen Informationsgesellschaft ein beherr-
schendes Thema sein − nicht nur im Internet. Analysten gehen davon aus,
dass sich der globale Markt für Sicherheitslösungen innerhalb von zehn Jahren fast verdoppeln wird. In den Städten werden dabei vor allem Überwachungskameras in U- und S-Bahnen und an öffentlichen Plätzen eingesetzt

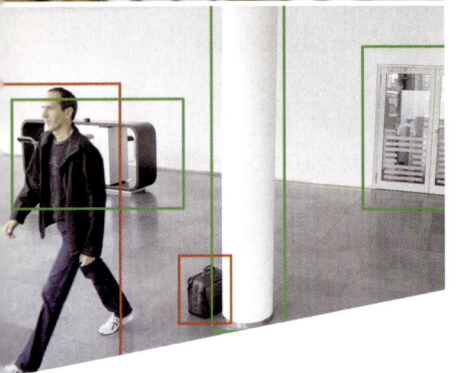

*Big Brother is watching you: Rund eine Million Über-
wachungskameras gibt es allein in London. Die besten
dieser Systeme können schon selbstständig herrenlose
Koffer und andere Gefahren erkennen.*

− allein London hat rund eine Million Kameras installiert. Man sieht sie überall: an Häusern, Laternenmasten oder Verkehrsschildern. Zwar können damit
Verbrechen nicht verhindert werden, aber sie lassen sich zumindest schneller
aufklären: So führte die Auswertung des aufgezeichneten Materials nach den
Londoner Terroranschlägen im Juli 2005 rasch zu Hinweisen auf die Täter.

Ohne Computerunterstützung geht so etwas nicht, denn das Sicherheitspersonal kann unmöglich Millionen von Bildern selbst überwachen. So
hat eine Studie in den USA gezeigt, dass ein menschlicher Beobachter bei nur
zwei Monitoren schon nach zwölf Minuten bis zu 45 Prozent aller Aktivitäten
übersieht, nach 22 Minuten sind es bereits 95 Prozent. Kameras und Computer
hingegen ermüden nicht − in den Labors werden bereits Programme für die
intelligente Bildverarbeitung geschrieben, die die Szenen selbst analysieren
können und die Sicherheitskräfte dann nur noch auf ungewöhnliche Ereig-

nisse hinweisen. Sogar herrenlose Koffer im Flughafengebäude können die besten Programme schon erkennen, ebenso Autos, die im Tunnel in die falsche Richtung fahren, oder Menschen, die in U-Bahnhöfen gefährlich nahe an die Gleise treten. Nachts können sie anhand von Größe, Form und Geschwindigkeit zwischen einem Hund im Garten und einem menschlichen Eindringling unterscheiden. Wenn dann eine Kamera einen Verdächtigen erfasst hat, kann eine automatische Bewegungsanalyse und Objektverfolgung gestartet werden. Das bedeutet: Wechselt die Person in den Sichtbereich anderer Kameras, gibt die dahinter stehende Software die Informationen selbsttätig weiter, sodass der Weg des Eindringlings genau verfolgt werden kann.

Was allerdings noch für viele Jahre nicht zuverlässig genug funktionieren wird, ist, die Videobilder dazu zu benutzen, automatisch nach Verbrechern zu fahnden: Die möglichen Variationen hinsichtlich Blickwinkel, Beleuchtung oder Veränderungen des Gesichts durch Bärte, Brillen oder eine andere Haarfarbe sind einfach zu groß. Doch mit zunehmender Leistungsfähigkeit der Rechner und der Software werden Computer im Jahr 2050 zumindest recht gute Wahrscheinlichkeitswerte dafür abgeben, dass jemand einer gesuchten Person entspricht – ein Gewinn an Sicherheit, aber zugleich ein Albtraum, wenn daraufhin Sicherheitsbehörden vielleicht doch unschuldige Menschen verfolgen und ihr ganzes Leben durchleuchten. Wer künftig die Daten aus Überwachungskameras sowie Telefon-, Internet-, Energienutzung, Kreditkarten und Bankdaten miteinander verknüpft, bekommt ein fast lückenloses Profil einer Person. Die Fortschritte der Technik öffnen einem perfekten Polizeistaat im Prinzip Tür und Tor.

Das Fotohandy sucht bei Facebook nach Gesichtern

Schlimmer noch: Die Abwehrhaltung der Bevölkerung gegen eine zunehmende Überwachung erodiert zusehends. Verschiedene Umfragen belegen, dass die Mehrheit der Londoner keine Einwände dagegen hat, mehrmals am Tag gefilmt zu werden, wenn es der Sicherheit dient. Ähnlich auch in Deutschland: Während Anfang der 1980er-Jahre die Proteste gegen die damals geplante Volkszählung bewirkten, dass sie zunächst nicht durchgeführt werden konnte, geben viele Menschen heute freiwillig ihre Daten preis: ob bei Kundenrabattaktionen, Gewinnspielen im Internet oder gar als minutiöses Tagebuch bei Facebook und anderen sozialen Webseiten. »Das Internet vergisst nichts« – das wird so manchem erst bewusst, wenn der künftige

Arbeitgeber die peinlichen Fotos von der Strandparty in Kroatien oder das sehr private Filmchen aus Mallorca im Netz entdeckt hat.

In einigen Jahren dürfte auch die Bildverarbeitungssoftware so weit sein, dass jeder damit rechnen muss, im Café oder in der Disco schnell abgecheckt zu werden: Ein Click mit dem Fotohandy, und schon durchsucht ein Programm alle Datenbanken im Netz und liefert die wahrscheinlichsten Treffer. Sekunden später kann man das Profil seines Gegenübers studieren, kennt seine oder ihre Vorlieben, Hobbys, Adresse, Lebenslauf, Freunde und vielleicht sogar, was er oder sie die vergangenen Tage gemacht und im Netz verewigt hat. »Wenn die Menschen derart freiwillig auf ihre Privatsphäre verzichten, dann könnte diese eines Tages tatsächlich gefährdet sein«, befürchtet der Datenschutzexperte Marc Rotenberg vom Electronic Privacy Information Center in Washington D.C., USA. »Denn letztlich hängt der Schutz unserer Privatsphäre, wie alle anderen sozialen und politischen Werte, wesentlich vom Willen der Öffentlichkeit ab.«

Sicherheit und Privatsphäre müssen gar keine Gegensätze sein, solange die politische Kontrolle funktioniere, sagt Rotenberg – also solange dafür gesorgt wird, dass erfasste Informationen nicht unkontrolliert weitergegeben werden und dass die Menschen das Recht haben, Daten, die sie betreffen, einzusehen und zu korrigieren. Auch sollten möglichst wenige Daten direkte Rückschlüsse auf die Identität zulassen. Ein Beispiel: In Zukunft werden als Zugangsberechtigung für Gebäude oder Veranstaltungen immer mehr auch der Fingerabdruck, die Stimme oder das Gesicht eingesetzt werden. Diese Daten sollten dann aber nur einen verschlüsselten Code generieren, der besagt, dass die Person berechtigt ist, das Gebäude zu betreten – aus dem sich

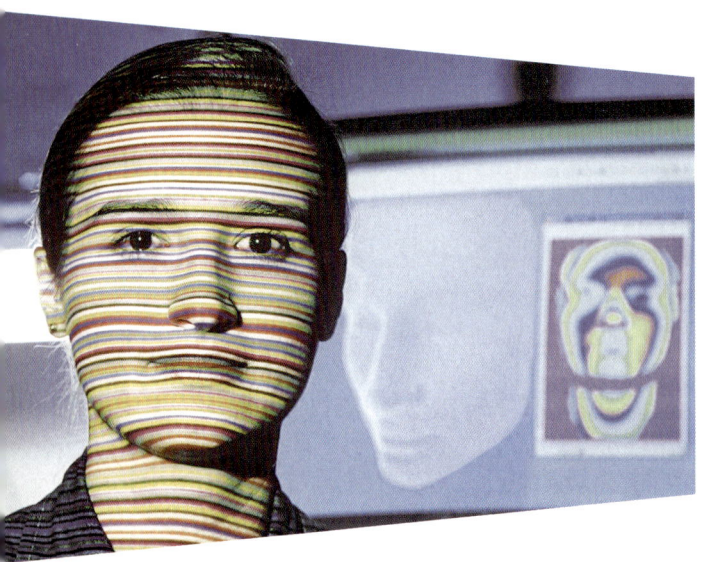

Erkennung in 3-D: Aus der Verzerrung von Farbstreifen ermittelt der Rechner blitzschnell die räumliche Form des Gesichts – ein extrem sicheres Verfahren.

jedoch nicht erkennen lässt, wer der Betroffene ist. Diese Anonymität ist die- selbe wie beim Kauf einer Kinokarte: Der Besucher hat einen Berechtigungs- nachweis in der Hand, um den Film zu sehen, doch der Kartenkontrolleur weiß dadurch noch lange nicht, wen er vor sich hat.

Ein besonders sicheres, neues Verfahren ist die 3-D-Gesichtserken- nung. Hierzu wird ein Raster aus Infrarotstreifen kurz auf den Kopf projiziert. Aus der Verzerrung der Streifen an Wangenknochen, Nase oder Stirn errechnet ein Computer blitzschnell die räumliche Form des Gesichts – mit einer Ge- nauigkeit im Zehntelmillimeterbereich. Anders als bei einer einfachen zwei- dimensionalen Aufnahme, die im Prinzip sogar mit einem Foto getäuscht werden könnte, ist die dreidimensionale Form des Gesichts nur sehr schwer nachzubilden. Kombiniert mit einer Messung des Fingerabdrucks ist so etwas praktisch fälschungssicher – ideal etwa für den Zugang zu besonders gesi- cherten Büros oder die Bankautomaten der Zukunft.

Sensoren erkennen den Sprengstoff am Duft

Versteckte Waffen oder Sprengstoff können mit langwelliger Wärme- strahlung, den sogenannten Terahertzwellen, aufgespürt werden – auch unter der Kleidung, weshalb diese Scanner, die derzeit an vielen Flughäfen installiert werden, in den Medien als Nacktscanner bezeichnet werden. Um die Intimsphäre zu schützen, sollen sie in Europa nur mit einer abstrakten Darstellung des Körpers zum Einsatz kommen. Sprengstoffe lassen sich zu- dem auch mit Gassensoren entdecken. So hat die Firma EADS ein sogenanntes Ionenspektrometer entwickelt, das unter den angesaugten Duftmolekülen, die etwa einem Koffer entströmen, gezielt die Sprengstoffmoleküle heraus- filtert. Ein einziges Molekül unter tausend Milliarden anderen reicht für den Alarm aus. Diese Empfindlichkeit ist dreißigmal feiner als eine Hundenase – allerdings können die geschulten Nasen von Spürhunden eine viel größere Bandbreite von Stoffen entdecken, beispielsweise auch Drogen.

Besonders gefährlich wären Anschläge auf die Trinkwasserversorgung. So versenkte im Jahr 2005 ein Unbekannter drei Kanister Unkrautvernich- tungsmittel im Bodensee, nahe einer Trinkwasserentnahmestelle. Aufgrund eines anonymen Bekennerschreibens fanden Taucher das Gift in 70 Metern Tiefe und konnten verhindern, dass die Pestizide in den See gelangten. Doch der Fall zeigt deutlich, wie gefährdet Städte und ganze Regionen sind. Um hier frühzeitig Alarm schlagen zu können, entwickeln Wissenschaftler Sen- sorsysteme, die messen, wie aktiv bestimmte biologische Enzyme sind – geht deren Aktivität zurück, lässt dies auf chemische Kampfstoffe oder Insektizide schließen. Andere Systeme sollen in Zukunft gefährliche Bakterien aus dem Wasser herausfischen. Und selbst für eines der bedrohlichsten Szenarien – eine Bombe mit radioaktivem Material – gibt es schon Lösungen. Hier hat der Hafen in Rotterdam, mit einem Güterumschlag von 400 Millionen Tonnen pro Jahr einer der größten der Welt, eine Vorreiterrolle übernommen: Sämtliche Container müssen auf Lastwagen eines der 35 Portale passieren, die radioaktive Isotope entdecken können.

In der Welt von morgen werden auch viele der heute noch getrennten Systeme enger miteinander vernetzt, etwa die Sicherheitsdienste mit dem Verkehrs-, Energie-, Kommunikations- und Gesundheitssystem. Ereignet sich beispielsweise ein Brand neben einer U-Bahn-Haltestelle, so könnten die dort installierten Kameras und Rauchsensoren nicht nur die Feuerwehr benachrichtigen, sondern auch die Bahnzentrale, die Züge entsprechend umleitet. Auf den Straßen würde eine automatische Änderung der Ampelschaltung Autos von der Gefahrenstelle fernhalten und zugleich Feuerwehr, Polizei und Krankenwagen die Wege freihalten. Auf den Mobilgeräten der Einsatzkräfte würden alle relevanten Informationen angezeigt, einschließlich Bildern der Kameras vor Ort und einer sicheren Navigation trotz Rauch und Feuer. Auch würden Gasleitungen automatisch geschlossen, und last, but not least würden die Krankenhäuser vorgewarnt, damit sie sich rechtzeitig auf das Eintreffen von Verletzten vorbereiten können.

Psychologie ist wichtiger als Technik

Dennoch wird es auch in Zukunft keine umfassende Sicherheit gegen kriminelle Aktionen und gegen Terroristen geben. So hätten im Fall des missglückten Anschlags auf ein US-Flugzeug im Dezember 2009 möglicherweise auch Terahertzscanner den Sprengstoff nicht entdeckt, weil ihn der nigerianische Attentäter als fein verteiltes Pulver in seiner Unterwäsche ins Flugzeug schmuggelte. Noch problematischer aber war, dass es die Sicherheitsdienste nicht geschafft hatten, die Warnungen des Vaters über seinen immer radikaler werdenden Sohn sowie die Einträge in US-Geheimdienstberichten und die Flugpläne des Terroristen zu einem alarmierenden Gesamtbild zusammenzuführen. Ganz anders die israelische Fluglinie El Al, die als sicherste der Welt gilt, obwohl sie mehr als alle anderen gefährdet ist. Die Sicherheitskräfte setzen hier nicht nur auf Technik – wie eingebaute Raketenabwehrsysteme – sondern vor allem auf besonders geschultes Personal: Sie interviewen alle

Passagiere nach einem speziellen Fragenkatalog und achten dabei auf deren Verhalten, um mögliche Attentäter zu erkennen. Der Erfolg gibt ihnen recht: Seit 40 Jahren gab es keine terroristischen Anschläge mehr an Bord von El-Al-Flugzeugen.

Auch um den internationalen Terrorismus eindämmen zu können, braucht es mehr als reine Militärtechnik. Letztlich muss es darum gehen, den Terroristen den Rückhalt in der Bevölkerung zu nehmen, durch den sie finanziell und moralisch unterstützt werden. Dies ist bereits einmal gelungen: Die Terroristengruppe »Rote-Armee-Fraktion« in Deutschland wurde weniger durch die Gefangennahme vieler ihrer Anführer besiegt, sondern weil sie die Sympathie in bestimmten Teilen der Bevölkerung verlor – sodass die letzten RAF-Mitglieder 1998 ihre Selbstauflösung bekannt gaben. So ein Schreiben von Osama Bin Ladens al-Qaida zu erhalten wäre ein Traum vieler Sicherheitsexperten.

Doch um den steten Zufluss an Unterstützung für Terroristen auszutrocknen, müsste vieles geschehen: Das reicht vom Aufbau funktionierender Staatsgebilde im Irak oder in Afghanistan über die Beendigung von Bürgerkriegen in Somalia und im Jemen bis zu Friedensgesprächen zwischen Palästinensern und Israelis und den Schutz von Minderheiten in Indonesien. Im Kern geht es immer um die Überwindung von Unterdrückung, um die Bekämpfung von Armut und Missachtung sowie um Bildung – Erziehung zu Menschlichkeit statt zu Hass, wie ihn selbst angesehene Autoritäten in manchen Moscheen predigen. Hier Erfolge zu erreichen wird lange dauern, aber es ist eine der wesentlichen politisch-sozialen Aufgaben des 21. Jahrhunderts. Denn das Grundübel, das zu Selbstmordattentaten führt, sind nicht die Religionen, sondern die gesellschaftlichen Verhältnisse, in denen die Menschen leben müssen. Wären die Verhältnisse lebenswerter, wäre wohl für die wenigsten Menschen der Tod ein erstrebenswertes Ziel.

Wasser für alle – für 20 Cent pro Jahr

Daher sind die sogenannten Millenniumsziele der Vereinten Nationen wie die Überwindung der Armut oder des Hungers wesentliche Meilensteine auf dem langen Weg zum Weltfrieden. Nehmen wir das Beispiel Wasser: Rund 80 Prozent aller Infektionskrankheiten gehen nach UN-Angaben auf verschmutztes, von Krankheitserregern verunreinigtes Wasser zurück. 1,8 Millionen Menschen sterben jedes Jahr an Durchfallerkrankungen, davon sind 90 Prozent Kinder unter fünf Jahren – allein in Indien sterben jeden Tag

1.000 Kinder! Die Versorgung mit sauberem Wasser ist eine Herkulesaufgabe: 60 Prozent der Trinkwasserreserven der Erde befinden sich in nur zehn Staaten. Etwa eine Milliarde Menschen haben keinen Zugang zu sauberem Trinkwasser, rund 2,4 Milliarden keine ausreichende Abwasserentsorgung.

Selbst im aufstrebenden China müssen Hunderte Millionen Menschen mit mangelhafter Wasserversorgung leben. Über die Hälfte der Flüsse ist so verschmutzt, dass sie nicht mehr als Wasserquelle dienen können. Dazu kommt, dass von den 20 Orten mit der schlechtesten Luft der Welt 16 im Reich der Mitte liegen. Die chinesische Regierung schätzt, dass etwa 400.000 Todesfälle pro Jahr auf Umweltverschmutzung zurückzuführen sind. »Noch rühmen wir uns, die Werkbank der Welt zu sein, aber wenn wir nicht aufpas-

10.000 Liter Trinkwasser am Tag: Selbst aus einer trüben Brühe macht der Skyhydrant bestes Trinkwasser – die Nanoporen halten sogar Bakterien zurück.

sen, sind wir bald die Müllhalde des Planeten«, warnte Pan Yue, Vizeminister des chinesischen Umweltministeriums, in Interviews.

Dies muss allerdings nicht so kommen. Zumindest für das Trinkwasserproblem sind Lösungen in Sicht. »Technisch sind wir inzwischen in der Lage, alle Menschen der Erde mit sauberem Wasser zu versorgen, selbst in den rückständigsten Regionen der Dritten Welt«, sagt Rhett Butler, der Gründer der australischen Skyjuice Foundation. Butler hat den Skyhydranten entwickelt, ein mannshohes Gerät, das aus verschmutztem Wasser pro Tag 10.000 Liter reinstes Trinkwasser macht. Dabei ist es so einfach konstruiert, dass es binnen zehn Minuten aufgestellt und von jedem Menschen ohne lange Einweisung bedient werden kann. Das System braucht keinerlei elektrische Energiezufuhr oder Aufbereitungschemikalien, hält bei guter Pflege zehn

Jahre und ist mit jährlichen Trinkwasserkosten von 20 bis 30 Eurocent pro Person auch für die ärmsten Kommunen erschwinglich.

Es beruht zwar auf Hightech, aber seine Funktionsweise ist simpel: Das Wasser wird durch 20.000 feinste Fasern gepresst, die wie meterlange Spaghetti aussehen, sich bei genauerem Hinsehen jedoch als hauchdünne Röhrchen mit winzigen Löchern in den Wänden erweisen. Diese langen Strohhalme sind Membranen, durch die zwar Wassermoleküle dringen, aber nichts, was größer ist als 100 Nanometer – also ein Zehntausendstelmillimeter. Keine Schwebstoffe und keine Bakterien passen dort durch, und selbst die noch viel kleineren Viren werden aufgefangen, weil sie sich an andere Organismen anhängen. Natürlicher Wasserdruck aus zwei Meter Höhe reicht aus, um das Wasser durch die Membranen zu drücken. Gesäubert werden die Fasern ganz einfach mechanisch durch Aneinanderreiben, indem man mit einem Hebel das ganze Bündel schüttelt.

Eingesetzt wird der Skyhydrant derzeit in Indien und China oder auch am Gona-Stausee in Kenia, wo die Bewohner der umliegenden Dörfer bislang das Wasser aus dem See tranken – Durchfall, Cholera und Typhus waren an der Tagesordnung. Heute treibt eine kleine Windmühle eine Pumpe an, die das Stauseewasser in den Skyhydranten pumpt. Dort wird es in Trinkwasser verwandelt, das selbst die Qualitätsanforderungen der Weltgesundheitsorganisation übertrifft. »Wir reden auch mit Mikrokreditbanken, die in Zukunft das System an Wasserkioske verkaufen könnten«, sagt Butler. Solche Wasserkioske werden in Entwicklungsländern von Kleinunternehmern betrieben, bei denen die Menschen sauberes Trinkwasser erhalten können.

Abwasser zu Trinkwasser recyceln – ein Kultgetränk in Singapur

Eine ähnliche Membrantechnologie wie beim Skyhydranten wird auch in großen Anlagen eingesetzt, die Städte wie Peking oder Singapur versorgen. So hat die Fünf-Millionen-Stadt Singapur eine Membranaufbereitungsanlage mitsamt Ultraviolettdesinfektion errichtet, die das Abwasser der Stadt wieder in sauberes Nass zurückverwandelt – über 200 Millionen Liter pro Tag, genug, um ein Fünftel des Wasserbedarfs von Singapur zu decken.

Das »NEWater«, wie es genannt wird, wird zwar hauptsächlich als hochreines Wasser für die Halbleiterindustrie und andere Firmen genutzt, aber auch als Trinkwasser ist es Kult. Sogar der Premierminister trinkt es und serviert es seinen Staatsgästen.

Recyceltes Abwasser zu trinken ist sicher nicht jedermanns Sache, doch für die Bewohner künftiger Megastädte wohl unumgänglich, um die knappen Ressourcen optimal zu nutzen. Singapur hat sich jedenfalls fest vorgenommen, zum weltweiten Kompetenzzentrum für Wassertechnologien zu werden – etwa durch die Ausschreibung eines Millionen-Dollar-Forschungsbudgets für die beste Technologie, mit der sich die Kosten für die Gewinnung von Trinkwasser aus Meerwasser halbieren lassen. Gewonnen hat ein Verfahren, bei dem die Entsalzung nicht mehr durch energieaufwendige Erhitzung und Verdunstung stattfindet, sondern indem das Wasser durch ein elektrisches Feld geführt wird, das die Salzionen entfernt. Der Energieaufwand pro Kubikmeter Wasser lässt sich damit von zehn Kilowattstunden in gängigen Anlagen um 85 Prozent auf 1,5 Kilowattstunden reduzieren. Selbst die besten bisherigen Methoden brauchen noch das Doppelte an Energie. Nun soll dieses Konzept zur Marktreife weiterentwickelt werden, damit es in den kommenden Jahrzehnten breit eingesetzt werden kann.

Neuer Reis für Afrika

Ähnlich wichtig für eine friedliche Welt im Jahr 2050 ist neben der Trinkwasserversorgung auch die Überwindung des Hungers. Weltweit leiden eine Milliarde Menschen Hunger, davon 640 Millionen in Asien und 300 Millionen in Afrika. Mehr als die Hälfte der Hungernden sind Bauern – was besonders schlimm ist, weil offenbar selbst die Menschen, die die Nahrungsmittel erzeugen, davon nicht immer leben können. Hier muss es in Zukunft vor allem gelingen, die Produktivität zu steigern, beispielsweise durch künstliche Bewässerung, besseres Saatgut und Dünger und durch Maßnahmen, die auf schonende Weise die Bodenfruchtbarkeit verstärken, etwa durch den wechselnden Anbau unterschiedlicher Pflanzen. Zugleich müssen die enormen Verluste reduziert werden, die durch mangelhaften Transport und unzureichende Lagerung entstehen: Studien zeigen, dass oft zwischen 40 und 60 Prozent der Ernte auf diese Weise vernichtet werden.

Hunger muss jedoch kein Schicksal sein. So haben in Bangladesch vielen Bauern die Mikrokredite geholfen, eine sichere Existenz aufzubauen (siehe S. 142). Malawi unterstützt seine Bauern mit einem Gutscheinsystem für subventioniertes Saatgut und Düngemittel – und das sehr erfolgreich: Die Agrarproduktion verdoppelte sich. Als besonders hilfreich hat sich in Afrika auch die Entwicklung von NERICA durch den Wissenschaftler Monty Jones aus Sierra Leone entpuppt: NERICA, der »New Rice for Africa«, ist eine Kreuzung aus einer afrikanischen Reissorte, die sehr widerstandsfähig gegen Trockenheit und heimische Schädlinge ist, sowie einer asiatischen Sorte mit hoher Ertragskraft. Mit NERICA können die Bauern nun 2,5 Tonnen Reis pro Hektar ernten – mit Düngung sogar fünf Tonnen. Die rein afrikanische Reissorte bringt dagegen nur eine Tonne pro Hektar.

Reis ist in Westafrika zu einem Hauptnahrungsmittel für 240 Millionen Menschen geworden. Bislang musste er allerdings meist importiert werden – die Folge war, dass 2008, als Länder in Südostasien wegen schlechterer Ernten Reisvorräte horteten, Spekulanten die Preise bis auf die dreifache Höhe trieben, woraufhin in Afrika die Menschen Hunger litten. Es kam zu gewalttätigen Unruhen in Kamerun und im Senegal und selbst auf Haiti und in Indonesien. Wohin dies führen könnte, wenn gerade die ärmeren Länder bis 2050 über zwei Milliarden Menschen mehr ernähren müssen, lässt sich leicht ausmalen. Hier die richtige Balance zu finden zwischen vor Ort angebauten Getreidesorten wie NERICA und billigen Importen aus Ländern, wo manche Nahrungsmittel kostengünstiger und mit noch mehr Ertrag angebaut werden können, wird eine schwer zu lösende Aufgabe – zumal auch noch die Zwischenhändler streng kontrolliert werden müssen, damit nicht durch die Spekulation mit Nahrungsmitteln Tausende Menschenleben gefährdet werden.

Manche Länder bieten Hilfe an. So hat Russland ausgerechnet, dass es zusätzliche Ackerflächen erschließen könnte, um 450 Millionen Menschen zu ernähren – dreimal mehr, als derzeit in Russland leben. Doch leider geht zugleich anderswo viel Ackerland verloren: zum einen für die Viehzucht, für die auch oft Getreide als Futtermittel verwendet wird, und zum anderen entsteht sogar eine Konkurrenz zwischen Teller und Tank. Dann nämlich, wenn landwirtschaftliche Produkte nicht für Nahrungsmittel, sondern für Biokraftstoffe angebaut werden (siehe S. 56). »Ackerland ist nicht beliebig vermehrbar«, betonte Stefan Marcinowski, Vorstandsmitglied beim weltgrößten Chemieunternehmen BASF, in einem Interview. »Angesichts des Bevölkerungswachstums müssen wir die landwirtschaftliche Produktivität in den nächsten 20 bis 30 Jahren verdoppeln.« Der BASF-Manager denkt dabei vor allem an die Gentechnik, die helfen soll, die Ertragskraft zu steigern.

Genmais bildet Bakteriengifte gegen Schädlinge

Zurzeit werden in 25 Ländern auf knapp zehn Prozent der globalen Landwirtschaftsfläche gentechnisch veränderte Pflanzen angebaut, darunter Mais, Baumwolle, Sojabohnen und Raps. In den USA sind beim Mais bereits vier Fünftel aller Sorten genetisch verändert. Ziel ist beispielsweise eine effektivere Schädlingsbekämpfung. Dabei bildet die manipulierte Pflanze eine für Menschen unschädliche Vorform eines Bakteriengiftes, die sich im Darm von Schmetterlingsraupen wie dem Maiszünsler in Gift umwandelt und diesen Schädling verhungern lässt. Pflanzenschutzmittel mit solchen Toxinen werden seit Jahrzehnten versprüht und sind sogar im Ökolandbau zugelassen. Wenn man sie aber gentechnisch direkt in die Pflanze einbaut, hat das den Vorteil, dass anders als beim Versprühen gezielt nur die Raupen bekämpft werden – denn sie fressen als Einzige vom Mais. Andere Tierarten werden also geschont.

Ab 2012 soll eine weitere Maissorte mit einem anderen Bakteriengen für den Anbau zugelassen werden – das Gen soll der Pflanze helfen, mit Stresssituationen wie Trockenheit zurechtzukommen. Der Mais könnte daher auch in Gegenden angebaut werden, wo das heute noch unmöglich ist. Und im Labor sind Forscher bei einer weiteren großen Zukunftsvision bereits vorangekommen: Sie wollen Getreidepflanzen so umbauen, dass sie wie Bohnen oder Erbsen Stickstoff direkt aus der Luft aufnehmen können – das würde den Bedarf an Düngemitteln drastisch reduzieren.

Marcinowski hat keinen Zweifel daran, dass gentechnisch veränderte Pflanzen künftig noch stärker eingesetzt werden, beispielsweise Öle mit wertvollen Inhaltsstoffen oder krankheitsresistente Kartoffeln. Weltweit betrachtet stimmt diese Einschätzung vermutlich, doch in Europa wird es die grüne Gentechnik auch künftig schwer haben, da ihr nicht nur Deutschland, sondern auch Länder wie Österreich oder Frankreich skeptisch gegenüberstehen. In den vergangenen zwölf Jahren wurde weltweit der Anbau von 150 Genpflanzen erlaubt, in der EU nur von zwei Sorten. Befürchtet wird beispielsweise, dass sich gentechnisch veränderte Pflanzen mit herkömmlichen Pflanzen durchmischen, dass sie zu neuen Allergien führen oder die Antibiotikaresistenzen von Bakterien erhöhen könnten.

In einer Vielzahl von Studien zur grünen Gentechnik wurden bislang jedoch keine Belege für derartige Gesundheitsrisiken gefunden. Die Ablehnung der Technik ist daher eher darauf zurückzuführen, dass die Bürger reicher Nationen kaum Vorteile für sich erkennen, während der Nutzen in den Entwicklungsländern viel offensichtlicher ist: Bei einer Meinungsumfrage sagten nur 22 Prozent der Japaner und Franzosen, dass die Vorteile gentechnisch veränderter Nahrungspflanzen größer seien als die Risiken. In Indien und China lag die Zustimmung mit über 65 Prozent deutlich höher, am höchsten war sie in Kuba und Indonesien mit rund 80 Prozent.

Smarte Produkte aus Entwicklungsländern

Die Versorgung mit sauberem Trinkwasser und gesunden Nahrungs-mitteln ist wichtig, aber noch nicht genug für eine friedliche Welt im Jahr 2050. Die Menschen benötigen auch eine wirtschaftliche Perspektive – die Chance, ihre Lebensbedingungen verbessern zu können. Noch leben in den ländlichen Regionen Schwarzafrikas, Indiens und Südostasiens rund 1,6 Milli-arden Menschen praktisch im Holzzeitalter. Das heißt, sie haben keinen elek-trischen Strom und verwenden fürs Kochen und Heizen Holz, Stroh, Dung und nicht selten Müll. Die Schadstoffe aus den traditionellen Öfen kosten nach Schätzungen der Weltgesundheitsorganisation jährlich 2,5 Millionen Men-schen frühzeitig das Leben – weit mehr, als der Malaria zum Opfer fallen.

Neues Licht für Afrika: Solarbetriebene Energiespar-lampen – anstelle krank machender Kerosinleuchten – erhellen die Hütten zum Lesen und Arbeiten und helfen den Fischern bei ihrem Fang am nächtlichen Viktoriasee.

Dabei ist es in diesen Regionen gar nicht schwer, umweltfreundlich Energie zu erzeugen: ob mit kleinen Windrädern, Wasserrädern oder Solar-zellen. In der Vergangenheit hat allerdings schon so manche Solaranlage im Busch ihren Geist aufgegeben, weil schlicht vergessen wurde, dass sie auch gewartet werden muss. Heute setzt man eher auf die Beteiligung der Bevöl-kerung. So können sich etwa Händler in einem Dorf in Bangladesch mithil-fe von Mikrokrediten eine Solaranlage inklusive Wartung leisten – und die Nachbarschaft mit Strom für Licht, Radio und Mobiltelefone versorgen.

Im Projekt Lighting Africa will die Weltbank bis 2030 die Hütten von 250 Millionen Menschen mit elektrischem Licht versorgen. Denn fehlendes Licht ist in Afrika und Asien ein Grund dafür, dass Kinder abends nicht mehr lernen können und ihnen eine höhere Ausbildung verwehrt bleibt. Auch die Erwachsenen können durch das Projekt nach Sonnenuntergang noch handwerklich tätig sein. Unter den Industriepartnern von Lighting Africa ist auch Osram: Als erster Lampenhersteller tauscht die Firma in Afrika und Asien Millionen von Glühlampen gegen Energiesparlampen aus – und erhält dafür zur Finanzierung CO_2-Emissionsrechte, die an den Klimabörsen gehandelt werden können.

Energiesparlampen von der Solartankstelle

In einem weiteren Projekt hat Osram am Viktoriasee in Kenia solarbetriebene Stromtankstellen installiert: Hier können die Fischer Energiesparlampen samt Akkus mieten und mit Solarstrom aufladen lassen. Diese Lampen werden nicht nur zur Hausbeleuchtung verwendet – die Fischer nutzen das Licht auch, um nachts auf dem See kleine sardinenartige Fische anzulocken. Bisher setzten sie dafür Leuchten mit Kerosin ein, das feuergefährlich ist und gesundheitsschädliche Dämpfe entwickelt. Die neue Beleuchtung bannt diese Gefahren, spendet mehr Licht und ist sogar kostengünstiger als Kerosin. Darüber hinaus dienen die Solarzellen noch zum Betrieb einer Wasseraufbereitungsanlage mit Mikrofiltern und Ultraviolettdesinfektion – für die Menschen in Kenia ein hervorragender Deal: Sie bekommen umweltfreundliches Licht, gesundes Trinkwasser und neue Möglichkeiten, sich ihren Lebensunterhalt zu verdienen. Auch in Indien läuft ein ähnliches Programm unter dem Slogan »Lighting a Billion Lives« mit dem langfristigen Ziel, eine Milliarde Menschen mit solarbetriebenen Lampen zu versorgen.

Der indische Wirtschaftswissenschaftler C. K. Prahalad sieht »am unteren Ende der ökonomischen Pyramide« große Potenziale, die noch erschlossen werden könnten. Weltweit müssen derzeit rund vier Milliarden Menschen pro Tag mit weniger als zehn Dollar auskommen. Doch allein in Indien, so die Analysen des McKinsey Global Institute, dürften bis 2025 fast 300 Millionen Menschen den Sprung aus der Armut schaffen. In Brasilien, Russland, Indien und China – den sogenannten BRIC-Staaten – verfügen laut Untersuchungen von Goldman Sachs derzeit etwa 800 Millionen Menschen über ein Jahreseinkommen von umgerechnet mindestens 6.000 US-Dollar. In zehn Jahren könnte sich diese so definierte Mittelschicht der BRIC-Staaten auf 1,6 Milliarden Menschen verdoppeln. All diese Menschen brauchen keine Hightech-systeme, sondern vor allem kostengünstige, robuste, wartungsfreundliche und einfach zu bedienende Produkte, die auf ihre Anforderungen maßge-schneidert sind − sogenannte Smart Products (der Begriff steht für simple, maintenance-friendly, affordable, reliable, timely to market).

Derartige Lösungen, die in Entwicklungs- und Schwellenländern ge-fertigt werden können, gibt es viele: Das reicht von kleinen Elektrorollern bis zu erschwinglichen Autos, von Minikraftwerken, die aus Kokosnussschalen Strom gewinnen (siehe S. 56), über billige Videokameras zur Überwachung von Industrieprozessen bis zu robusten Tomografiesystemen, die sich als kos-tengünstige Zweitgeräte sogar an Kliniken und Arztpraxen in den USA und Europa verkaufen lassen. Oder ein anderes Beispiel: Zur Überwachung des Herzschlags von Föten werden in indischen Dörfern keine komplexen Ultra-schallgeräte eingesetzt, sondern simple tragbare akustische Mikrofone. Für Frauen, die eine problematische Schwangerschaft durchleben, ist dies eine wichtige Hilfe, um Risiken für das ungeborene Kind und sich selbst zu verrin-gern. Alles in allem eröffnen sich für Kleinunternehmer und Firmen enorme Chancen, wenn sie es verstehen, solche smarten Produkte zu entwickeln − und zugleich ist es ein Sprungbrett für ganze Volkswirtschaften, um sich aus der Armutsfalle herauszukatapultieren. Für die Menschheit insgesamt ist es der erfolgversprechendste Weg zu einer friedlicheren und sichereren Welt im Jahr 2050.

□ Edinburgh, im Februar 2050. Der Auftrag war selbst für Open Innovative, den Marktführer für globale Wissensnetzwerke, ungewöhnlich. Er lautete: Entwerfen Sie binnen 30 Tagen einen Autositz, der sich vom Fahrzeug lösen und eigenständig weiterfahren kann, etwa durch ein Einkaufszentrum. Er sollte per Sprache und Joystick bedienbar sein – und eine perfekte Ökobilanz aufweisen. Es dauerte keine 48 Stunden, bis Open Innovative aus seinem Pool von einer halben Million Spezialisten ein Kernteam gebildet hatte: Umwelttechniker und Automatisierungsexperten aus Frankreich und Deutschland, Produktionsplaner aus Großbritannien und China, Softwareprogrammierer aus Brasilien und Indien sowie 3-D-Simulationsfachleute aus den USA. Für viele Komponenten der Bildverarbeitung, der Radarsensorik und Navigation konnten Standardbausteine verwendet werden, für anderes mussten neue Lösungen her: vor allem für die geforderte Nutzung biologisch abbaubarer Kunststoffe und von Materialien, die sich ohne Qualitätsverlust wiederverwenden lassen. Dies gelang erst, als entsprechende Experten an der Uni von Kopenhagen identifiziert werden konnten. Danach lief es wie am Schnürchen: Alle Details wurden in 3-D simuliert, die Funktion des Autositzes ebenso wie die robotergesteuerte Fertigung und das Recycling. Nach 28 Tagen konnte Open Innovative alle Daten beim Kunden abliefern – ein neuer Rekordwert.

WER MACHT DIE ARBEIT VON MORGEN?

Es ist ein Anblick wie aus einem Albtraum: Riesige, stampfende Kolben, ineinandergreifende Zahnräder, zischende Ventile, verrückt spielende Zeiger, blinkende Lampen und dazwischen Menschen wie Maschinenteile, anonym in der Masse und beschäftigt mit Arbeiten, deren Zweck man nicht durchschaut. »Tief unter der Erde lag die Stadt der Arbeiter«, so beginnt in Fritz Langs Film *Metropolis* der Weg in die Hölle der Arbeitssklaven, die einer kleinen Oberschicht ein Leben in Saus und Braus ermöglichen. Dieser Film, der 1927 uraufgeführt wurde, hat zahllose Meisterwerke der Science-Fiction und Fantasy inspiriert: von *Blade Runner* bis *Krieg der Sterne*, von *Superman* und *Terminator* bis *Das Fünfte Element* und *Matrix*.

Dabei ist es nicht nur die Ästhetik von *Metropolis* mit seiner seelenlosen Zukunftsstadt, die spätere Filmemacher faszinierte, es sind auch die zeitlosen Fragen, die er aufwirft: Wie kann man Arbeit so organisieren, dass sie allen ein menschenwürdiges Leben bietet? Sind Maschinen unsere Diener oder werden sie uns vernichten? Wie menschenähnlich können Roboter sein? Solche Fragen werden seit tausend Jahren gestellt – und vielleicht auch noch in tausend Jahren. Bereits in der jüdischen Kabbalistik aus dem 11. Jahrhundert gibt es den Golem als künstliches Wesen, so wie der Erfinder Rotwang in *Metropolis* die Maschinenfrau Maria erschuf. 1921 wurden in einem tschechischen Theaterstück Kunstmenschen zur Fronarbeit, »robota«, gezwungen. Auch hier die gleiche Urangst: Die Menschen können ihre Industriesklaven nicht beherrschen, die Roboter brechen aus und vernichten die Menschheit. Im Film *Blade Runner* von 1982 wird die Frage nach der Menschenähnlichkeit von Robotern dann auf die Spitze getrieben: Androiden und Menschen sind hier praktisch ununterscheidbar geworden.

Welche Gesetze Roboter – und alle künstlich erschaffenen Werkzeuge – befolgen müssen, damit durch ihr Handeln oder Nichthandeln kein Mensch zu Schaden kommt, hat der Schriftsteller Isaac Asimov untersucht. Doch obwohl seine Robotergesetze einfach klingen und scheinbar eindeutig formuliert sind, gelingt es ihm immer wieder, Situationen zu konstruieren, in denen diese Regeln verletzt werden können oder gar verletzt werden müssen. Ein künftiges Zusammenleben von Menschen und autonom agierenden künstlichen Wesen wird also nicht einfach werden, selbst wenn diese Roboter nichts weiter tun, als klar definierten Regeln zu folgen – ganz abgesehen davon, was passieren würde, wenn sie intuitiv und emotional auf Situationen reagieren oder gar erste Ansätze von Bewusstsein entwickeln würden.

Doch so weit, emotionale Roboter zu entwickeln, ist die Forschung noch nicht – vielleicht zum Glück. Welche Leistungen persönliche Butler aus Stahl bis 2050 im Haushalt erbringen können, wird ab Seite 115 beschrieben, und was Roboter mit Gefühlen anfangen könnten, ab Seite 193. In Industriebetrieben hingegen sehen die Ingenieure Roboter ganz pragmatisch: Sie dienen dazu, Produkte schneller und kostengünstiger herzustellen, und sie sollen helfen, möglichst flexibel auf die Wünsche der Kunden eingehen zu können. Eine maßgeschneiderte Produktion ist das Ziel: Schon heute gleicht angesichts der Vielfalt von Sonderausstattungen kein Auto auf der Fertigungsstraße mehr dem anderen, und in der Welt von morgen wird das für noch viel mehr Produkte gelten – vom Möbel- bis zum Kleidungsstück.

In den Bekleidungsabteilungen der Kaufhäuser wird es dann Scannerkabinen geben, die per Laserstrahl in Minutenschnelle die präzise Körperform ermitteln – manche Vorreiter haben erste Anlagen bereits getestet. Die Idee dahinter: Wenn ihre 3-D-Daten einmal eingescannt sind, können Kunden künftig einfach zu Hause per Internet »anprobieren«, was immer sie wollen. Auf dem Bildschirm würden sie eine Figur sehen, die ihnen selbst bis aufs Haar gleicht. Sie könnten diesen Avatar drehen und wenden, bei verschiedener Beleuchtung die perfekte Kleidung finden und gleich bestellen – zugeschnitten auf ihre persönlichen Maße und vermutlich gefertigt von flexibel agierenden Robotern.

Die Fabrik im Computer testen, bevor eine Schraube existiert

Computerintelligenz bestimmt immer mehr die Phasen der industriellen Fertigung. So lassen sich viele Produkte bereits heute vorab am Rechner simulieren, testen und verbessern, bevor auch nur eine einzige Schraube hergestellt wird. Dasselbe gilt für die Produktionsprozesse: Ganze Fabriken können schon dreidimensional dargestellt und in ihren Abläufen optimiert werden, bevor sie real existieren. Damit lässt sich die Fertigung enorm beschleunigen, weil viele Fehler bereits im Vorfeld erkannt und ausgemerzt werden und weil etliche Varianten im virtuellen Raum durchgespielt werden können – was Zeit und Kosten spart. Dennoch gibt es nach wie vor Prozesse, die nur schwer zu simulieren sind, wie etwa Verbrennungsvorgänge mit ihrer Vielfalt an komplexen physikalisch-chemischen Reaktionen.

Virtuell kommt vor real: Züge werden in allen Details zuerst am Computer in 3-D geplant und getestet, bevor sie real gebaut werden.

Grundsätzlich sind Simulationen immer dann schwierig, wenn Vorgänge unterschiedlicher Art kombiniert werden müssen: etwa der elektrische Stromfluss in einem Bauteil mit dem Wärmefluss, der Materialermüdung und den Vibrationen der beteiligten Werkstoffe. Oder bei komplexen biochemischen Prozessen wie der Wirkung von Arzneimitteln. Oder wenn das menschliche Verhalten ins Spiel kommt wie bei der Simulation von Personenströmen auf Bahnhöfen oder in Fußballstadien. Und wenn ganz unterschiedliche Größenordnungen überwunden werden müssen: So ist es heute durchaus möglich, das Verhalten einiger Tausend Atome zu simulieren. Genauso können Materialwissenschaftler die Eigenschaften von Werkstoffen auf der Zentimeterskala analysieren bis hinunter zu Körnern mit Tausendstelmillimeter Abmessungen.

Doch beides zusammenzubringen sprengt noch die Rechenleistung der größten Computer: Denn die Forscher müssten die Bewegungen und die gegenseitige Beeinflussung von Milliarden Atomen berechnen, um auch nur auf die Korngrößen von Tausendstelmillimeter zu kommen. In 20 oder 30 Jahren werden Computer allerdings noch tausendfach leistungsfähiger sein als heute und damit viele dieser Probleme lösen können – und für alle anderen Aufgaben gilt, dass oft nicht so sehr die Rechenkraft entscheidend ist, sondern das intelligente Vorgehen. Das heißt, für jede Fragestellung die richtigen Modelle zu entwickeln, die sich dem realen Verhalten bestmöglich annähern, auch wenn man es nicht in jedem Detail nachbilden kann.

Die Abschaffung des Abfalls

Doch wie kann es gelingen, im Jahr 2050 Produkte für neun Milliarden Menschen herzustellen, ohne die Umwelt zu stark zu schädigen? Mit dem derzeitigen Wirtschaftssystem geht es offenkundig nicht. Um das zu begreifen, reicht ein Blick in den Pazifik: Dort schwimmt zwischen Kalifornien und Hawaii ein Müllteppich mit 100 Millionen Tonnen kleiner Kunststoffteilchen und einer Fläche doppelt so groß wie Deutschland. Niemand mag sich ausmalen, wie die Meere der Welt in 40 Jahren aussehen könnten. Doch es geht auch anders: Ein Leben ohne Abfall ist im Prinzip machbar. Dies zeigt eine Spezies, die so viel Energie umsetzt wie 30 Milliarden Menschen, aber keinerlei Müll produziert: Ameisen. Mindestens zehn Billiarden einzelner Individuen gibt es von ihnen – doch Ameisen handeln nicht wie Individuen. Sie bilden Staaten mit Tausenden oder gar Millionen Einzelwesen, die Aufgaben wie Nestbau, Brutpflege, Nahrungssuche und Verteidigung übernehmen. Sie kommunizieren über Duftstoffe oder das Betasten mit ihren Fühlern. Seit vielen Millionen Jahren sind sie sehr erfolgreich mit ihrer Strategie der sozialen Kooperation. Schwarmintelligenz nennen das die Forscher.

Der Chemiker Michael Braungart sieht die Ameisen als Vorbild: »Sie produzieren ausschließlich Nährstoffe, keinen Abfall – alles was sie aus der Natur nehmen, geben sie als Stoffwechselprodukt wieder zurück«, sagt der einstige Aktivist von Greenpeace und Mitbegründer der Grünen. »Wenn wir so intelligent handeln würden wie die Ameisen, dann könnten wir sogar 30 Milliarden Menschen auf der Erde sein, und die anderen Lebewesen würden sich

noch freuen, dass es uns gibt. Wir würden von Schädlingen zu Nützlingen.«
Mit dem Architekten William McDonough will Braungart den Menschen ein
bisschen von dieser Intelligenz beibringen. Sie haben ein Konzept entwickelt,
das die herrschende Meinung der Umweltforscher auf den Kopf stellt: Cradle
to Cradle heißt es – »von der Wiege zur Wiege«. Es steht im Gegensatz zum
üblichen Cradle to Grave (von der Wiege zur Bahre), das den Lebenszyklus von
Produkten vom Design über die Fertigung und den Betrieb bis zur Entsorgung
beschreibt. »Wir müssen das Wort Abfall aus dem Kopf bekommen«, sagt
Braungart. »Abfall ist Nahrung«, heißt seine Devise.

Mit McDonough hat der 53-jährige Professor für Verfahrenstechnik den
Begriff der Ökoeffektivität geprägt. Ökoeffektiv, erklärt er, sind Produkte,
die nach ihrer Nutzung entweder als biologische Nährstoffe in die Natur zu-
rückgeführt werden oder die als »technische Nährstoffe« dienen, also immer
wieder für technische Produkte verwendet werden können. Umweltforscher
und Firmen setzen hingegen bislang eher auf Ökoeffizienz statt auf Ökoeffektivität, das heißt, dass sie möglichst wenig Ressourcen verbrauchen und
möglichst wenig Schadstoffe erzeugen wollen. Ganz anders die Natur – hier
herrscht die intelligente Verschwendung. »Pflanzen produzieren seit Jahrmillionen völlig uneffizient, aber ökoeffektiv. Ein Kirschbaum bringt tausende Blüten und Früchte hervor, ohne die Umwelt zu belasten. Im Gegenteil:
Sobald sie zu Boden fallen, werden sie zu Nährstoffen für Tiere, Pflanzen und
den Boden.« Ein Kirschbaum kennt kein Sparen, Verzichten, Vermeiden, sondern er produziert im Überfluss, aber lauter nützliche und schöne Dinge.

In Braungarts Vision der Zukunft gibt es keine Verbraucher mehr, weil
nichts mehr verbraucht wird. Die Menschen können ihre Produkte gefahrlos
gebrauchen, weil sie nützlich für die Umwelt oder endlos wiederverwertbar
sind. Das bisherige Konzept der Ökoeffizienz, sagt er, könne zwar den Prozess
der Umweltverschmutzung und Rohstoffverknappung verlangsamen, aber
nicht stoppen. Denn was nützt es, wenn Autos den Benzinverbrauch um die
Hälfte reduzieren, sich aber die Zahl der Autos weltweit verdreifacht, oder
wenn man zwar den Anteil von recycelfähigen Kunststoffen erhöht, diese
aber nach dem Recycling nur noch für Produkte niederer Qualität geeignet
sind? Man könne nicht jedes Kunststoffprodukt in Parkbänke, Blumentöpfe
oder Schallschutzwände verwandeln oder gar zur Energieerzeugung verbrennen, sagt Braungart. Ökoeffektive Produkte hingegen würden nur aus solchen Kunststoffen bestehen, die sich ohne Qualitätsverlust wiederverwenden lassen, oder ihre Abfallstoffe würden für neue Produkte eingesetzt – so
könnten Stickoxide aus Autoabgasen etwa in Dünger verwandelt werden.

Das T-Shirt auf dem Kompost

Dass Cradle to Cradle – auch C2C abgekürzt – kein Hirngespinst ist, beweisen rund 600 Produkte, die Braungart und seine Mitarbeiter inzwischen für und mit Firmen aus aller Welt entwickelt haben, darunter Airbus, BASF, Volkswagen oder Nike: Für Nike hat er komplett recycelbare Schuhe entworfen, für Trigema ein kompostierbares T-Shirt. Vom Nähgarn bis zu den Farben werden hier nur noch biologisch abbaubare Materialien verwendet. Das T-Shirt kann einfach auf dem Kompost entsorgt werden. Pilze und Bakterien bauen die Fasern innerhalb eines halben Jahres rückstandsfrei ab. Besonders viel erreichen lässt sich auch bei Verpackungen: Hier sind biologisch abbaubare Materialien besonders sinnvoll, denn es gibt keinen Grund, warum Shampooflaschen, Zahnpastatuben oder Joghurtbecher ihre Inhalte um Jahrzehnte überleben müssen.

Wie aber sollen komplexe Produkte wie Autos oder Fernseher recycelt werden? Braungart hat auch hierfür eine Patentlösung parat: »Wir müssen alles noch einmal neu erfinden – ausgehend von der Frage: Was will der Kunde? Der möchte eben nicht die Verantwortung für einen Fernseher mit über 4.000 giftigen Chemikalien übernehmen, sondern er möchte einen Film sehen. Und er will eigentlich kein Auto besitzen, sondern mobil sein. In solchen Fällen bietet es sich an, die Nutzung und nicht das Produkt zu verkaufen. Eine Art Ökoleasing also.« Was der Ökorevolutionär damit meint, ist, dass Fernseher oder Fahrzeug im Besitz des Herstellers bleiben und der Kunde eine Dienstleistung kauft: also etwa fünf Jahre fernsehen, drei Jahre Computer nutzen oder 100.000 Kilometer fahren. Danach nimmt der Hersteller die Produkte wieder zurück.

Das hätte enorme Auswirkungen auf die verwendeten Materialien, ist Braungart überzeugt: »Die Unternehmen würden dann nicht mehr das Billigste verbauen, sondern das Beste – das, was am besten wiederverwendbar ist. Zum Beispiel konstruieren wir mit einem Fahrzeughersteller eine Autokarosserie, deren Teile nicht geschweißt, sondern verklebt werden. Nach Gebrauch wird die Karosserie einfach in ein Tauchbad getan, wo Bakterien den Kleber zersetzen. Die einzelnen Teile können anschließend erneut verwendet werden.« Besonderes Aufsehen erregte Braungart darüber hinaus mit der Konstruktion kompostierbarer Sitzbezüge für den Airbus A380. »Solche Produkte müssen nicht einmal besonders teuer sein. Airbus hat damit sogar 20 Prozent Kosten einsparen können, weil die Entsorgung der alten Sitzbezüge als Sondermüll wegfiel.«

Eine Nation von der Wiege zur Wiege

Das C2C-Konzept gewinnt weltweit immer mehr Fans. So werben in Amerika Cameron Diaz, Brad Pitt und Susan Sarandon dafür. Steven Spielberg war so begeistert, dass er Millionen Dollar spendete und einen Dokumentarfilm über Braungart drehen will. In China und Indien wurde eine Eiscremeverpackung auf den Markt gebracht, die im gefrorenen Zustand eine Folie ist, bei Raumtemperatur aber flüssig wird. Weil sie zudem Samen von seltenen Pflanzen enthält, trägt die Folie sogar zur Artenvielfalt bei, wenn man sie wegwirft. Die Niederlande wiederum sind inzwischen so von Braungarts Ideen überzeugt, dass sie »auf dem besten Weg sind, eine C2C-Nation zu werden – von der Kindertagesstätte bis zum Königshaus«, sagt Braungart. »Wir arbeiten dort mit Hoch- und Tiefbaufirmen und Elektronikherstellern an neuen C2C-Ideen.«

Nur Deutschland steht dem Propheten im eigenen Land noch eher skeptisch gegenüber. »Viele Deutsche romantisieren die Natur zu sehr und empfinden technische oder chemische Innovationen schnell als Bedrohung«, meint Braungart. Doch die Kritik ist durchaus auch inhaltlicher Art. So nimmt Friedrich Schmidt-Bleek, der langjährige Leiter des Wuppertal-Instituts für Klima, Umwelt, Energie und jetzige Präsident des Faktor-10-Instituts in Frankreich, die kompostierbaren Sitzbezüge aufs Korn: »Ich kann mich auf Michaels Sitzbezügen sehr wohlfühlen. Allerdings warte ich immer noch auf detaillierte Vorschläge, wie man die anderen 99,99 Prozent des Airbus A380 nach seinen Prinzipien gestalten kann.« Eine vollkommen geschlossene Kreislaufwirtschaft für alle Produkte, die der Mensch nutzt, hält Schmidt-Bleek für »völlig ausgeschlossen«.

Eines ist jedoch sicher: Je mehr C2C-Produkte es in Zukunft geben wird, desto besser für die Umwelt. Ökoeffektivität und Ökoeffizienz sollten im Jahr 2050 allerdings nicht als Gegenpole gesehen werden. Oft kommt man schneller und kostengünstiger ans Ziel, wenn man beides tut: Energie und Ressourcen sparen und Schadstoffe vermeiden – und darüber hinaus, wo immer möglich, Produkte für eine intelligente C2C-Kreislaufwirtschaft entwickeln. Das Umdenken hat bereits eingesetzt: Schon heute werden viele Produkte nicht mehr nur nach Preis, Leistung und Qualität beurteilt. Inzwischen ist eine ganzheitliche Betrachtung, eine Ökobilanz, häufig Voraussetzung, um überhaupt an einer öffentlichen Ausschreibung teilnehmen zu können, etwa wenn Verkehrsbetriebe neue Züge ordern. Dabei wird die ökologische Verträglichkeit aller Schritte des Produktlebenszyklus – von der Gewinnung und

Verarbeitung der Rohstoffe über Transport und Nutzung bis zur Entsorgung – erfasst und bewertet (siehe S. 85). Dabei ergibt sich oft, dass Ökologie und Ökonomie keine Widersprüche sind: So rechnet sich ein zehn Prozent höherer Kaufpreis bei einer Lok bereits, wenn sie nur zwei Prozent besser im Energieverbrauch ist. Ähnliches gilt für Strom sparende Haushaltsgeräte und ähnliche Produkte. Der Kauf solcher Geräte ist eine echte Win-win-Situation: Die Umwelt profitiert davon ebenso wie der Geldbeutel des Käufers.

Wie im Büro nebenan – doch Tausende Kilometer entfernt

Ökologisches Denken und intelligente Konzepte wie C2C werden künftig zusammen mit dem massiven Einsatz von Simulations- und Automatisierungstechniken die Wettbewerbsfähigkeit von Industrienationen prägen. Denn nur so lassen sich auch weiterhin Fabriken in Ländern mit hohen Arbeitskosten errichten – der Arbeitslohn macht dann nämlich nur einen geringen Teil des Werts einer Ware aus. Zugleich wird aber die Digitalisierung aller

Rund um die Uhr, rund um die Welt: Im Firmennetz der Zukunft weiß jeder sofort, wenn etwas am Produktdesign geändert wurde – egal, wo auf der Welt dies gerade geschah.

Produktionsprozesse zu einer weiteren Verstärkung der Globalisierung führen – und zu einer »Rund-um-die-Uhr-Fertigung«. Heute schon binden einige weltweit tätige Firmen Standorte auf verschiedenen Kontinenten über einen ständigen Datenaustausch derart zusammen, als ob die beteiligten Experten im Büro nebenan säßen. Bei der Entwicklung von Software ist so etwas besonders leicht durchzuführen – hier arbeiten Hunderte von Programmierern in den USA, Europa und Indien gemeinsam an großen Softwarepaketen, egal ob sie nun für medizinische Bildverarbeitungssysteme oder neue Mobilfunktechniken gedacht sind.

Doch inzwischen nutzen auch Fabriken »dynamische 3-D-Daten«, die in Echtzeit zeigen, wenn ein Designer, Fertigungsspezialist oder Zulieferer ein Detail modifiziert hat, egal, wo dieser auf der Welt gerade arbeitet. In der Vergangenheit wurden oft Konstruktionszeichnungen per Kurier hin- und hergeschickt und mit handgeschriebenen Kommentaren versehen, oder sie wurden eingescannt und elektronisch versandt. In Zukunft werden sich Ingenieure immer öfter in Videokonferenzen mit Virtual-Reality-Techniken zusammenschließen. So können die Entwickler gleichzeitig dasselbe 3-D-Modell eines Fahrzeugs oder einer Turbine betrachten und verändern, und die Monteure erkennen schnell, ob sich Bauteile problemlos zusammenfügen lassen. Was heute erst in wenigen Branchen, etwa bei Automobil-, Flugzeug- oder Kraftwerksherstellern, eingesetzt wird, wird in den nächsten Jahrzehnten in der gesamten Industrielandschaft absolut üblich sein.

Jamsession der Produktentwickler

Die globale Vernetzung wird auch ganz neue Methoden der Produktentwicklung mit sich bringen, beispielsweise das »Crowd-Sourcing«, bei dem die Konsumenten via Internet direkt nach ihren Wünschen und Verbesserungsvorschlägen gefragt werden. Erste Ansätze dazu gibt es bereits: So gingen über die Webcommunity mehr als 170.000 Entwürfe für das Design des neuen Fiat 500 ein. Auch innovative LED-Lichtlösungen von Osram entstanden so oder T-Shirts der US-Firma Threadless: Dies ist das erste Unternehmen, das alle Produkte direkt aus den Anregungen der Kunden entwickelt. Rund 1.000 Ideen reichen T-Shirt-Begeisterte jede Woche ein – wenn ein Entwurf gedruckt wird, erhält der Kreative 2.000 Dollar und den Ruhm in einer der angesehensten Grafikdesignergemeinschaften weltweit. In Zukunft werden noch viel mehr Firmen auf die interaktiven Elemente im Web 2.0 setzen. Ziel ist es immer, schneller und kostengünstiger zu neuen Produkten zu kommen, die zudem die Kundenerwartungen besser treffen – ob es nun ums Design einer Handtasche oder eines Staubsaugers geht oder um das Cockpit der nächsten Autogeneration.

Auch im Kernbereich von Firmen, in der Forschung und Entwicklung, ist die Zeit der geschlossenen Labortüren und genialen einsamen Denker vorbei – »Open Innovation« heißt das Motto. Zur Zusammenarbeit mit Universitäten und Forschungsinstituten kommen auch immer mehr Kooperationen von Firmen untereinander hinzu sowie moderierte Diskussionsrunden im Internet, an denen Tausende von Experten teilnehmen. In Anlehnung an die kreativen Jamsessions des Jazz oder Blues mit ihren freien Interpretationen hat die Firma IBM diese mehrtägigen Innovationssitzungen Innovation-Jams genannt. Am bislang größten nahmen über 150.000 Personen in 104 Ländern und von 67 Firmen teil. Als Ergebnis berichtet IBM, dass zehn vielversprechende neue Geschäftsideen entstanden sind, die das Unternehmen mit einem Startkapital von insgesamt 100 Millionen Dollar ausstattete.

Open Innovation geht sogar schon so weit, dass Unternehmen externe Dienstleister einschalten, die ihre globalen Netzwerke auf ein Forschungsproblem ansetzen. Als Lohn winken hohe Geldsummen von bis zu einer Million Dollar. Eine der bekanntesten Plattformen ist der Internet-Innovationsmarktplatz »InnoCentive Challenge«, der auf über 200.000 Experten rund um den Globus zurückgreifen kann – von Chemie und Physik bis Biowissenschaften, Materialforschung, Software und Landwirtschaft. Solche virtuellen, die Erde umspannenden Netzwerke von Erfindern und Problemlösern werden im Jahr 2050 zum Alltag gehören.

Die Wissensarbeiter in der Welt von morgen

Doch was bedeutet all dies für die Arbeitsplätze der Zukunft? Sicher ist, dass in vielen Fertigungsstätten rund um den Globus auch morgen noch von Hand gearbeitet werden wird, sei es bei der Montage von Fahrzeugen oder Hausgeräten oder in der Näherei einer Textilfirma. Allerdings werden zugleich immer mehr Arbeitsprozesse von Automatisierungssystemen und Robotern übernommen – vor allem, wenn die Abläufe gut standardisierbar sind. Doch selbst wenn die Fabriken in den Industriestaaten von morgen fast menschenleer scheinen, wird es nach wie vor Personen im Hintergrund geben, die die Vorgänge überwachen und einspringen, wenn etwas schiefläuft. »Die Domäne für menschliche Arbeit ist immer weniger die Fertigung an sich, sondern die Übernahme von steuernden oder überwachenden Aufgaben wie der Qualitätssicherung«, sagt der Industrie- und Techniksoziologe Günter Voß von der Technischen Universität Chemnitz. Nicht zu vergessen all die Felder, die viel Kreativität und soziale Interaktion erfordern: Forschung und Entwicklung, Produktdesign, Strategie und Organisation, Einkauf und Marketing, Beratung, Vertrieb und Wartung – für all dies werden nach wie vor viele Mitarbeiter gebraucht werden.

Für geringer qualifizierte Personen sind dies allerdings schlechte Nachrichten. Ohne eine gewisse Basis hilft oft nicht einmal die Weiterbildung. »Humankapital ist nicht beliebig formbar, denn es ist an konkrete Menschen mit ihren Fähigkeiten und ihrem Lebensweg gebunden«, sagt Voß. »Entscheidend ist es, frühzeitig und in ausreichendem Maß Arbeitskräfte mit breiter Qualifizierung auszubilden.« Wissen und Know-how sind heute die Treiber des Fortschritts. Während vor 100 Jahren in den Industrieländern rund 80 Prozent der Beschäftigten auf Äckern oder in Fabriken schufteten und es vor 50 Jahren immer noch über 50 Prozent waren, ist es heute genau umgekehrt: Ganze 20 Prozent machen noch klassische Arbeiterjobs, 40 Prozent sind in Büros, im Handel und mit anderen Dienstleistungen – vom Bäcker bis zum Klempner – beschäftigt, und die restlichen 40 Prozent können als »Wissensarbeiter« bezeichnet werden: Sie arbeiten in Forschung und Entwicklung, im Management, in der Beratung sowie an Schulen, Universitäten oder in Medienunternehmen. Doch kaum ein Beruf kommt ohne Hightech aus: Auch ein Automechaniker muss heute mit elektronischen Testgeräten, Computerprogrammen und komplexen Betriebsanleitungen umgehen können.

Vormittags Vorlesung in München, nachmittags in Boston

Da sich das für die Berufe relevante Wissen extrem schnell wandelt, müssen sich Arbeitnehmer in Zukunft auf lebenslanges Lernen einstellen. An Universitäten und in Weiterbildungseinrichtungen von Firmen werden bereits unterschiedlichste Formen von virtuellen Hochschulen sowie des computer-

Seminar der Zukunft: Ob live vor Ort oder über 3-D-Internet zugeschaltet – der Unterricht von morgen setzt auf multimediales Erleben.

gestützten Lernens getestet. So gab es schon im Jahr 2004 Vorlesungen, die gleichzeitig in Zürich, München, Warschau, Peking und Tokio stattfanden – die Organisatoren nannten dies einen »experimentellen globalen Unterricht«. Dabei projizierte der Professor seine englischsprachige Präsentation über Videokonferenzleitungen in den jeweiligen Hörsälen an die Leinwand, und die Studenten konnten jederzeit Rückfragen stellen. Sie mussten dazu nicht einmal im Hörsaal anwesend sein. Es genügte, eine Internetseite anzuklicken, um die Vorlesung live zu erleben. Wer sie verpasst hatte, konnte sich auch einfach ein Video mitsamt Übungsaufgaben herunterladen.

Solche globalen Internetvorlesungen sind ein Vorgeschmack, wie Studenten künftig lernen werden: interaktiv, multimedial, unabhängig von Ort und Zeit, in einer Mischung aus Präsenzveranstaltung und elektronischem Lernen. Die klassische Vorlesung wird nicht verschwinden, weil der persönliche Austausch unter den Studierenden und die Betreuung durch Tutoren extrem wichtig sind, aber sie wird multimedial ergänzt werden – gerade auch im Hinblick auf die spätere Arbeit in weltweiten Teams. Warum sollte ein Student aus München künftig nicht am Vormittag eine Veranstaltung an seiner Uni besuchen, am Nachmittag an einer Internetvorlesung eines Nobelpreisträgers am Massachusetts Institute of Technology in Boston teilnehmen und sich am späten Abend noch mit Studienkollegen in Kalifornien und Japan zusammentun, um eine gemeinsame Forschungsarbeit voranzubringen: in einem virtuellen Raum mit Videoverbindung und Dokumentensharing?

In der globalisierten Welt des Jahres 2050 werden sich nicht nur die Firmen, sondern auch die Ausbildungseinrichtungen im ständigen Wettbewerb befinden. Universitäten werden neue Formen der Kooperation entwickeln und ihre Lerninhalte weltweit anbieten. Bildung und die Vermittlung von Wissen werden zur Handelsware werden. Künftig haben dann vor allem diejenigen Studenten die besten Chancen auf dem Arbeitsmarkt, die neben einem guten Fachwissen auch gelernt haben, weltoffen und marktorientiert zu denken und in internationalen Teams zu arbeiten. Frauen kommt eine solche teamorientierte, vernetzte Arbeitsweise sehr entgegen. Sie werden daher in der Arbeitswelt von morgen vielfältige Betätigungsfelder finden und in deutlich höherem Maße als heute in Führungspositionen aufsteigen – zumal der Trend zu Telearbeit und Büro zu Hause auch Familie und Beruf besser vereinbaren lässt.

In Forschung und Entwicklung werden solche Personen besonders erfolgreich sein, die über den Horizont ihres Fachgebiets hinausblicken, denn viele Innovationen von morgen werden an der Schnittstelle unterschiedlicher

Disziplinen entstehen. Wer beispielsweise ein medizinisches Analyselabor auf einem Mikrochip bauen will, braucht nicht nur eine Menge Know-how in der Mikrotechnik, sondern auch Wissen aus Chemie, Biologie, Physik, Sensortechnik und Datenverarbeitung. Ähnliches gilt für die dezentrale Energieversorgung: Hier muss man Windanlagen und Solarzellen ebenso verstehen wie die Steuer- und Regeltechnik, die Energiespeicher und die Kommunikationssysteme.

Doch es geht beileibe nicht nur um Technik: So beruht der Erfolg von iPod, iPad und iPhone im Kern nicht auf technischen Neuerungen, sondern darauf, dass es Steve Jobs und seinem Team bei Apple gelungen ist, bekannte Lösungen für Mobilfunk- und Computertechnik mit einem klaren und durchgängigen Design, einer einfachen und intuitiven Bedienoberfläche, einer massiven Marketingkampagne und einer großen Fangemeinschaft zu verknüpfen. Nicht zu vergessen auch die Kooperationen mit freien Programmierern, die Hunderttausende von Applikationen – sogenannte Apps – entwickeln, vom Gehirntraining bis zum Navigationssystem oder zu den neuesten Kochrezepten. Und all das hat Apple noch mit den dazu passenden Vertriebs- und Geschäftsideen für Musik, Spiele, Programme und Filme kombiniert. So macht man aus bekannten Dingen etwas ganz Neues: den derzeit angesagtesten Digital Lifestyle für Millionen von Menschen.

Kairo, im März 2050. Das »Center for Living Memory« wird zum ersten Mal für Besucher geöffnet. Am Eingang bekommen sie hauchdünne Datenhandschuhe, 3-D-Brillen, Minikopfhörer und flache Navigationsgeräte in der klassischen iPad-Form. Diese Geräte stehen ständig per Funk mit der Datenbank des Museums und den interaktiven Exponaten in Verbindung – betreten die Gäste beispielsweise die digitale Aura des Ägyptensaals der 19. Dynastie, so sehen sie darin dank der Brillen viele Dinge aus der Zeit um 1290 v. Chr.: Salbengefäße, Skulpturen von Horus und Anubis und kunstvoll gemalte Hieroglyphen an den Wänden. In Wirklichkeit enthält die Grabkammer außer dem Sarkophag und der Mumie der Lieblingsfrau von Ramses II. nur sehr wenige echte Objekte. Doch mit den Datenhandschuhen können die Besucher auch nicht vorhandene Vasen anfassen und in sie hineinsehen. Alles folgt in Echtzeit ihren Bewegungen – und mehr noch: Sie können sogar mit der virtuellen Königin sprechen, die sich aus dem Sarkophag erhebt. »Ich bin Nefertari, die von Göttin Mut geliebte Schönste, Gemahlin des Großen Königs, Prinzessin der zwei Reiche«, sagt sie würdevoll und antwortet geduldig auf Fragen nach dem Leben vor 3.300 Jahren, vom Gottesglauben bis zu den Details, wie ihre Kleidung gewebt wurde. Manchmal lässt sie die Besucher mit ihren Datenhandschuhen sogar die feinen Stoffe berühren ...

3-D-SPIELE UND DAS ECHTE LEBEN

Wer einst aus dem Jahr 2050 auf das erste Jahrzehnt des 21. Jahrhunderts zurückblickt, wird möglicherweise sagen, dass in dieser Zeit gleich zwei Revolutionen begannen: die eine, als die Welt endlich zu begreifen begann, dass sie ihr Energiesystem radikal umbauen muss – und die andere, als die ersten weltweiten sozialen Netzwerke entstanden: nicht auf der Ebene von Staaten oder großen Organisationen, sondern durch Hunderte Millionen Privatpersonen. Ob bei Onlinegemeinschaften wie Facebook, SchülerVZ oder StudiVZ, auf Plattformen zum Austausch von Bild- und Videodateien wie Flickr und Youtube, auf Marktplätzen wie eBay, mit Onlinetagebüchern – ob als Blog oder Twitter-Kurzmitteilung – oder bei Fantasyrollenspielen wie *World of Warcraft*, an denen gleichzeitig Zigtausende von Spielern aus aller Welt teilnehmen.

In solchen sozialen Netzwerken verbringen viele Menschen heute große Teile ihrer Freizeit. Sie engagieren sich kostenlos und mit viel Einsatz, etwa bei den Wiki Communities, wo sie gemeinsam Inhalte ins Internet stellen, um sie anderen Nutzern verfügbar zu machen. Die bekannteste ist das Onlinelexikon Wikipedia, dessen Gründer Jimmy Wales im Jahr 2001 beschloss, nichts weniger als »die Gesamtheit des Wissens unserer Zeit« abzubilden. Inzwischen gibt es Wikipedia in über 260 Sprachen – und mehr als eine Million angemeldete Nutzer arbeiten mit eigenen Inhalten am großen Ziel von Jimmy Wales mit.

All dies entstand innerhalb eines einzigen Jahrzehnts. Facebook zum Beispiel gibt es erst seit 2004 – und sechs Jahre später hat die Plattform schon 500 Millionen Nutzer. Das World Wide Web mit Verlinkungen erfand Tim Berners-Lee am Teilchenbeschleuniger CERN im Jahr des Mauerfalls, 1989. Er wollte Forschungsergebnisse leichter mit Kollegen austauschen können. Sechs Jahre später hatten 40 Millionen Menschen Zugang zum Internet, 2007 waren es 1,2 Milliarden, und in diesem Jahrzehnt dürfte sich diese Zahl nochmals vervierfachen.

Das liegt auch daran, dass bis 2015 rund fünf Milliarden Menschen über ein Mobiltelefon verfügen werden und viele davon – die Smartphones – mit dem Internet verbunden sind. Auch der Siegeszug der Handys begann erst in den 1990er-Jahren. In manchen Gegenden Afrikas und Asiens wurden gleich gar keine Festnetze mehr installiert – hier gilt das Motto »From no phone to mobile phone«. Im Jahr 2000 waren weltweit 720 Millionen Handys in Betrieb – heute gibt es allein in China schon 850 Millionen Mobilfunknutzer und auf der ganzen Welt sind es über fünf Milliarden.

Bei einem derart rasanten Wachstum wären Prognosen über die Computer- und Kommunikationstechnik des Jahres 2050 unseriös – wie auch 1970 niemand voraussagen konnte, was der Stand im Jahr 2010 sein würde. 1970 gab es in ganz Deutschland nur 11.000 klobige und teure Funktelefone, und der Begriff Internet wurde erst 12 Jahre später erfunden. Auch PCs kannte damals niemand. Der Flugcomputer der Apollo 11 kam noch mit einem Arbeitsspeicher von 33 Kilobit aus – heute verfügt jedes gute Notebook über eine Million Mal mehr Arbeitsspeicher.

Häuser, Autos und Kraftwerke sehen, obwohl im Detail natürlich weiterentwickelt, heute noch genauso aus wie 1970, aber die Informations- und Kommunikationstechnik ist eine völlig andere. Das ist nicht überraschend, da ein Haus oder ein Kraftwerk nur alle paar Jahrzehnte neu gebaut wird und auch ein Auto gut zehn Jahre lang gefahren wird. Ein Zeitraum von 40 Jahren entspricht hier also nur ein bis maximal vier Produktgenerationen, während es bei Computern oder Handys mindestens zehn bis 15 Generationen sind. Über so einen langen Zeitraum sind Prognosen unmöglich. Auf eine Menschengeneration von 25 Jahren bezogen wäre das genauso, als wenn jemand im Jahr 1750 Voltaire gebeten hätte, eine Prognose für 2050 abzugeben.

Tausendfach mehr Leistung in 20 Jahren

Dennoch gibt es Leitlinien der Entwicklung, denen man beim Blick in die Zukunft folgen kann. Zum Beispiel dem Mooreschen Gesetz, das Gordon Moore, einer der Gründer der Chipfirma Intel 1965 formulierte. Es besagt, dass sich die Zahl der Transistoren, also der elektronischen Schaltelemente, auf einem fingernagelgroßen Mikrochip alle 18 bis 24 Monate verdoppelt. Dieser Wert ist entscheidend für die Rechenleistung und die Speicherfähigkeit der Chips. Das Mooresche Gesetz hat seit dem ersten Mikroprozessor Gültigkeit, der 1971 als »Intel 4004« auf den Markt kam: Er besaß 2.300 Transistoren. 20 Jahre später hatte der Intel 80486 schon 1,2 Millionen Transistoren, und wieder 20 Jahre später verfügt der IBM-Power7-Prozessor über 1,2 Milliarden Transistoren. Dies entspricht einer Zunahme um das Tausendfache innerhalb von 20 Jahren – ohne dass die Kosten für solche Mikrochips wesentlich angestiegen sind.

Auf dem Weg nach Liliput: Elektronische Bauteile werden kleiner und kleiner – hier ein miniaturisierter Druck- und Temperatursensor im Größenvergleich mit einer Ameise.

Auch bei den magnetischen Festplatten hat sich binnen 20 Jahren die Speicherfähigkeit mehr als vertausendfacht: Konnten sie 1990 bis zu einem Gigabyte speichern, so liegt ihre Kapazität derzeit bei maximal zwei Terabyte. Ein Gigabyte entspricht dem Textinhalt eines großen Schrankes voller Bücher, ein Terabyte dem einer Bibliothek mit einer Million Büchern. Doch so wie die USB-Sticks zunehmend CDs und DVDs als Speichermedium verdrängen, werden selbst die Festplatten künftig nicht mehr mithalten können, wenn Speicherzellen aus Transistoren so klein werden, dass Billionen von ihnen auf einen Chip passen – womöglich noch in der dritten Dimension übereinandergestapelt.

Solche Speicherdichten könnten möglicherweise noch holografische Speicher erreichen, die die Daten mithilfe von Lasern in Kristalle oder Kunststoffe »schreiben«. Pro Kubikzentimeter könnte ein solches Material etwa zwei Terabyte speichern. Zu toppen wäre das dann nur noch von einem Speichermedium, das jedes Lebewesen in seinen Zellen hat: der DNA. In einem Würfel der Kantenlänge von etwas über einem Mikrometer hat das gesamte Erbgut eines Menschen mit drei Milliarden Buchstaben Platz. Das entspricht einer unglaublichen Speicherdichte von 200 Millionen Terabyte pro Kubikzentimeter – doch technisch ist so ein DNA-Speicher kaum realisierbar, weil die Auslesegeschwindigkeit in der Natur sehr niedrig ist: Sie liegt bei nur 10 bis 20 Byte pro Sekunde. USB-Sticks haben millionenfach schnellere Übertragungsraten.

Wenn die Wissenschaftler immer mehr Transistoren auf einen Siliziumchip packen wollen, muss das einzelne Schaltelement immer kleiner werden. Die feinsten Strukturen auf den Chips betragen derzeit rund 50 Nanometer – ein Tausendstel des Durchmessers eines Haars. Ein einzelner Transistor ist damit kleiner als ein Grippevirus, und ein weiteres Schrumpfen der Abmessungen um einen Faktor fünf bis zehn wird bereits in den Labors erprobt. Nach Ansicht der meisten Experten wird Moores Gesetz erst zwischen 2020 und 2030 an eine Grenze stoßen, weil die Schaltelemente dann die Größe weniger Atome erreichen und es auch extrem schwierig wird, die beim Rechnen entstehende Wärme abzuführen. Doch würde dies bereits bedeuten, dass die Leistungsfähigkeit von Computern bis 2030 nochmals um das 500-Fache gegenüber heute zunimmt – und auch dann sind die Forscher mit ihren Ideen noch lange nicht am Ende.

Quantenrechner denken anders

Genau genommen würde nämlich sogar ein einziges Elektron oder Atom ausreichen, um ein Datenelement, ein Bit, zu speichern. Dann gelten allerdings neue Rechenregeln für Computer, denn so winzige Systeme werden von den Gesetzen der Quantenphysik beherrscht. Sie befinden sich nicht mehr in einem eindeutig definierten Zustand, sondern in einer Überlagerung aller möglichen Zustände gleichzeitig. Während ein herkömmlicher Computer mit Bits rechnet, die entweder den Wert 0 oder 1 haben, kann im Quantencomputer ein Bit mit einer gewissen Wahrscheinlichkeit gleichzeitig 0 und 1 sein. Damit kann man dann zwar nicht mehr auf konventionelle Weise rechnen, aber man kann, wenn man es klug anstellt, Tausende oder gar Millionen von Daten gleichzeitig verarbeiten.

Verschlüsselte Codes lassen sich mit einer so massiven parallelen Rechenattacke im Prinzip sehr schnell knacken. Und mehr noch: Wenn die Forscher einen Quantencomputer mit einem System koppeln, das aufgrund von Beispielen lernt, wie bestimmte Dinge aussehen – ein sogenanntes neuronales Netz –, dann haben sie eine extrem effiziente Methode der Mustererkennung: Damit lassen sich gekritzelte Adressen auf Briefen ebenso entziffern wie Gesichter erkennen oder Computerviren entlarven, indem die Inhalte einer verdächtigen Datei mit den Zeichenfolgen unzähliger bekannter Schädlinge verglichen werden. Zwar gibt es solche leistungsstarken Quantencomputer noch nicht, aber Wissenschaftler in aller Welt arbeiten fieberhaft daran, sie zu realisieren.

Kinofilme aus dem Mobilfunknetz

Auch bei der Datenkommunikation sind Steigerungsraten um das Tausendfache in ein, zwei Jahrzehnten nicht außergewöhnlich. Waren Kunden vor zehn Jahren froh, wenn sie ein ISDN-Modem mit einer Datenrate von 64 Kilobit pro Sekunde besaßen, so muss es heute schon ADSL oder VDSL sein – damit lassen sich in derselben Zeit 100- bis 1.000-mal mehr Daten aus dem Internet herunterladen. In Japan gibt es bereits Firmen, die Glasfaseranschlüsse bis in die Haushalte anbieten, über die maximal ein Gigabit pro Sekunde übertragen werden kann. Das ist dann fast 16.000-mal so schnell wie mit ISDN. Zudem soll das sogenannte Backbone, das ist das Rückgrat der Verbindungen zwischen großen Servern, auf 100 Gigabit pro Sekunde aufgerüstet werden – und auch Versuche mit 1.000 Gigabit pro Sekunde laufen bereits.

Notwendig wird all dies, weil beispielsweise für Videos große Datenmengen übermittelt werden müssen. Auch das gemeinsame zeitgleiche Arbeiten an 3-D-Simulationen von Produkten, das derzeit in der Industrie vorangetrieben wird, verlangt eine hohe Datenrate. So reichen für gutes Radiohören übers Internet noch wenige Hundert Kilobit pro Sekunde, ein Video in DVD-Qualität ansehen zu können erfordert schon ein paar Megabit pro Sekunde, und für eine Videokonferenz mit wirklichkeitsnaher Darstellung der Teilnehmer sowie hochauflösenden 3-D-Produktdaten und ihrer Bearbeitung in Echtzeit wären etliche Gigabit pro Sekunde wünschenswert.

In Zukunft wird dies sogar per Mobilfunk möglich sein, denn auch hier steigen die Datenraten in einem Jahrzehnt gut und gern um das Hundertfache. Konnten die Nutzer der ersten GSM-Mobilfunkgeräte aus den 1990er-

Jahren mit ihren 9,6 Kilobit pro Sekunde im Wesentlichen nur telefonieren und SMS-Kurznachrichten verschicken, so erlauben die vor einigen Jahren eingeführten Übertragungsstandards GPRS und EDGE mit 100 bis 300 Kilobit pro Sekunde das Surfen im Internet und die Übermittlung kleiner Videodateien. Wesentlich komfortabler geht das bei den UMTS-Netzen mit Highspeederweiterung (HSDPA): Damit lassen sich Daten mit 3,6 bis 7,2 Megabit pro Sekunde herunterladen, mitunter sogar noch viermal schneller. Bis 2012 sollen weltweit rund eine Milliarde Kunden solche Datenraten nutzen können.

Und auch das ist noch nicht das Ende der Fahnenstange: In WLAN-Funknetzen liegen die Datenraten bereits bei 54 Megabit pro Sekunde und sollen demnächst noch sechs- bis zehnmal schneller werden. Allerdings muss sich der Empfänger hier meist im Umkreis von maximal hundert Metern um den Sender befinden, während eine Funkzelle im klassischen Mobilfunknetz eine Reichweite von einigen Kilometern hat. Beim UMTS-Mobilfunknachfolger LTE, der derzeit aufgebaut wird, werden die Funkzellen aber wohl kleiner als einen Kilometer sein – dementsprechend viele Sendeanlagen sind dafür dann nötig. Mit LTE lassen sich künftig Datenraten von 100 bis 300 Megabit pro Sekunde erreichen. Und in den Labors wurden auch schon Signale mit einem Gigabit pro Sekunde übertragen. Das bedeutet, dass sich ein Filmfreak etwa ab Mitte der 2020er-Jahre ohne Weiteres 3-D-Filme in Echtzeit und kinotauglicher Auflösung aus dem Internet aufs Mobilgerät herunterladen kann, während er an irgendeinem Strand sitzt – fragt sich nur, auf welchem Display er sie dann betrachten will.

Avatare gehen einkaufen – im virtuellen Kaufhaus

Zwar werden hochauflösende, große, flache und auch biegsame Displays in den Gebäuden, Fahrzeugen und Städten der Zukunft allgegenwärtig sein, doch für Mobilgeräte ist ein großer Bildschirm unhandlich, es sei denn, er ist ausklappbar oder zum Ausrollen (siehe S. 204). Leichter zu realisieren sind Handys mit integrierten LED- oder Laserprojektoren, mit denen man Bilder an eine beliebige Wand werfen kann – erste Geräte dieser Art gibt es bereits.

Eine weitere Möglichkeit für den Internetsurfer am Strand ist eine Brille mit zwei kleinen Projektoren, die ihr Bild jeweils punktgenau direkt in die Augen projizieren. Der Betrachter sieht dann ein dreidimensionales Objekt unmittelbar vor sich schweben. Mit einem geeigneten Computerhandschuh kann er danach greifen, es bewegen und drehen. Über winzige Druckstempel oder gezielte Vibrationen im Handschuh kann er sogar eine Rückmeldung über die Konsistenz des Gegenstands erhalten.

Das eröffnet zum Beispiel die Chance, im virtuellen 3-D-Internetkaufhaus der Zukunft shoppen zu gehen, ohne den Strand zu verlassen. Der Urlauber könnte dann das gewünschte Roboterplüschtier nicht nur von allen Seiten betrachten, sondern sogar spüren, wie es sich anfühlt. Und das Beste für die anderen Strandbesucher wäre, dass dank der Brille niemand gestört würde – ein externer Beobachter sähe nur einen Mann mit Brille und Handschuh vor sich, der scheinbar unmotiviert in der Luft herumtastet. Man sieht: Das Leben in der Zukunft verspricht amüsant zu werden ... zumal der Kaufhausbesucher nicht nur durch ein virtuelles Einkaufszentrum schlendern müsste. Auch reale Kaufhäuser, sofern es sie dann noch gibt, könnten via Roboter einen Fernbesuch anbieten. Der Einkaufswillige würde dann übers Internet einen realen Roboter mieten und dessen Kameraaugen, Arme, Hände und Beine benutzen, um durch das Gebäude zu gehen und die Waren zu begutachten – ein Avatar aus Blech sozusagen.

Apropos Avatar: Spätestens, als James Camerons Film *Avatar* im Jahr 2010 zum finanziell erfolgreichsten Kinofilm aller Zeiten wurde, dürfte dem 3-D-Kino der Durchbruch geglückt sein. Kein Wunder, dass auch die TV-Hersteller nun den richtigen Zeitpunkt für die Einführung des 3-D-Fernsehens gekommen sehen. Technisch ist das gar nicht schwierig. Man muss die Szenen nur aufnehmen, wie sie der Mensch sieht: Das heißt mit zwei Kameras, die denselben Abstand wie unsere beiden Augen haben und bei denen daher die linke Kamera einen Gegenstand aus einem geringfügig anderen Winkel aufnimmt als die rechte. Das Fernsehbild wird dann auch doppelt ausgestrahlt und man muss nur dafür sorgen, dass das linke Auge des Betrachters ausschließlich das von der linken Kamera aufgenommene Bild sieht – und das rechte das andere.

Das geht entweder wie im Kino mit Polarisationsbrillen, die eine bestimmte Schwingungsrichtung des Lichts durchlassen und eine andere sperren, oder mit elektronischen Shutterbrillen, die für Millisekunden das Glas vor dem rechten oder linken Auge schließen. Synchron dazu zeigt der Fernseher versetzt aufgenommene Bilder für das jeweils offene Auge. Der Wechsel geht so schnell, dass die Bilder für das Gehirn gleichzeitig erscheinen, wodurch der 3-D-Effekt zustande kommt.

3-D-Fernsehen ohne Brillen

Das Fraunhofer Heinrich-Hertz-Institut in Berlin hat sogar eine Lösung entwickelt, bei der die Betrachter überhaupt keine Brillen tragen müssen: autostereoskopische Displays. Hier ist vor dem Bildschirm eine Platte aus stabförmigen Linsen oder Prismen montiert. Diese lenken das Licht jeweils einer Spalte mit Bildpunkten zum einen und das der danebenliegenden Spalte zum anderen Auge des Betrachters. Mit einer möglichst engen Packung von Linsenrastern lässt sich das sogar so konstruieren, dass mehrere Personen gleichzeitig einen 3-D-Eindruck bekommen. »Allerdings braucht man dann nicht nur zwei, sondern mindestens zehn, bei großen Displays noch besser 30 bis 50 verschiedene Ansichten einer Szene, womit natürlich auch die erforderliche Datenübertragungsrate steigt«, erläutert Thomas Wiegand, Leiter der Abteilung für Bildverarbeitung am Heinrich-Hertz-Institut.

Eingesetzt werden Geräte mit einfachen autostereoskopischen Displays bereits für die Medizintechnik oder in der Industrie, wenn es darum geht, Bilder aus dem Körperinnern oder neue Produkte in 3-D zu betrachten. Dafür hat das Berliner Institut sogar eine Software zur Steuerung durch Gesten entwickelt: Zwei Infrarotkameras auf dem Display erfassen die Handgesten des Beobachters in Echtzeit. Die Software interpretiert sie und übersetzt die Gesten in Computerbefehle, etwa um die Objekte zu drehen oder zu kippen. Welche Technik auch immer sich durchsetzen wird, Thomas Wiegand ist von einem fest überzeugt: »In 20 Jahren werden wir auf zweidimensionales Fernsehen so zurückblicken, wie wir heute Schwarz-Weiß-Filme betrachten.«

Ein Hindernis auf diesem Weg könnte allerdings noch sein, dass sich 3-D-Filme gar nicht für alle Themen eignen – ein Blockbuster wie *Avatar* wurde viele Jahre lang auf die perfekte räumliche Wirkung hin konzipiert, doch einen solchen Aufwand können sich die wenigsten Filme leisten, von Talkshows oder Daily Soaps ganz zu schweigen. Die Fachleute sehen daher die größte Attraktivität bei Sportereignissen, denn ein spannendes Fußballspiel in 3-D ist schon ein besonderes Erlebnis. Natürlich wartet auch die Erotikbranche gespannt auf 3-D-Fernsehen als neuen Höhepunkt, denn deren Inhalte waren schon immer unter den ersten, die den Weg in neue Medien fanden, ob bei Fotografie, Film, Video oder Internet. Und schließlich halten die Experten vor allem auch die Entwicklung von 3-D-Spielen für eine sogenannte »Killerapplikation« – denn in der Spieleindustrie gilt das Motto: Je realistischer die Fantasywelten sind und je tiefer die Spieler in sie eintauchen können, desto höher ist der Markterfolg eines Spiels.

Mit dem magischen Teppich in die Fantasywelt

Mit den Wii-Fernbedienungen, die dank eingebauter Beschleunigungs-sensoren direkt auf Armbewegungen reagieren, sowie mit dem Balance-Board, auf das sich die Spieler stellen und durch Körperverlagerungen Signa-le an die Spielekonsole senden, ist der japanischen Firma Nintendo bereits ein großer Schritt in Richtung besserer Interaktionen gelungen. Doch das wird durch die 3-D-Virtual-Reality-Erfahrungen der Zukunft noch bei Wei-tem übertroffen werden. Einen Vorgeschmack davon können Besucher des Cyberneums erleben, einer Einrichtung des Max-Planck-Instituts für biologi-sche Kybernetik in Tübingen.

Hier steht seit 2008 »das weltweit erste Laufband für virtuelle Welten, das freie Bewegungen in alle Richtungen erlaubt«, wie Abteilungsdirektor Heinrich Bülthoff erklärt. Seine Versuchspersonen gehen dabei auf einer Art rauem Teppich aus Fließbändern, die so intelligent gesteuert werden, dass sich die Menschen immer etwa in der Mitte einer vier mal vier Meter großen Fläche befinden. Marschieren sie nach vorn, treibt sie das Band wieder zu-rück, wenden sie sich nach links, läuft es nach rechts und drehen sie sich um, wechselt es die Fließrichtung.

Mit einem Videohelm auf dem Kopf können die Wanderer beispielsweise ein Pompeji durchstreifen, wie es vor dem Vulkanausbruch im Jahr 79 n. Chr. ausgesehen haben mag, mit weiß verputzten Häusern, roten Ziegeldächern, Tempeln, Theatern und Thermen, Wandmalereien und Statuen. Dabei geht es den Max-Planck-Forschern natürlich nicht darum, ein neues Freizeitvergnügen zu entwickeln. »Wir erforschen hier das Zusammenspiel von Wahrnehmung

Besuch im virtuellen Pompeji: Im Cyberneum in Tübingen kann man durch virtuelle Welten streifen, als wäre man vor Ort – dank eines Video-helms und einer intelligenten Laufbandsteuerung.

und Bewegung«, erklärt Heinrich Bülthoff. »Was leisten unsere Sinne, wie wirken sie zusammen, welche Reize nutzt das Gehirn und wie trifft es Entscheidungen?«

Auf simpleren Fließbändern dieser Art könnten in Zukunft aber auch Spieler in ihrem Wohnzimmer Fantasywelten wie *World of Warcraft* erkunden. Ausgerüstet mit einer Datenbrille und einer Fernbedienung mit Bewegungssensoren, die als Schwert oder Zauberstab wirkt, könnten sie die Ritter, Elfen, Hexen oder Magier sein, die sie schon immer sein wollten.

Die Mitspieler, mit denen sie dort Abenteuer erleben, sind dann in Wirklichkeit Menschen wie sie, die irgendwo auf der Welt ebenfalls gerade auf ihrem magischen Teppich stehen und übers Internet und schnelle Datenleitungen mit ihnen verbunden sind – möglicherweise befinden sie sich sogar in einer kleinen Kabine, die Wind und Vibrationen sowie realitätsnahe Geräusche und Düfte erzeugt.

Für die Spieler wäre so etwas sicher die ultimative Erfahrung. Was allerdings Psychologen davon halten werden, steht auf einem anderen Blatt. Denn schon heute geht manchen das Eintauchen in die Fantasy-Welten zu weit. Zwar fordert so ein Spiel weit mehr intellektuelle Fähigkeiten von den Spielern, als wenn sie nur vor der Glotze sitzen würden: Es verlangt Einfühlungsvermögen, Reaktionsschnelligkeit, strategisches Denken und Teamarbeit und es stärkt das Selbstvertrauen, wenn Aufgaben erfolgreich erfüllt werden. Andererseits entstehen aber auch emotionale Bindungen an eine irreale Spielewelt. Ist man einmal tief eingestiegen, kann man kaum wieder aufhören – rund zwölf Millionen Spieler, die zurzeit weltweit *World of Warcraft* abonniert haben, sprechen eine deutliche Sprache.

Der soziale Druck, im Team eine Aufgabe zu lösen, kann dabei so weit gehen, dass das Spiel den ganzen Tagesablauf bestimmt, weil alle Teammitglieder zur selben Zeit spielen müssen. Wenn dann Arbeit, Schule und die echten Freunde vernachlässigt werden, siegt die virtuelle Welt über die reale. So hat eine Studie ergeben, dass 15-jährige Jugendliche, die *World of Warcraft* spielen, im Durchschnitt fast vier Stunden pro Tag am Computer sitzen.

Insgesamt, so die Untersuchung des Kriminologischen Forschungsinstituts Niedersachsen aus dem Jahr 2008, seien unter allen deutschen Neuntklässlern bereits über 14.000 Jugendliche Computerspielsüchtig und weitere 23.000 gefährdet. Wohin wird das führen?, fragen sich Forscher und Eltern, wenn künftig das Eintauchen in die virtuellen Welten noch viel perfekter sein wird als heute schon?

Gedanken steuern den Flipperautomaten

Manche Wissenschaftler wie der US-Forscher Ray Kurzweil oder der Astrophysiker Stephen Hawking machen hier aber noch lange nicht Halt und spekulieren über Hochleistungscomputer – im Mikro- oder sogar Nano-maßstab –, die künftig direkt mit dem Gehirn verbunden sein könnten. Sie würden dessen Erfahrungshorizont deutlich erweitern und wären über Mo-bilkommunikation auch mit den Gehirnen anderer Menschen und einer Art Weltcomputer vernetzt. In so einer Zukunft wäre die Unterscheidung zwischen virtueller und realer Welt völlig aufgehoben – zu Ende gedacht könnte sich der menschliche Geist ganz vom Körper lösen und im »Weltgeist« aufgehen.

Für die meisten Menschen klingt so etwas, als ob der Film *Matrix* plötz-lich Realität würde. Doch dass Nervenzellen auf einem Siliziumchip platziert werden können und mit diesem kommunizieren, haben Forscher um Peter Fromherz vom Max-Planck-Institut für Biochemie in Martinsried bei München schon in den 1990er-Jahren gezeigt. Der Chip kann die Zellen über elektrische Impulse stimulieren. Sie leiten die Signale über ihre biologischen Kontakt-stellen, die Synapsen, an andere Nervenzellen weiter. Deren Aktivität führt wiederum zu einer Spannungsänderung an dem jeweils darunterliegenden Transistor, der das Signal weiterverarbeitet. Nervenzelle und Chip kommu-nizieren also miteinander, und zwar ohne dass einer von ihnen Schaden nimmt.

Dies dient natürlich der Grundlagenforschung. Ans Einpflanzen von Si-liziumchips ins Gehirn denkt zurzeit kein seriöser Wissenschaftler. Doch die-ser extreme Schritt ist vielleicht auch gar nicht nötig, denn für Menschen im Wachkoma oder Querschnittsgelähmte wäre schon jede Erfindung ein großer Fortschritt, die es ihnen ermöglicht, nur durch die Kraft ihrer Gedanken Akti-onen bewirken zu können. Klaus-Robert Müller, Professor an der Technischen Universität Berlin, nutzt dafür eine Haube mit an der Kopfhaut angebrachten Elektroden, die eine grobe Darstellung der elektrischen Hirnaktivität ermög-lichen. Damit lässt sich eine Gedankensteuerung realisieren, die so schnell ist, dass man sogar einen Flipperautomaten bedienen kann.

Die Testperson sitzt bewegungslos vor dem Automaten und bedient dessen Schläger allein dadurch, dass sie sich die Bewegung nur vorstellt, aber nicht ausführt. Mit ein wenig Übung, so der Forscher, könne das jeder binnen 30 Minuten erlernen. Der Computer, der in dieser Zeit trainiert wird und das Hirnstrombild auswertet, kann danach zuverlässig erkennen, ob der Flipperspieler gerade daran denkt, die Kugel mit dem linken oder dem rechten Schläger nach oben zu schießen. Die erreichbaren Reaktionszeiten liegen deutlich unter einer Sekunde. Komplexere Gedanken zu lesen ist natürlich nicht möglich, aber ein weiterentwickeltes derartiges System könnte es zum Beispiel gelähmten Menschen erlauben, Rollstühle oder Autos durch Gedanken zu steuern oder allein durch Denken Texte am Computer zu schreiben.

Unsichtbare Graffiti und virtuelle Pharaonen

Geräte steuern mit Gedanken und virtuelle Welten erkunden – das klingt, als ob in Zukunft eine fürs Auge unsichtbare Parallelwelt entstünde. Und genau das ist auch der Fall. So entwickeln Forscher der Johannes-Kepler-Universität in Linz derzeit ein neues Informationssystem, das mit unsichtbaren Etiketten arbeitet. Sie nennen es Digital Graffiti. Künftig sollen alle 10.000 Studenten und 2.000 Mitarbeiter der Universität das System einsetzen können. Die Idee dahinter ist einfach: Über ihr Handy können die Nutzer Botschaften virtuell an beliebigen Stellen hinterlegen – für definierte Empfänger oder auch für jedermann. Wenn sich der Adressat diesen Stellen nähert, bekommt er die Daten vom Server, wo sie gespeichert sind, auf sein Handy geliefert. Das Graffito wird für ihn sozusagen sichtbar.

Hinterlegt werden können Nachrichten aller Art – etwa, in welchem Hörsaal die Vorlesung stattfindet, oder Beschreibungen einer Sehenswürdigkeit. Digital Graffiti können auch mit einem Zeitstempel versehen werden, das heißt, die Nachricht ist nach einer bestimmten Zeit nicht mehr wahrnehmbar. Solche ortsspezifischen Dienste wird es in Zukunft viele geben, zumal Handys bald metergenau lokalisiert werden können. Navigationssysteme für Fußgänger werden in fremden Städten eine sehr beliebte und gefragte Software sein, um schnell zu Sehenswürdigkeiten, Restaurants oder der nahe gelegenen Haltestelle des öffentlichen Nahverkehrs zu finden – mitsamt dem Hinweis, wann der nächste Bus fährt.

Interessant wird für viele auch die Ausweitung der sozialen Netzwerke in die reale Welt: mit einer »Freunde finden«-Software, die verblüffend an die Karte des Rumtreibers bei *Harry Potter* erinnert. Sie zeigt auf der Navigationskarte des Handys, wer sich gerade wo in der Nähe befindet – sofern die Freunde diese Funktion freigeschaltet haben. Unter dem Namen Latitude bietet Google Maps einen simplen Ortungsdienst bereits an. Hier kann jeder Nutzer festlegen, wie genau sein aktueller Standort übermittelt werden soll: die ungefähre Position, nur die Stadt, in der er sich aufhält, oder überhaupt nicht, wenn er seine Privatsphäre aufrechterhalten will.

In Museen sind ortsspezifische Dienste, verknüpft mit weiteren Daten, besonders sinnvoll. Entweder, indem man die wissenswerten Dinge über die Exponate als Digital Graffiti an sein Mobilgerät übermittelt bekommt, oder über eine sogenannte Augmented-Reality-Software. Damit könnte der Besucher sein Handy etwa auf einen Sarkophag richten und sähe auf dem Display nicht nur das Bild des realen Objekts, sondern überlagert auch noch viele Zusatzinformationen. Beispielsweise könnte der Sarkophag durchsichtig werden und den Blick auf die darin liegende Mumie und die Grabbeigaben freigeben.

Noch einen Schritt weiter gedacht, könnte der Museumsbesucher an der Kasse auch eine Datenbrille mit Kopfhörer und kleinem Bedientableau – einem iPad ähnlich – erwerben: Dann würde er durch die Brille nicht nur den Sarkophag sehen, sondern zum Beispiel auch, wie sich Nefertari, die Lieblingsfrau von Ramses II., daraus erhebt und Geschichten aus dem alten Ägypten erzählt. Über das Bedientableau könnte er sogar mit dieser virtuellen Königin in Kontakt treten und ihr Fragen über die Anubisskulpturen oder die Wandmalereien stellen, die dann vielleicht auch nur virtuell im an sich kahlen Raum erscheinen (siehe S. 178).

Daten schürfen in der Wolke

Ob im Museum, unterwegs, im Büro oder zu Hause: Die Verbindung ins allumfassende Datennetz wird künftig wie der elektrische Strom zur Grundversorgung gehören. »Always on« heißt das Motto. Jeder kann überall auf die unsichtbaren Informationen des Internets zugreifen, ohne einen Gedanken an die dahinterliegende Technik verschwenden zu müssen. Es wird für die Nutzer selbstverständlich sein, dass auch große Datenmengen schnell übermittelt werden und dass die verschiedenen Geräte, vom PC zu Hause übers Smartphone bis zum Navigationssystem im Auto, einander verstehen.

Auch sollen die Geräte selbsttätig auf Ressourcen im Netz zurückgreifen können. Cloud-Computing nennen dies die Fachleute, wenn man für eine Aufgabe den Speicherplatz, die Rechenleistung oder die Software nutzt, die woanders im Netz – in der »Cloud«, der »Wolke« – verfügbar sind. Damit lassen sich auch Tausende von Rechnern weltweit zusammenschalten, um beispielsweise Probleme der Teilchenphysik oder der Klimaforschung zu lösen oder die Suche nach neuen Medikamenten oder außerirdischem Leben voranzutreiben.

Je größer aber die Flut von Daten wird, desto entscheidender ist die Frage, wie sich die wirklich relevanten Informationen finden lassen. Das

Schürfen nach den Informationsnuggets, das Data-Mining, wird künftig zu einer eigenen Industrie. Ausgeklügelte Programme arbeiten heute schon daran, Kreditkartenbetrüger zu entlarven: Aus unzähligen Kontenbewegungen generieren sie Muster, wie sich normale Kunden verhalten. Verdächtig ist hingegen, wenn mit einer Kreditkarte in rascher Folge von Geldautomaten abgehoben wird oder wenn Kunden, die das noch nie getan haben, an mehreren Tagen hintereinander in Internetkasinos spielen. Die Software warnt dann die Kreditinstitute, dass die Karte möglicherweise gestohlen wurde.

Softwareagenten als dienstbare Geister

Ähnliche Programme versuchen aufgrund von Reiserouten, aufgerufenen Internetseiten oder Geldtransfers Terroristen ausfindig zu machen. Andere klassifizieren Kunden nach bestimmten Käufergruppen, erstellen Tipps beim Internetshopping oder sind lernfähig wie das Internetradio Pandora: Hier trainiert der Hörer das System zunächst, indem er zu Liedern, die ihm vorgespielt werden, angibt, ob sie ihm gefallen oder nicht. Nach der Trainingsphase schlägt die Software dem Musikliebhaber andere Stücke vor, die meist verblüffend seinem Geschmack entsprechen und auf die er sonst nie gekommen wäre. Wer sich die Arbeit – und den Lustgewinn – des Selbstsuchens abnehmen lassen will, kann sich in Zukunft sicher auch einen lernfähigen Fernseher kaufen, der das Internet oder die TV-Programme nach Sendungen durchsucht, die seinem Besitzer gefallen könnten. Für die Werbeindustrie ist eine solche Software ebenfalls extrem wertvoll, weil sie damit ihre Botschaften noch gezielter an die Personen bringt, die sich dafür interessieren könnten.

Lernfähige Software steckt auch hinter dem Konzept der Softwareagenten. Das sind in sich geschlossene, selbstständig agierende Programme, die in der digitalen Welt so agieren wie ein Roboter in der realen. Solche Agenten werden heute bei Computerspielen ebenso eingesetzt wie bei der Recherche in großen Datenbanken. Forscher simulieren mit ihnen das Verhalten großer Menschenmengen, und auch beim Handel an elektronischen Börsen werden die dienstbaren Geister aktiv. Künftig könnten solche Agenten auch ganze Reisen planen, Flüge buchen, Hotelzimmer reservieren und Sekretariate von einem Teil ihrer Aufgaben entlasten.

Computer denken allerdings nach wie vor nur in Nullen und Einsen. Sie sind hervorragende Rechenkünstler, aber schlecht im Interpretieren von Bildern und Texten, im Assoziieren und im Finden von Zusammenhängen, kurz im »Verstehen« der Welt. Daher können sie zwar einen Schachweltmeister schlagen, weil dieses Spiel auf klaren Regeln basiert, aber beim Übersetzen von einer Sprache in eine andere sind sie noch nicht weit gekommen, weil hierfür viel Alltagswissen erforderlich ist. So bedeutet der Satz »Die Bank bricht zusammen« ganz Unterschiedliches, je nachdem, ob von einer morschen Bank im Park die Rede ist, ob ein Gebäude einem Erdbeben nicht standhält oder ob ein Finanzinstitut in Geldnöte geraten ist. Ein Computer müsste all diese Zusammenhänge kennen, um die Situation richtig beurteilen zu können. Daher sind Diktier- und Übersetzungsprogramme zwar in eng umgrenzten Feldern nützlich, wie bei juristischen oder medizinischen Texten, aber in der Umgangssprache noch recht unbeholfen.

Elektronische Butler: Moderne Roboter können bereits formvollendet eine Tasse Tee servieren – ohne etwas zu verschütten.

Wenn die Roboter Trauer tragen

Dem Menschen helfen in Alltagssituationen vor allem seine Erfahrung und seine Intuition, also eine schnelle gefühlsmäßige Bewertung. Gefühle sorgen dafür, dass wir uns aus der riesigen Auswahl an Handlungsalternativen auf wenige beschränken und alle anderen ausblenden. Ebenso sind es oft Gefühle, die darüber entscheiden, was sich lohnt, als Erinnerung gespeichert zu werden, und was man besser vergessen sollte. Computer sind zwar heute schon in der Lage, die Gestik und Mimik von Menschen durch Vergleich mit gelernten Bildern recht gut zu verstehen und die sechs Grundgefühle Wut, Trauer, Freude, Angst, Ekel und Überraschung zu erkennen – aber das heißt noch lange nicht, dass sie selbst etwas fühlen.

Wie sich Intuition und Gefühle in elektronische Schaltkreise übertragen lassen, weiß niemand. Möglicherweise braucht man dazu die ganze komplexe biochemische Welt der Lebewesen mit all ihren Hormonen, Neurotransmittern und Endorphinen und für eine emotionale Intelligenz auch noch ein Sozialgefüge und das Einfühlungsvermögen in andere Wesen. Vielleicht reicht es aber auch, lernfähige elektronische Schaltungen mit einem eingebauten Belohnungssystem zu koppeln, das – salopp gesprochen – dem Computer oder Roboter einen Kick gibt, wenn bestimmte Aktionen erfolgreich zum Ziel führen, und ihn vor anderen zurückschrecken lässt.

In einfacher Form hat dies Markus Schneider, ein Student der Hochschule Ravensburg-Weingarten, umgesetzt, als er für seine Diplomarbeit den vierbeinigen Laufroboter Thekla baute und dafür mit dem Informatikpreis 2008 ausgezeichnet wurde. Thekla lernt laufen nicht über ein eingebautes Programm, sondern allein durch Belohnung und Bestrafung. Der Roboter beginnt mit zufälligen Bewegungen und bekommt immer dann eine positive Rückmeldung, wenn es ihm gelingt, seine Beine und Gelenke so einzusetzen, dass er nach vorn geht. Der Vorteil gegenüber festen Regeln: Diese Methode funktioniert auch bei schwierigen Bodenverhältnissen. Je nach Untergrund ändert Thekla die Bewegungsabläufe und kann so auch auf glattem Boden oder einem Gelände mit viel Geröll gut vorwärtskommen – ideal für Roboter, die sich selbstständig in fremder Umgebung wie etwa auf dem Mars bewegen müssen.

Gelingt es Forschern, einem Roboter auch noch Neugier auf die Welt einzuimpfen, wäre dieser einem eigenständigen Wesen schon recht nahe. Die wohl ehrgeizigsten Wissenschaftler auf diesem Gebiet arbeiten am Media Lab des Massachusetts Institute of Technology in Cambridge, USA. Cynthia Breazeal leitet dort die Arbeitsgruppe für persönliche Roboter und gilt weltweit als Pionierin der »sozialen Robotik« und der Wechselwirkungen zwischen Mensch und Maschine. Ihr fortgeschrittenster sozialer Roboter heißt Leonardo und ist ein etwa 75 Zentimeter großes putziges Geschöpf mit Fellohren, Kuscheltieraugen und kindlichen Händen.

Der kleine Kobold interessiert sich für seine Umgebung, probiert gern Dinge aus und lernt, indem er Menschen und ihre Mimik und Gesten imitiert. Erkennt er ein Gesicht, folgt er mit seinem Kopf dessen Bewegungen – der Roboter versucht, Blickkontakt aufzunehmen. Gleichzeitig nimmt er Geräusche auf und analysiert die Tonlage und die Intensität von Stimmen, um seine emotionalen Reaktionen auf die gewonnenen Eindrücke abzustimmen – und er versucht zu erkennen, wie die Menschen auf seine Gesichtsausdrücke reagieren, um daraus wiederum für die Zukunft zu lernen.

Natürlich täuscht ein Geschöpf wie Leonardo Gefühle nur vor, aber der kleine Roboter macht das so perfekt, dass er in den Menschen, die ihm begegnen, echte Gefühle hervorruft: Sie wollen mit ihm spielen, ihn herausfordern, ihm Dinge beibringen wie einem Haustier und ihn in den Arm nehmen. Um Alltagswissen zu lernen, müssten künftige Roboter aber nicht wie Leonardo einfach nur auf dem Tisch stehen oder das Labor erkunden, sondern hinaus in die reale Welt und dort aufwachsen und lernen wie ein kleines Kind. Wenn die Leistungsfähigkeit von Mikrochips in den nächsten Jahrzehnten noch einmal um das Tausendfache zunimmt, werden solche Experimente mit Sicherheit gemacht werden – auf das Ergebnis kann man gespannt sein.

Das Internet der Dinge: Sprechende Plakate und funkende Möbel

Währenddessen wird sich das Internet von seinem jetzigen Status als riesige Datensammlung (Web 1.0) und Plattform für sozialen Austausch (Web 2.0) weiterentwickeln. Forscher arbeiten bereits am Web 3.0, das auch semantische Elemente umfassen soll. Unter Semantik versteht man die Bedeutung von Wörtern und Bildern: Künftige Rechner sollen die Zusammenhänge von Begriffen, die Struktur von Sätzen oder die Bedeutung von Bildern verstehen. Dann könnte der Computer mit Fragen in Alltagssprache gefüttert werden. Auch könnte er beispielsweise einem Arzt zu einem Röntgenbild selbstständig relevante Vergleichsbilder und Behandlungsberichte anderer Patienten oder aus der Fachliteratur zusammensuchen. So ein digitaler Assistenzarzt würde die Diagnosestellung und Therapie erheblich erleichtern.

Die Vertausendfachung der Leistungsfähigkeit von Mikrochips bedeutet zugleich aber auch eines: dass auf lange Sicht der Preis pro Speichereinheit oder pro Rechenleistung etwa um den gleichen Faktor sinkt. Die Folge: Mikrochips werden so billig und klein, dass sie praktisch in jeden Alltagsgegenstand eingebaut werden können – Myriaden von kleinen Gehirnen mitsamt Sensoren und Komponenten zur Datenübertragung per Funk können dann genauso in Lampen stecken wie in Möbeln, Kleidungsstücken und selbst in kleinen Implantaten, wo sie das Blut nach Krebszellen durchsuchen oder für die richtige Verabreichung von Arzneien sorgen.

Ein Internet der Dinge sehen die Forscher voraus – mit Objekten, die ihren Standort kennen, kommunikationsfähig sind und sich gegebenenfalls selbst organisieren. Aus Flugzeugen könnten Sensoren wie Konfetti über Wälder oder Schneeflächen verstreut werden. Sie entdecken Lawinen, Wald-

brände oder Schadstoffe und reichen solche Informationen selbsttätig untereinander weiter, bis sie schließlich eine Zentrale erreichen, die die Menschen
alarmiert.

Die Einsatzmöglichkeiten eines solchen Internets der Dinge sind so
vielfältig wie die menschliche Fantasie: So könnten Filmplakate Chips enthalten, die dem Smartphone des Betrachters per Funk den Weg zum nächsten
Kino weisen. Hemden könnten der Waschmaschine mitteilen, bei wie viel
Grad sie gewaschen werden wollen – oder das Handy macht seinen Besitzer
im Café darauf aufmerksam, dass die Dame am Nebentisch ihr Auto verkaufen
will. Den Menschen der Vergangenheit wäre so etwas wie unsichtbare Magie
vorgekommen, doch im Jahr 2050 werden dieses Internet der Dinge und die
virtuelle Parallelwelt etwas ganz Selbstverständliches sein.

Wenn Objekte sprechen können: Im künftigen Internet der Dinge kommunizieren Plakate mit den Handys der vorübergehenden Personen – und übermitteln ihnen Wissenswertes, etwa über einen Vortrag, der den Besitzer des Handys interessieren könnte.

Doch auch hier wird man an Grenzen stoßen. So glauben einige Experten, dass es den oft als Zukunftsvision beschriebenen Kühlschrank, der
von sich aus Lebensmittel bestellt, nicht geben wird, weil sich niemand gern
von einem Kühlschrank sein Einkaufsverhalten vorschreiben lässt. Auch die
Lokalisierbarkeit von Gegenständen übers Internet ist ein zweischneidiges
Schwert: Sie wäre sehr nützlich, wenn man gerade seinen Schlüssel oder seine Geldbörse verloren hat, aber mehr als fragwürdig, wenn ein Staat damit
seine Bürger überwachen wollte (siehe S. 150). Es wird auch in Zukunft im-

mer wieder diskutiert werden müssen, welche technischen Lösungen wirklich mehr Komfort und Sicherheit bringen und welche nicht akzeptabel sind, weil sie die Privatsphäre und Freiheit des Einzelnen zu sehr einschränken.

Mit dem Internet hat die Menschheit erstmals auch ein Mittel an der Hand, um eine echte Weltgemeinschaft zu bilden: mit direktem Zugang aller zu einem riesigen Wissenspool und der Chance auf eine unmittelbare Beteiligung der Bürger an politischen Entscheidungen − Internetvoting wäre ein Weg zur direkten Demokratie. Erste Schritte wurden bereits getan. Staaten wie Kanada oder Singapur verlagern nach und nach alle Behördengänge ins Netz, egal ob für Anträge beim Gewerbeamt oder für die Einreichung der Steuererklärung. Italien hat eine Smartcard eingeführt, die zugleich als Ausweis und als Krankenversicherungskarte dient sowie zur Identifikation bei der digitalen Steuererklärung, beim elektronischen Bezahlen und bei Stimmabgaben. Doch Wahlen im Internet gab es bisher nur in Pilotprojekten, die manchmal − wie in Großbritannien und den USA − wieder eingestellt wurden, weil die Sicherheit noch nicht ausreichend gewährleistet war. Mit der Weiterentwicklung von Verschlüsselungsmechanismen und digitalen Unterschriften dürften Internetwahlen aber bis zum Jahr 2050 zum Alltag gehören.

Technik verschwindet − das Leben gewinnt

Was bedeuten all diese Entwicklungen für die Gesellschaft der Zukunft? »Eilig hetzt der moderne Mensch durch die hochtechnisierte Stadt, immer erreichbar und doch abwesend. Schier erdrückt von raschen Wechseln äußerer und innerer Eindrücke, sucht er sein Heil in nervöser Oberflächlichkeit.« Das schrieb der deutsche Philosoph Georg Simmel über das Leben in Berlin − allerdings schon im Jahr 1900. Der urbane Mensch werde sehr einsam, sagte er, denn nur durch Abstumpfung könne er der steten Reizüberflutung Herr werden. Ganz so ist es nicht gekommen, »und auch die Zukunft wird weit weniger dramatisch, als oft behauptet«, beruhigt Heinz Bude, Professor an der Universität Kassel und Experte für moderne Gesellschaften. »Wir machen uns überzogene Vorstellungen vom Einfluss der Technik. So fördern die neuen Techniken zweifellos soziale Kontakte, aber die Menschen kommunizieren dann auch über nichtigere Anlässe.«

Die meist belanglosen Neuigkeiten bei Twitter oder die regelmäßige Facebook-Frage »Was machst du gerade?« bestätigen diese These. 250 Freunde bei Facebook, aber keinen im wahren Leben, wenn man mal Hilfe braucht oder eine Schulter zum Anlehnen − sieht so die Zukunft aus? William J. Mitchell, Professor für Medienwissenschaften und Architektur am Massachusetts Institute of Technology in Boston, bestreitet das: »Die persönliche Kommunikation war schon immer selten und wertvoll. Fragt man in Umfragen, zu welchem Zweck am häufigsten elektronische Nachrichten verschickt werden, so lautet die Antwort: um persönliche Verabredungen zu treffen.«

Die Technik, meint der Medienexperte, habe zwar die Art und Weise, wie und wann Menschen kommunizieren, verändert, aber die Menschen selbst verändern sich nicht so sehr: »Im Café zu sitzen gehört zu den erfreulichen Erlebnissen im Leben. Das wird sich kaum ändern.« Und auch die Städte der Zukunft werden nicht aussehen, als stammten sie aus *Metropolis* oder *Blade Runner*. »Paradoxerweise«, so Mitchell, »wird die Stadt des 21. Jahrhunderts nicht mehr so hoch technisiert erscheinen wie die des 20. Jahrhunderts.«

Mitchell ist überzeugt, dass dank Mikrochips und Miniaturisierung genau das Gegenteil eintreten wird: »Technische Geräte werden immer kleiner und intelligenter und verschwinden in der Tasche, der Kleidung oder den Bauten. Früher war das Telefon an der Wand montiert, heute steckt es in der Tasche.« Diese Entwicklung habe den Vorteil, dass man die Räume nicht mehr um die Technik herumbauen müsse, sagt der Stadtplaner: »Die Architekten erhalten wieder mehr Freiheit und können die Räume so konzipieren, dass sie den Grundbedürfnissen des Menschen – Geselligkeit, Licht, Luft und Freiheit – entsprechen.«

Außerdem, so konstatieren viele Forscher, gibt es zu jeder Entwicklung immer auch eine Gegenbewegung. So werden die Menschen der Zukunft nicht nur durch virtuelle Welten reisen wollen, sondern auch ein starkes Bedürfnis verspüren, das echte Leben kennenzulernen: anderen Kulturen zu begegnen, den Dschungel zu durchstreifen, die Brüllaffen und rosa Flussdelfine des Amazonas zu erleben, zu den noch existierenden Korallenriffen zu tauchen und Tiere in ihrer natürlichen Umgebung zu beobachten – vielleicht die letzten ihrer Art oder ausgewilderte Tiere in streng geschützten Nationalparks.

»Reisen ist die Sehnsucht nach dem Leben«, meinte Kurt Tucholsky. Menschen suchen immer nach Emotionen und Erfahrungen, nach interessanten Geschichten und der Erfüllung von Träumen, sagen die Tourismusexperten. Doch wie sie dies tun, hängt davon ab, welche Werte ihnen wichtig sind. Um die Jahrtausendwende haben Lifestyleforscher einen neuen Konsumententyp ausgemacht: die LOHAS – »Lifestyle of Health and Sustainability« – also Menschen, die Gesundheit und Nachhaltigkeit fördern wollen und daher bei Ernährung, Kleidung, Wohnen und Urlaub besonderen Wert auf Gesundheit und umweltbewusstes Handeln legen. Gut möglich, dass die

Forscher recht behalten, wenn sie sagen, dass die LOHAS-Einstellung immer mehr Anhänger findet. Es würde zum sechsten Kondratieff-Zyklus passen – dem beginnenden neuen Zeitalter, bei dem Gesundheit und Umwelt im Fokus stehen (siehe S. 12).

Dennoch werden auch die klassischen Abenteurer nicht aussterben. Auch künftig werden Menschen die Grenzen der erreichbaren Welt immer noch ein Stückchen weiter verschieben wollen: Schon jetzt bieten erste Firmen Reisen mit speziellen U-Booten in die Tiefsee an oder gar Flüge ins All. Dem etwa zweistündigen Trip in 100 Kilometer Höhe, den Firmen wie Astrium Space Transportation oder Virgin Galactic ab 2012 vermarkten wollen, werden daher in den nächsten Jahrzehnten wohl Weltraumhotels folgen und irgendwann sicherlich auch Flüge zum Mond oder gar bis zum Mars.

Hongkong, im April 2050. Suzys neues Appartement ist der Traum jedes Lichtdesigners, denkt Frank Lee, als er es zum ersten Mal betritt: Transparente Raumtrenner aus leuchtenden Kunststoffen, eine große Internetwand, feine Lichtakzente in Möbeln und Fußboden, ein holografisches Kaminfeuer ... getoppt wird das nur noch von Suzys Abendkleid mit den eingewebten Lichtfasern! Bei der E-Book-Präsentation, von der sie gerade kommen, hatte kaum jemand Augen für den armen Autor, der aus seinem Werk vortrug und gestenreich die dazugehörenden Bildfolgen steuerte. Schmunzelnd über die Erinnerung reicht Frank Suzy ein Päckchen: »Mein Geschenk zur Wohnungseinweihung – eines der ersten E-Papers mit flexiblem Display und Internetverbindung.« Suzy entrollt die Kunststofffolie auf die Größe einer Tageszeitung und drückt auf »Aktualisieren«. Als sie die Titelstory sieht, hält sie verblüfft inne: »Suzy und Frank gewinnen Karaokewettbewerb«, steht da über einem Bild von ihnen beiden, das gerade zum Leben erwacht und den neuesten Popsong spielt. »Oh, ein Gag meiner Journalistenkollegen«, vermutet Frank. »Sie haben das mit der personalisierten Zeitung zu wörtlich genommen.« »Gelungene Überraschung«, meint Suzy trocken und lächelt schelmisch. Frank wird verlegen, drückt auf der Fernbedienung herum, doch nicht die Internetwand verwandelt sich, sondern an der Zimmerdecke erstrahlt plötzlich ein Nachthimmel mit Myriaden von Sternen ...

EINE ZUKUNFT OHNE BÜCHER?

Selten hat eine Innovation die Welt so verändert wie die Erfindung des Buchdrucks durch den Mainzer Patrizier Johannes Gutenberg um die Mitte des 15. Jahrhunderts. Gutenbergs Bibeln, Luthers Reformationsschriften und die erste Zeitung, die im Sommer 1605 in Straßburg erschien – sie markieren den Beginn einer Entwicklung, die den Menschen mehr Freiheit und Selbstbestimmung gab. Weltweit kaufen heute jeden Tag über 400 Millionen Leser eine gedruckte Tageszeitung. Doch kann im Zeitalter von Fernsehen und Internet die Erfindung von Gutenberg wirklich Bestand haben? Wird es auch im Jahr 2050 noch gedruckte Zeitungen und Bücher geben?

Zweifel sind angebracht. In Europa und den USA wird bereits vom »Zeitungssterben« gesprochen, die Verlagsumsätze gehen drastisch zurück. Hingegen gab es schon um die Jahrtausendwende mehr Internetnutzer als Zeitungskäufer, und nur acht Jahre später waren es weltweit fast dreimal so viele. Jeder Deutsche verbringt im Durchschnitt mehr Zeit im Internet als mit dem Lesen von Zeitungen, Zeitschriften und Büchern zusammen! 88 Prozent schreiben regelmäßig Mails, ebenso viele durchstöbern das Netz nach Reisen, Eintrittskarten, Büchern und anderen Produkten. 62 Prozent rufen Videos ab und schauen live oder zeitversetzt Fernsehsendungen im Internet. Weltweit verwenden fast eine Milliarde Menschen die Suchmaschine Google, etwa 500 Millionen sind Teil des sozialen Netzwerks von Facebook, 350 Millionen nutzen das Onlinelexikon Wikipedia, über 220 Millionen suchen Produkte bei Amazon, und in Youtube werden jeden Tag über eine Milliarde Videos abgerufen.

Doch auch Nachrichtenportale haben Millionen von Nutzern. Es ist keineswegs so, dass das Interesse an Nachrichten zugunsten seichter Unterhaltung abnehmen würde, nur verlagert es sich vom gedruckten Medium in die digitale Welt. Die Vorteile sind offensichtlich: Im Internet können Neuigkeiten viel schneller aktualisiert werden, man kann Videos einbinden und mit einem Klick weitere Hintergrundinformationen abrufen – und das Beste für den Nutzer: Internetseiten sind meist kostenlos und über Werbung finanziert. Kaum ein Versuch, Internetsurfer für Nachrichteninhalte bezahlen zu lassen, hatte bislang Erfolg. Doch auch für die Zeitungsverlage wird es billiger, denn für sie entfallen die hohen Druck- und Vertriebskosten. In den USA haben erste Zeitungen ihre gedruckten Versionen bereits ganz eingestellt und erscheinen nur noch online.

Die personalisierte Zeitung und das Buch der Bücher

Manche Vordenker glauben, dass sich in Zukunft immer mehr Leser ihre Internetzeitung selbst zusammenstellen werden: Der eine könnte auf seinem persönlichen Zeitungsportal angeben, dass er vor allem über wichtige Sportereignisse und lokale Neuigkeiten informiert werden will – und schon würde ihm das Redaktionssystem jeden Tag, oder wann immer er es wünscht, genau diese Meldungen schön aufbereitet liefern. Ein anderer Leser, der sich vor allem für politische Analysen und Hintergrundmeldungen aus der Wirtschaft interessiert, würde zur selben Zeit eine ganz andere Internetzeitung vor sich sehen. Für solch einen Service könnten die Leser durchaus bereit sein, ihren Geldbeutel zu öffnen.

Nach diesem Szenario haben dann im Jahr 2050 viele Menschen keine Tageszeitung mehr abonniert, sondern sie bezahlen für das Abonnement ihrer personalisierten Internetzeitung, ebenso wie für den Download von Spielfilmen, Musik oder für besondere Dienste, etwa ein Navigationssystem, das in einer fremden Stadt die Besucher gezielt zu den Orten führt, die sie interessieren – es könnte ihnen beispielsweise in Berlin den Weg zum Brandenburger Tor zeigen und mit kleinen Filmen dessen Geschichte erzählen.

Journalisten und Redakteure werden also nicht arbeitslos – ihre Kunst, zu recherchieren, zu analysieren und die Dinge auf den Punkt zu bringen, wird weiterhin gefragt sein. Aber die Journalisten der Zukunft müssen weit mehr als heute multimedial arbeiten und sich von der Idee verabschieden, mit einer festen Zeitungsstruktur die Bedürfnisse aller befriedigen zu können. Im Internet geht es nicht mehr darum, die seit Jahrhunderten üblichen Zeitungsinhalte einfach zu übernehmen. Das Leseverhalten hat sich deutlich gewandelt. Die Nutzung der Medien ist – wie auch die Schnittfolge in Filmen – wesentlich schneller geworden. Kaum jemand bringt heute noch genug Geduld auf, eine Tageszeitung vollständig durchzulesen. Im Internet müssen wenige Minuten reichen, um das Wesentliche zu erfassen. Verstärkt wird dies noch durch die zunehmende Verbreitung handlicher Geräte mit Internetzugang – auf ihren Minidisplays ist es kein Vergnügen, lange Texte zu lesen.

Größere Bildschirme in Form eines kleinen Buches bieten die E-Books. In den USA gibt es viele Titel der Bestsellerlisten bereits digital – oft zur Hälfte des Preises der gedruckten Bücher. Rund eine Million englischsprachige Titel sind insgesamt im Internet zum Download verfügbar, bei den deutschen sind es allerdings erst einige Tausend. Das Herunterladen klappt auch unterwegs. Über das UMTS-Mobilfunknetz lässt sich ein ganzes Buch in weniger als einer Minute auf das E-Book laden, das dadurch zum Buch der Bücher wird: In den Speicher eines einzigen E-Books passen bereits mehrere Tausend Bücher, in Zukunft wird es ein Vielfaches sein.

Geld verdienen im Internet

Im Januar 2010 machte die Firma Apple deutlich, dass sie neben dem Musik-, Video- und Telefoniemarkt nun auch ins Geschäft mit elektronischen Büchern und Zeitungen einsteigen will. Steve Jobs stellte seinen neuesten Coup vor: das iPad, einen extrem flachen und nur 750 Gramm schweren PC in Form eines Tabletts. Das Display mit 25 Zentimeter Bildschirmdiagonale ist groß genug für die Darstellung von Buchseiten und kann, wie bei Apple üblich, sehr intuitiv bedient werden. Man tippt auf ein Buch in einem kleinen Bücherschrank und es öffnet sich sofort. Geblättert wird einfach mit einem Fingerzeig, und Bilder werden vergrößert, indem man zwei Finger spreizt. Zudem ist das iPad ideal geeignet für Videos oder fürs Surfen durchs Internet.

Viele Verlage sehen in einer für das iPad und ähnliche Geräte optimierten Darstellung ihrer Produkte eine Chance, auch im Internet mit ihren Zeitungen und Zeitschriften wieder Geld zu verdienen. Doch sie beginnen erst langsam zu verstehen, was die Zukunft an redaktionellen und technischen Innovationen noch bringen kann. »Wenn wir die Onlinemedien mit der Entwicklung der Printmedien vergleichen, dann sind wir erst kurz nach der Erfindung des Buchdrucks«, sagt Rüdiger Ditz, Chefredakteur von *Spiegel Online*, das mit 100 Redakteuren und über 110 Millionen Seitenaufrufen pro Monat zu den größten Onlineportalen im deutschsprachigen Raum zählt.

Den elektronischen Medien gehört ganz klar die Zukunft: Im Jahr 2010 wurden von Amazon, dem größten Onlinehändler der Welt, erstmals mehr elektronische als gedruckte Bücher verkauft. Die digitale Version bietet sich vor allem für Fachbücher an sowie für Nachschlagewerke und Reiseführer. Doch auch bei der Unterhaltungsliteratur sagen Experten voraus, dass bis 2020 drei Viertel der verkauften Bücher E-Books sein werden. Gut möglich, dass es im Jahr 2050 in den meisten Haushalten gar keine Bücherwände mehr geben wird – einige E-Books werden genügen.

Das Buch der Zukunft wird anders als heute nichts Statisches, sondern ein multimediales Erlebnis sein: Ein Antippen des Bildschirms genügt und schon kann man Querverweisen nachgehen, Videos zum Text betrachten, das Lesen untermalen mit passender Musik oder sich die Mühe des eigenen Lesens ganz sparen und sich das Werk vorlesen lassen. Die Menschen des Jahres 2050 werden möglicherweise noch aus Nostalgie und wegen des haptischen und optischen Eindrucks beim Blättern einige Lieblingsbücher in der dann teuren gedruckten Version behalten. Doch mit jeder neuen Generation von Internetnutzern wird dies immer weiter abnehmen ... und einst könnten gedruckte Bücher wieder ähnlich wertvoll werden wie die Bibel Gutenbergs.

Videos in meiner Tageszeitung

Die Zeitung der Zukunft wird sogar an die Magie bei *Harry Potter* erinnern. In den Romanen von Joanne K. Rowling lesen die angehenden Zauberer den *Tagespropheten*, eine Zeitung im konventionellen Format – allerdings mit bewegten Bildern, aus denen dann schon mal die Familie Weasley den Betrachtern fröhlich entgegenwinkt. Solch eine multimediale Zeitung könnte bald zur alltäglichen Realität werden – und zwar nicht als Tablet-PC wie beim iPad, sondern als Zeitung zum Zusammenfalten. Die Geschichte dieser Entwicklung begann 1990, als der britische Physiker Richard Friend zu seiner Verblüffung herausfand, dass bestimmte Kunststoffe nicht nur Strom leiten, sondern sogar sichtbares Licht abstrahlen, wenn man eine kleine elektrische Spannung anlegt.

Friend entwickelte damit erste organische Leuchtdioden, die OLEDs. Das sind weniger als einen halben Tausendstelmillimeter dünne Kunststoff- schichten, die je nach Materialzusammensetzung grün, rot, blau oder weiß leuchten (siehe S. 109). Bringt man viele feine elektrische Leiterbahnen und Schaltelemente hinter solchen Schichten an, so lassen sich gezielt winzige Bereiche des Kunststoffes ansteuern und nur dort zum Leuchten bringen: pro Millimeter beispielsweise acht Bildpunkte. Bei einem Format von 26 mal 37 Zentimeter − was einer kleinen Zeitung entspricht − sind das über sechs Millionen Bildpunkte.

Noch ist es zwar extrem schwierig, einen OLED-Bildschirm mit so vielen Bildpunkten kostengünstig zu fertigen und ihn über Tausende von Stunden gleichmäßig hell strahlen zu lassen. Doch Forscher in aller Welt arbeiten da- ran mit aller Kraft. Sony hat bereits kleine OLED-Fernseher auf den Markt gebracht, und Mitsubishi stellte ein riesiges OLED-Display mit fast vier Meter Diagonale vor, das als Werbefläche dienen kann − es setzt sich allerdings noch aus einem Mosaik Tausender kleinerer Displays zusammen.

Die Vorteile von OLEDs gegenüber den konventionellen Flüssigkristall- displays (LCD) sind bestechend: Anders als die LCD-Bildschirme, hinter denen eine eigene Lichtquelle stecken muss, leuchten OLEDs von selbst. Sie brau- chen weniger Strom, sind heller, bieten einen besseren Kontrast und auf ih- nen können Texte auch bei seitlicher Betrachtung noch gut gelesen werden. Außerdem reagieren sie wesentlich schneller auf Steuersignale − es gibt keine Wischeffekte bei schnellen Bewegungen wie etwa einem Fußballspiel oder einem Autorennen.

Bewegte Bilder auf Kunststoff- folien: Organische Leucht- dioden könnten in Zukunft genau dies ermöglichen − eine Zeitung zum Ausrollen, stets aktuell auf Knopfdruck.

Einen entscheidenden Nachteil haben die leuchtenden Kunststoffe allerdings noch: Wird es ihnen zu heiß, legt man sie zu lange in die Sonne oder werden sie nass und bekommen zu viel Sauerstoff, dann altern sie schnell, verlieren ihre Leuchtkraft oder verändern ihre Farbe. Um dies zu verhindern, sind die Kunststoffe bei heutigen Displays hermetisch hinter Glas eingeschlossen. Das ist kein Problem bei Fernsehern oder Computerbildschirmen, aber die OLED-Forscher sind damit nicht zufrieden.

Das rollbare Display

Ihr »Heiliger Gral« – das, wovon sie träumen – sieht anders aus: Es ist das flexible, falt- oder rollbare Display. Mit derartigen biegsamen Bildschirmen könnten Designer Autocockpits völlig umgestalten und Litfaßsäulen mit Werbefolien bekleben, die bewegte Bilder zeigen. Auch wäre es ein Leichtes, etwa die Kartons von Möbeln mit einer Folie zu versehen, auf der in Kurzfilmen und animierten Grafiken erläutert wird, wie das gute Stück zusammengebaut werden muss. An den Wohnzimmerwänden der Zukunft wird es dann Bilder geben, die sich auf Befehl in große, flache Displays verwandeln, sei es, um im Internet zu surfen, ein Videotelefonat mit den Großeltern oder den Freunden in Übersee zu führen oder um Filme aus dem Netz herunterzuladen.

Und mehr noch: Der Zeitungsleser von morgen muss keine Zeitung mehr kaufen, die er dann in der U-Bahn oder im Bus liest. Er muss nur noch eine dünne Kunststofffolie bei sich tragen, die einen flachen Akku für einige Stunden Betrieb sowie eine Mobilfunkverbindung ins Internet enthält. Diese Folie könnte er dann ausrollen oder entfalten. Auf Knopfdruck würde sie sich in eine Zeitung verwandeln, die die aktuellsten Artikel aus dem Netz herunterlädt, vielleicht sogar personalisiert auf die Wünsche des Lesers. Bilder würden sich wie bei *Harry Potter* plötzlich bewegen und zu Videofilmen werden: die schönsten Torszenen beim Fußballspiel, Redeausschnitte des europäischen Umweltministers vor der Weltklimakonferenz oder auch die Landung der ersten Touristen im neu eingeweihten Hotel auf dem Mond.

Dieses flexible, biegsame OLED-Display würde – wenn es kostengünstig genug gefertigt werden kann – zweifellos einen Multi-Milliarden-Euro-Markt eröffnen, aber noch hat kein Forscher einen Weg gefunden, es zu realisieren. Im Prinzip gibt es dafür nur zwei Möglichkeiten: entweder die leuchtenden Kunststoffe mit Materialien zu beschichten, die kaum Wasser und Sauerstoff durchlassen und dennoch transparent sind, oder OLED-Materialien zu finden, die weit weniger empfindlich auf Umgebungseinflüsse reagieren als die heutigen. Dem Werkstoffexperten, dem dies gelingt, winken nicht nur weltweiter Ruhm und Reichtum, sondern vielleicht auch der nächste Nobelpreis auf dem Feld der leuchtenden Kunststoffe.

Und ihm würde ein Preis gebühren für eine der besten Ideen zur Verringerung von Abfall. Denn der typische Zeitungsabonnent verursacht heute pro Jahr zwischen 100 und 200 Kilogramm an Papiermüll, den er vermeiden könnte, wenn er immer dieselbe Kunststofffolie als elektronische Zeitung benutzen würde. Weltweit gesehen entstehen Jahr für Jahr durch Zeitungen rund 50 Millionen Tonnen Papierabfall. Zwar werden aus diesem Altpapier zu einem großen Teil wieder neue Zeitungen gemacht, doch auch dafür braucht man viele Milliarden Liter Wasser und Milliarden Kilowattstunden Energie. Die Entwicklung elektronischer Zeitungen würde also den Abonnenten neben einem völlig neuen multimedialen Leseerlebnis auch noch das gute Gefühl bescheren, etwas für die Umwelt getan zu haben.

Melbourne, im Mai 2050. Heute schon der zehnte Patient mit Darmkrebs – doch das ist inzwischen eine Routinebehandlung. Der Test auf genetische Veranlagung hatte eine erhöhte Wachsamkeit empfohlen, eine schnelle Blutanalyse entdeckte Eiweiße, die vor allem von Darmkrebszellen produziert werden, und der Hausarzt riet daraufhin zu einer Untersuchung im Tomografen – mit einem Markierungsstoff, der ausschließlich an Krebszellen andockt und sie dadurch sichtbar macht. Tatsächlich konnte auf diese Weise ein kleiner Tumor im Darm aufgespürt werden. Vollautomatisch steuert der Computer nun einen Katheterschlauch bis kurz vor den Tumor – dann übernimmt der Chirurg die Joysticksteuerung. Dank der Miniaturkamera des Katheters sieht er auf dem Schirm vor sich genau die Stellen, an denen die Krebszellen im Infrarotlicht aufleuchten. Mit dem winzigen Chiplabor an der Katheterspitze führt der Arzt zur Sicherheit noch eine Gewebeanalyse durch, dann aktiviert er das Laserskalpell. Damit trennt er den Tumor sauber vom umliegenden Gewebe und saugt über den Katheter sämtliche Krebszellen ab. Kurze Zeit später wird der Patient schon wieder nach Hause entlassen – der Arzt versichert ihm, dass er dank der frühen Erkennung und Behandlung des Tumors mit sehr hoher Wahrscheinlichkeit wieder vollständig gesund sei. Nur solle er überlegen, seine Ernährungsgewohnheiten etwas umzustellen ...

GESUND ALT WERDEN – EINE UTOPIE?

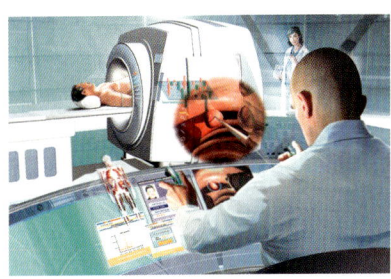

Methusalem hält nach wie vor den Rekord. Wenn man der Bibel Glauben schenkt, soll er 969 Jahre alt geworden sein. Doch da dies wohl eher sinnbildlich zu verstehen ist, dürfte die echte Rekordhalterin die Französin Jeanne Calment sein, die 1997 im Alter von 122 Jahren und 164 Tagen starb. Als Kind hatte sie in der Provence noch den Maler Vincent van Gogh getroffen. Jeanne Calment ist der älteste Mensch, dessen Lebenslauf zweifelsfrei gesichert ist. Doch inzwischen werden die über 100-Jährigen immer zahlreicher – mit 105 Jahren spielte Johannes Heesters noch im Theaterstück *Jedermann* die Rolle von Gott, und Oscar Niemeyer, der Erbauer der elegant geschwungenen Gebäude in Brasilia, ging 2010 nach wie vor jeden Tag in sein Architekturstudio an der Copacabana, um zu arbeiten – da war er 102 Jahre alt. Im Jahr 2050 werden Menschen mit einem solch biblischen Alter nichts Besonderes mehr sein.

In den Industrienationen ist die durchschnittliche Lebenserwartung mit rund 80 Jahren doppelt so hoch wie vor einem Jahrhundert. Weltweit wird es nach Berechnungen der Vereinten Nationen im Jahr 2050 mehr Menschen über 60 Jahre geben als Kinder unter 15. Hierzulande ist die Entwicklung noch dramatischer: Voraussichtlich gibt es 2050 nicht mehr 82, sondern nur noch 69 Millionen Deutsche. Jeder Dritte wird über 65, jeder Siebte sogar über 80

Jahre alt sein! Auf zehn erwerbsfähige Personen kommen dann 6,4 alte Menschen, heute sind es erst 2,7 – eine enorme Belastung für die Rentenkassen. Mindestens ebenso erschreckend sind die Folgen für das Gesundheitssystem. Patienten über 65 Jahre verursachen 40 Prozent aller Gesundheitskosten. Können wir uns daher in Zukunft viele ärztliche Behandlungen nicht mehr leisten? Oder ist es denkbar, dass die Gesundheitsversorgung zugleich besser und billiger wird? Etliche Fachleute sagen, dass genau dies möglich sei – wenn es gelinge, Krankheiten immer früher zu erkennen und zu behandeln. Die Ärzte müssen dazu so tief wie nie zuvor in den menschlichen Körper blicken, bis auf die genetische, die molekulare Ebene.

Dies gilt für viele der gefährlichsten Krankheiten. Beispiel: Herz-Kreislauf-Erkrankungen. Sie haben an den weltweit 58 Millionen Todesfällen pro Jahr den höchsten Anteil. Alle zwei Sekunden stirbt ein Mensch an den Folgen von Herzinfarkt, Schlaganfall oder ähnlichen Erkrankungen. Während weltweit 30 Prozent der Todesfälle darauf zurückgehen, sind es in Deutschland schon 43 Prozent von insgesamt 845.000 Toten pro Jahr.

Auf Platz zwei stehen die Krebserkrankungen: Weltweit sterben jedes Jahr acht Millionen Menschen an Krebs, also 14 Prozent – in Deutschland ist Krebs mit seinen hundert verschiedenen Ausprägungen bereits für mehr als ein Viertel aller Todesfälle verantwortlich. Von der Altersdemenz durch Alzheimer sind heute weltweit 25 Millionen Menschen betroffen – 2050 könnten es 100 Millionen sein.

Solche schweren Erkrankungen kommen oft schleichend daher. Manchmal dauert es Jahre, bis die ersten Symptome sichtbar werden. Doch lange bevor Beschwerden auftreten, beginnt der Stoffwechsel zu entgleisen, hat der Körper schon die falschen Weichen gestellt. Wissenschaftler aus aller Welt wollen daher Verfahren entwickeln, um Krebs zu entdecken, bevor sich Geschwüre und Metastasen entwickeln, und sie wollen gefährliche Ablagerungen in den Adern aufspüren, ehe sie die Herzkranzgefäße blockieren. Bei Krebs beispielsweise besagt eine Faustregel, dass vier Fünftel der Therapiekosten dann anfallen, wenn sich gefährliche Metastasen gebildet haben. Erkennt man den Krebs hingegen in einem frühen Stadium, ist die Behandlung wesentlich kostengünstiger und vielversprechender: Solange die Geschwulst nicht größer als fünf Millimeter ist, ist der Krebs oft gut behandelbar. Die Forscher setzen daher auf Geräte, die immer feinere Einblicke in den Körper liefern, sowie auf Verfahren, mit denen sich Veränderungen auf molekularer Ebene analysieren lassen. Unterstützt werden sie dabei in Zukunft von digitalen Helfern – Computern und Robotern als Assistenzärzten.

Ein schlagendes Herz einfrieren

Während klassische Röntgenbilder nur ein zweidimensionales Abbild zeigen, sind die Bilder moderner Computertomografen (CT) dreidimensionale Meisterwerke, die ein Arzt nutzen kann, um am Rechner virtuell durch den Körper des Patienten zu fliegen. CT sind Geräte, bei denen die Röntgenquellen und -detektoren in weniger als einer Drittelsekunde um den Patienten rasen. Sie machen mit ihrer Auflösung von 0,1 bis 0,3 Millimeter feinste Blutgefäße sichtbar und schaffen es, selbst ein rasches und unregelmäßig schlagendes Herz quasi »einzufrieren« und ohne Bildunschärfe darzustellen.

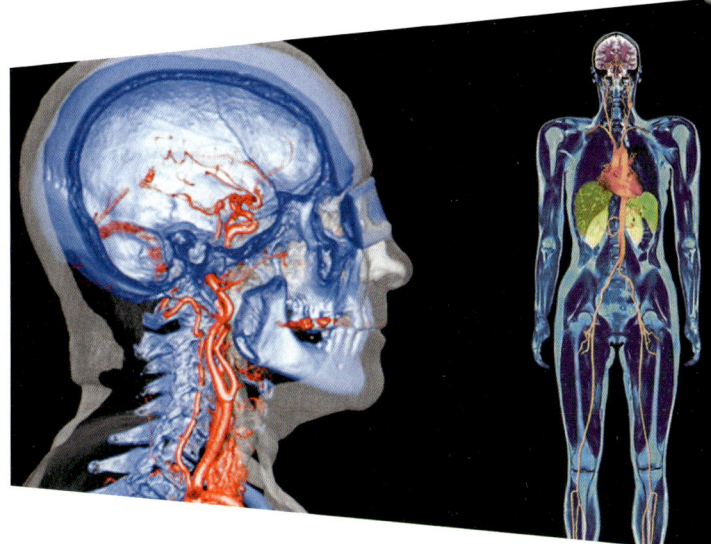

Der gläserne Körper: Verfahren wie die Computer- oder Magnetresonanztomografie machen kleinste Strukturen sichtbar – in 3-D und aus jeder beliebigen Perspektive.

Auch Magnetresonanztomografen (MRT) sind mächtige Werkzeuge in der Hand der Ärzte. Das sind Geräte, die keine Röntgenstrahlung brauchen. Sie nutzen die Signale, die bestimmte Atomkerne – meist die des Elements Wasserstoff – aussenden, wenn sie in starken Magnetfeldern angeregt werden. Damit lassen sich vor allem die Weichteile im Körper, also Gehirn oder Organe, gut beobachten. In Saclay bei Paris entsteht derzeit der leistungsfähigste MRT. Sein Magnetfeld von 11,7 Tesla ist achtmal stärker als das üblicher Krankenhausgeräte und 235.000-mal stärker als das der Erde. In den nächsten Jahren soll dieser MRT Bilder mit einer so hohen Auflösung liefern, dass man damit sogar Gruppen von einzelnen Nervenzellen im Gehirn betrachten kann.

Am Forschungszentrum Jülich haben Wissenschaftler einen 9,4-Tesla-MRT zudem mit einem PET-Detektor gekoppelt. PET steht für Positronenemissionstomografie – sie macht die Aktivität von Zellen sichtbar. Dabei spritzt man dem Patienten eine schwach radioaktive Substanz, meist einen Zucker, dessen Strahlung der PET-Detektor wahrnimmt. Da Krebsgeschwüre für ihr Wachstum viel Zucker brauchen, reichert sich die radioaktive Substanz in solchen Zellen an, und die Ärzte können Tumoren und deren Metastasen aufspüren. Gleiches gilt für Gehirnzellen, die beim Denken viel Zucker benötigen. Auch sie erscheinen im PET-Gerät hell. Das neue Gerät in Jülich kann daher nicht nur dank MRT Gewebestrukturen im Gehirn auf weniger als 0,1 Millimeter genau erkennen, sondern mithilfe des PET auch die Hirnaktivitäten und die Stoffwechselvorgänge sichtbar machen – was zur Früherkennung von Krankheiten wie Alzheimer besonders wichtig ist.

Nanokügelchen als Medikamentenbote

Da ein MRT sensitiv auf Magnetfelder reagiert, haben Wissenschaftler winzige Sonden entwickelt, die sich dies zunutze machen: Eisenoxid-Nanopartikel. Das sind wenige Dutzend Nanometer kleine Kügelchen aus magnetischem Eisenoxid, an die Proteine angebunden werden können. Derartige Nanopartikel können sich beispielsweise gezielt nur an entzündliche Plaques anheften und sie dadurch im MR-Bild sichtbar machen. Diese entzündlichen Plaques sind instabile Ablagerungen in den Adern, die leicht aufplatzen. Öffnen sie sich, wird eine Gerinnungskaskade ausgelöst. Das bedeutet, dass plötzlich Arterien und Venen verstopfen und ein Herzinfarkt oder Schlaganfall droht, ohne dass der Patient vorher Beschwerden irgendwelcher Art hatte. Mit den Nanopartikeln und einem MRT lassen sich künftig, so hoffen die Forscher, solche Plaques frühzeitig erkennen und von vergleichsweise harmlosen, stabilen Ablagerungen unterscheiden. Die betroffenen Patienten könnten daher schon behandelt werden, bevor sie einen Infarkt erleiden.

Noch einen Schritt weitergedacht könnten die Nanopartikel sogar gleich mit einem Medikament versehen werden, das die Plaques – oder analog auch Krebszellen – direkt vor Ort bekämpft. In Tierversuchen am Universitätsklinikum Erlangen funktionierte dies bereits. Die Forscher verwendeten Partikel aus einem zehn Nanometer kleinen Eisenkern und einer neunmal so dicken Hülle aus Stärke, an die ein chemischer Wirkstoff gebunden war. Diese Partikel wurden den Versuchstieren injiziert und mithilfe starker Magnetfelder durch die Blutgefäße bis zum Tumor gezogen. Dort lösten sich die Wirkstoffe von den Partikeln und begannen den Tumor gezielt zu zerstören. Die Nanopartikel selbst wurden dann über die Nieren wieder ausgeschieden.

Ähnliche Experimente gibt es auch mit Ultraschall. Hier setzen Wissenschaftler luft- oder gasgefüllte Bläschen – sogenannte Microbubbles – ein, die im Ultraschallbild deutlich zu erkennen sind. Wenn ihre Oberfläche entsprechende Moleküle enthält, können sie sich an die feinen Blutgefäße eines Tumors oder an charakteristische Eiweißstrukturen bei Durchblutungsstörungen anheften. Microbubbles sind gut verträglich und lassen sich als Vehikel für Medikamente nutzen. Im Zielgewebe angekommen, können sie mit einem starken Ultraschallimpuls gesprengt werden und den Wirkstoff abgeben.

Solche Verfahren mit Microbubbles und Nanopartikeln werden gerade weltweit getestet. Sie dürften in den nächsten Jahrzehnten verstärkt zum Einsatz kommen – anders als die Konzepte, die immer wieder als Vision diskutiert werden und dies wohl auch auf absehbare Zeit bleiben werden: mikro- oder gar nanometerkleine technische Systeme, die durch die Adern flitzen und ihre Messdaten nach außen funken oder gar anfangen, als Reparaturtrupp aktiv zu werden. Ganz abgesehen davon, dass wohl kaum jemand eigenständige Mikroroboter in seinem Körper haben möchte, ist das Blut auch ein recht unangenehmes Milieu für einen Daueraufenthalt solcher Geräte – nicht zuletzt weil es leicht verklumpen kann.

Das Labor auf dem Chip

Dennoch wird die Mikrotechnik mit ihren immer kleiner werdenden Bauteilen eine große Rolle spielen: etwa als Labor auf dem Chip, um Krankheiten schnell zu diagnostizieren. Ein Beispiel: Wenn die Nase läuft, man hustet, Fieber hat und sich schlapp fühlt – ist das dann eine gefährliche Virusgrippe oder nur eine Erkältung? Sicherheit gibt hier erst eine Blutprobe und deren Analyse im Speziallabor, doch da dauert es oft Tage, bis man den Befund in der Hand hält. Im Jahr 2050 werden Hausärzte Schnelltests gleich in ihrer Praxis durchführen. Die Grundbestandteile des Labors im Scheckkartenformat haben Wissenschaftler bereits entwickelt: winzige Kanäle und Pumpen, die einen Blutstropfen ansaugen, mit integrierten Chemikalien, die die Zellen aufbrechen, und Kammern, die das Erbgut, die DNA, festhalten. Sie wird automatisch vervielfältigt, mit Molekülen markiert und zum Sensor transportiert, der herausfindet, was der Arzt wissen will: ob sich Erreger von Infektionskrankheiten in der Probe befinden oder ob der Patient bestimmte Allergien, Erbkrankheiten oder Unverträglichkeiten gegenüber Medikamenten hat.

Sogar für die Patienten selbst könnten einfache Versionen des Labors auf dem Chip nützlich sein, um zum Beispiel zu Hause den Therapieverlauf ihrer Krankheit zu kontrollieren. Ähnlich wie heute Diabetiker ihre Blutwerte selbst überprüfen, könnten Patienten in Zukunft ein solches Minilabor im Blut nach Molekülen suchen lassen, die von Krebszellen abgegeben werden, und die Daten an ihren Hausarzt schicken – je weniger von solchen Molekülen der Chip findet, desto besser verläuft die Heilung. Noch einen Schritt weiter gedacht, könnten solche Minisensoren auch wie ein kleines Schmuckstück direkt ins Ohrläppchen gestochen werden. Dort würden sie regelmäßige Blutmessungen vornehmen und die Daten per Funk weitermelden.

So ein Ohrstecker könnte im Jahr 2050 nicht nur zur Therapiekontrolle dienen, sondern auch zur Früherkennung von Krankheiten – sozusagen als ein in den Körper integriertes Alarmsystem. Denn nicht nur bei manchen Krebsarten, sondern auch bei Herz-Kreislauf-Erkrankungen bilden die betroffenen Zellen oft Proteine, die sich von denen normaler Körperzellen unterscheiden. Solche Eiweißmoleküle wandern dann auf die Zelloberfläche, von wo sie in den Blutkreislauf gelangen. Findet ein Minilabor solche Biomarker im Blut und alarmiert den Arzt, wird der versuchen, mit den leistungsfähigen CT- oder MR-Geräten ihren Entstehungsort zu lokalisieren und die Erkrankung möglichst im Keim zu ersticken – mit einer gezielten, indivuell auf den Patienten abgestimmten Therapie.

Operation per Joystick

Auch bei der frühzeitigen Behandlung von Krankheiten könnten die Ärzte der Zukunft Minilabors nutzen, etwa ein Labor auf der Spitze eines feinen Drahtes oder Schlauchs, eines Katheters: Die Ärzte würden den Katheter durch Blutgefäße oder den Darm bis zu einem Tumor schieben und über eine winzige Kamera die Geschwulst betrachten. Mithilfe der Sensoren des Minilabors könnten sie gleich vor Ort untersuchen, ob es eine bösartige oder gutartige Wucherung ist. Dazu würden sie fluoreszierende Stoffe in den Tumor spritzen, die spezifisch an Krebszellen andocken und durch sie aktiviert werden. Der Arzt erkennt die Krebszellen dann anhand ihres spezifischen Leuchtens und kann so sicherstellen, dass er keine übersieht.

Die Steuerung solcher Katheter erinnert an Computerspiele: Sie haben eine magnetische Spitze, und via Joystick kann der Arzt ein externes Magnetfeld so millimetergenau verändern, dass der Katheter genau an sein Ziel gezogen wird. Dank der Magnetführung nimmt er jede noch so enge Kurve, etwa in feinen Blutgefäßen. Für Magenspiegelungen wurde 2010 in einer Klinik in Nizza sogar erstmals ein Verfahren ganz ohne Schlauch erprobt: Der

Patient schluckt dazu eine kleine magnetische Kapsel – nicht größer als eine übliche Pille –, die eine Miniaturkamera enthält und ebenfalls per Magnetfeld präzise gesteuert wird.

Künftig kann die Magnetsteuerung auch automatisch geschehen: In den präzisen 3-D-Bildern eines Computertomografen muss der Arzt nur noch den Zielort markieren, und der Rechner übernimmt es, den besten Weg für den Katheter zu finden und ihn dort entlangwandern zu lassen. Der Chirurg des Jahres 2050 sitzt dann an einem großen Sichtgerät und beobachtet die Reise des Katheters. Jeder Millimeter im Körper ist für den Arzt riesengroß zu sehen, und mit speziellen Handschuhen kann er ferngesteuert die feinen Instrumente, die die Katheterspitze enthält, bedienen und sogar eine vielfach verstärkte haptische Rückmeldung bekommen – etwa ein Gefühl dafür, wie viel Druck die Mikroscheren oder Tastsensoren auf eine kleine Geschwulst im Körper ausüben. »Immersionschirurgie« nennen das die Medizinvisionäre.

Im Operationssaal werden die Chirurgen darüber hinaus öfter auf Methoden der Augmented Reality, der erweiterten Realität, zurückgreifen. Getestet werden diese zurzeit unter anderem von Nassir Navab, Professor an der Technischen Universität München. Die Idee dahinter ist, dass der Arzt CT- oder MR-Bilder macht und sie nutzt, um besser operieren zu können. Durch eine 3-D-Brille sieht der Chirurg die ihn interessierende Körperregion des Patienten, wie sie sich seinen Augen darbietet – aber überlagert auch die CT-Daten, also die innere Anatomie. Der Körper wird sozusagen durchsichtig. »Wenn ein Unfallchirurg künftig ein Skalpell auf die Haut setzt, sieht er zugleich die darunterliegenden Knochen und ihre Brüche – damit ist offensichtlich, wo er den Schnitt anzusetzen hat«, erklärt Navab.

Drei Milliarden Buchstaben im Buch des Lebens

Die größte Vision für das Jahr 2050 ist aber eine individuelle Medizin – eine auf den einzelnen Menschen perfekt zugeschnittene Diagnose und Behandlung. Doch um zu verstehen, warum bei manchen Menschen Krankheiten ausbrechen und bei anderen nicht oder warum bei dem einen ein Medikament wirkt und beim anderen nicht, müssen die Ärzte tief ins Innere der Zellen blicken und die Erbanlagen studieren. Unser Erbgut, die DNA, besteht aus drei Milliarden Buchstaben, die zusammen etwa 30.000 Gene bilden. Ein Gen wiederum enthält den Bauplan von Proteinen oder die Steuerbefehle, die die Synthese bestimmter Moleküle anregen oder stoppen. Wenn ein Krebsforscher herausfinden will, was eine Tumorzelle von einer normalen

Zelle unterscheidet, dann sucht er nach Unterschieden in der DNA, in den Genen, in den Proteinen oder in den Molekülen an der Zelloberfläche – ein extrem komplexes Unterfangen, weil die vielen Tausend verschiedenen Moleküle einer Zelle ständig in Wechselwirkung miteinander stehen und sich die Verhältnisse im Lauf der Zeit auch noch verändern.

Ein Meilenstein für die Medizin der Zukunft war die Entschlüsselung des gesamten menschlichen Genbestands im Humangenomprojekt zu Beginn des 21. Jahrhunderts. Damit lassen sich Erbkrankheiten auf ihre genetischen Ursachen zurückführen sowie Mutationen finden, die Menschen immun gegen Erreger von Krankheiten wie Aids oder Malaria machen. Doch die Kenntnis der Buchstabenfolge in der DNA genügt in den seltensten Fällen: Man muss auch herausfinden, welche Gene sich bei gesunden und erkrankten Menschen unterscheiden. Rund 1.500 solcher Gene, die bei kranken Zellen verändert sind, wurden bislang entdeckt – doch selbst das genügt oft nicht, weil die Forscher auch wissen müssen, welche Proteine zu einem bestimmten Zeitpunkt aktiv sind oder nicht.

Die Proteine sind die winzigen Maschinen, die eine Zelle am Leben erhalten, indem sie Moleküle transportieren, chemische Reaktionen in Gang setzen oder stoppen und Signalstoffe erkennen. Selbst wenn die Gene identisch sind, können Lebewesen aufgrund der unterschiedlich aktiven Proteine völlig anders aussehen: So enthalten eine Raupe, eine Puppe und der aus ihr entstehende Schmetterling die gleichen Gene, ebenso eine Kaulquappe und der Frosch.

Auch alle Zellen des Menschen haben dieselben Gene und doch ganz unterschiedliche Funktionen, ob sie nun eine Haut- oder eine Muskelzelle, eine Nerven- oder eine Samenzelle bilden. Insgesamt besitzt der Mensch mehrere Hunderttausend bis Millionen verschiedene Proteine – was die enorme Aufgabe deutlich macht, vor der die Wissenschaftler stehen, wenn sie die Vorgänge in den Zellen verstehen wollen.

25 Jahre bei HIV – 14 Tage beim H_1N_1-Virus

Die Entzifferung des genetischen Codes ist dank automatisierter Labortechnik inzwischen zur Routineaufgabe geworden: Hatte es noch 25 Jahre gedauert, um die knapp 10.000 Buchstaben des HIV-Virus, das AIDS verursacht, zu entschlüsseln, so schafften es die Wissenschaftler beim SARS-Virus, der zu einer Lungenentzündung führt, in einigen Wochen. Beim H_1N_1-Virus der Schweinegrippe brauchten sie nur noch 14 Tage. Bereits zwei Tage nach der Veröffentlichung des genetischen Codes entdeckten Forscher mithilfe eines Clusters vernetzter Hochleistungsrechner die Stellen im Erbgut, die diesen H_1N_1-Typ von allen anderen unterscheiden – die also sehr spezifisch sind und sich damit für einen Nachweistest eignen, der dann auch schnell entwickelt wurde.

Auch für den Menschen konnte die Entschlüsselung des Genbestands automatisiert werden, sodass die Kosten drastisch sanken: Hatte das Humangenomprojekt noch 13 Jahre gedauert und rund drei Milliarden Dollar verschlungen, so konnte einer der Entdecker der DNA-Struktur, James Watson, im Jahr 2007 sein eigenes Erbgut bereits für eine Million Dollar entziffern lassen, und inzwischen bieten Firmen eine vollständige DNA-Entschlüsselung innerhalb von vier Wochen zum Preis eines Mittelklassewagens an. Es ist damit nur eine Frage von wenigen Jahren, bis jeder sein vollständiges Erbgut für 1.000 Dollar auf einem USB-Stick nach Hause tragen kann – hoffend, dass sich keine bislang unheilbare Erbkrankheit darin verbirgt.

Inzwischen können Forscher in Computersimulationen Gene aktivieren oder abschalten und beobachten, welche Auswirkungen das hat. Damit wollen sie nicht nur Krebsgene finden, sondern auch die Medikamentenforschung revolutionieren. So ist bekannt, dass aufgrund genetischer Unterschiede Medikamente bei manchen Patienten nicht wirken und dass Nebenwirkungen von Arzneimitteln unterschiedlich stark sind. Wüsste man, auf welche Gene das zurückzuführen ist, so ließe sich die Wirkung von Medikamenten auf bestimmte Menschen vorhersagen – und ein Ziel von Pharmaforschern leichter erreichen: das individuell auf einen Patienten maßgeschneiderte Medikament mit der höchsten Wirksamkeit und den geringsten Nebenwirkungen – sozusagen die »persönliche Pille«.

DNA als Schicksal? Das Erbgut des Menschen bestimmt sein Leben von der Geburt bis zum Tod – doch Forscher beginnen, dieses Buch umzuschreiben.

Digitale Assistenzärzte

Das Gesundheitswesen von morgen braucht leistungsfähige Rechner aber nicht nur für solche Computersimulationen, sondern auch, um die Bilderflut moderner Geräte beherrschen zu können: Vor zehn Jahren erbrachte eine Untersuchung im Computertomografen etwa 50 Bilder, heute sind es über 2.500 – weit mehr, als ein Arzt überblicken kann. Deshalb gibt es bereits erste intelligente Auswertungsverfahren, die innerhalb von Minuten Hunderte von Tomografiebildern durchsuchen und den Radiologen dann auf ein bestimmtes Bild aufmerksam machen, das vielleicht einen nur Millimeter kleinen Tumor in der Brust oder der Lunge oder Polypen im Darm zeigt.

Diese Systeme haben vorher an Beispielen gelernt, welche Charakteristika ein solcher Tumor hat, und können dann ähnliche Muster in anderen Bildern wiederfinden. Für Ärzte, die am Tag oft Dutzende Befunde erstellen müssen, ist dies die einzige Möglichkeit, um keine tumorverdächtigen Stellen zu übersehen. Künftig werden auch immer mehr Systeme eine Sprachsteuerung haben. Gesprochene Anweisungen wie »Zeige mir den linken unteren Lungenlappen und vergleiche ihn mit den letzten Untersuchungen« sparen dem Arzt viel Zeit.

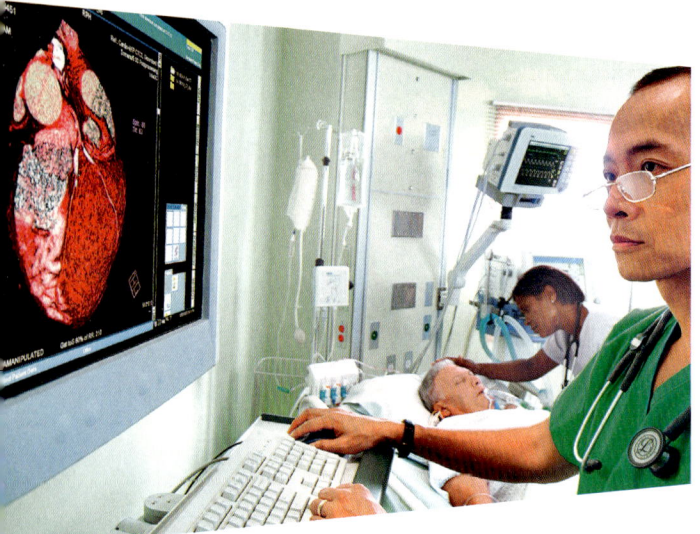

Hilfe vom Rechner: Aus über 2.500 Aufnahmen besteht heute eine Untersuchung im Computertomografen. Lernfähige Software kann den Arzt auf Auffälligkeiten in dieser Datenflut hinweisen.

Auch werden derzeit digitale Assistenten entwickelt, die Bilder aus CT- und MR-Geräten mit Aussagen der Laboranalysen und soziologischen Daten der Patienten verknüpfen. Sie leiten daraus Empfehlungen für die vielversprechendste Therapie ab. Besonders hilfreich sind hierfür Studien, die Zusammenhänge von Krankheiten, Lebensbedingungen und genetischer Veranlagung erforschen. Eine der weltweit größten läuft in Mecklenburg-Vorpommern. Tausende von Einwohnern werden hier über Jahre hinweg genauestens durchleuchtet: mit Ganzkörperscans im MRT, Untersuchungen von Herz, Augen und Zähnen sowie Proben von Blut und Urin.

Ihr Erbgut wird ebenso analysiert wie ihr Schlaf, und von Mitarbeitern der Universität Greifswald werden sie ausgiebig befragt: über ihre Ernährungsgewohnheiten, ob sie rauchen, wie viel Alkohol sie trinken und welche Medikamente sie nehmen. Die Wissenschaftler wollen damit viele Fragen klären, wie zum Beispiel: Spielen die Lebensumstände von Frauen eine Rolle, wenn sie an Brustkrebs erkranken? Gibt es eine genetische Veranlagung für Leber- und Nierenerkrankungen? Warum ist die Verbreitung von Gallensteinen in Mecklenburg-Vorpommern signifikant höher als in der ganzen Welt, außer bei einem Indianerstamm in Chile? Haben schlechte Zähne im Kindesalter Einfluss auf das Wachstum – und bei Erwachsenen auf das Herzinfarktrisiko? Letztlich geht es auch hier immer darum, neue Therapieansätze zu finden und sie auf die Patienten maßzuschneidern.

Die zweite Meinung für Timbuktu

Fortschritte der Informations- und Kommunikationstechnik versprechen auch einen reibungsloseren Datenaustausch zwischen Kliniken, Arztpraxen, Apotheken und Versicherungen. So werden in Zukunft elektronische Patientenakten die oft noch übliche Zettelwirtschaft und digitale Bilder die klassischen Röntgenaufnahmen ersetzen. Vor allem unnötige Doppeluntersuchungen könnten damit vermieden werden. In der Rhön-Klinikum AG ist das bereits Realität. Hier sollen alle behandelten Patienten – mehr als eine Million pro Jahr – von der elektronischen Patientenakte profitieren: In ihr sind die digitalen Untersuchungsbilder ebenso hinterlegt wie Laborwerte und die Krankengeschichte. Benötigt ein Arzt auf der Station, im Behandlungszimmer oder im OP schnelle Informationen über den Patienten, kann er die Akte einsehen.

Natürlich ist der Zugriff auf die Daten streng reglementiert. Nur mit Einwilligung des Patienten werden Zugriffsrechte vergeben – und zwar ausschließlich an die behandelnden Ärzte. Jeder Aufruf der Patientendaten wird aufgezeichnet. Zudem können Spezialisten von anderen Standorten hinzugezogen werden – beispielsweise, um in »Tumorkonferenzen« bestimmte Fälle online zu diskutieren. In Zukunft wird es gängige Praxis sein, schnell die zweite Meinung eines Facharztes einzuholen. Dabei spielt es keine Rolle, wo auf der Welt die Behandlung stattfindet. Wenn ein Radiologe in Nepal oder Timbuktu gerne einen Kollegen in Frankfurt konsultieren und ihm CT- oder MR-Aufnahmen zeigen möchte, wird dies genauso leicht möglich sein wie von Düsseldorf aus.

Da künftig auch immer mehr Operationen mit Roboterunterstützung stattfinden, wäre es sogar denkbar, dass der Chirurg von Deutschland aus den Roboter steuert und sein Patient auf einem Operationstisch im Buschkrankenhaus des afrikanischen Dschungels liegt. Doch viele Ärzte lehnen eine solche Telemedizin ab. Bei jeder Operation könne etwas Unvorhergesehenes passieren, sagen sie, und dann sei der verantwortliche Chirurg Tausende von Kilometern entfernt. Er bräuchte also in jedem Fall auch vor Ort eine gut ausgebildete Mannschaft – doch wenn es die gäbe, könnte sie die Operation auch gleich ohne Telemedizin durchführen.

Sensoren zum Anziehen und Fische zum Laufen

Wobei Technik aber auf jeden Fall helfen wird, ist, älteren oder chronisch kranken Menschen länger ein erfülltes Leben in den eigenen vier Wänden zu ermöglichen: etwa durch intelligente Verfahren der Selbstdiagnose und Fernüberwachung. So gibt es bereits Sensorsysteme, die Gewicht, Blutzucker, Puls und Blutdruck messen und die Werte an den Hausarzt oder an Krankenschwestern übertragen, die sich bei den Patienten melden, wenn sie eine Verschlechterung feststellen.

Künftig wird es auch immer mehr »Sensoren zum Anziehen« geben, weil sie so klein werden, dass sie sich problemlos in die Kleidung integrieren lassen. Im Projekt »Smart Senior« in Berlin wird etwa eine Armbanduhr getestet, die über einen Sensor verfügt, der typische Bewegungsmuster wie Laufen, Treppensteigen oder beim Liegen aufzeichnet und mit den aktuellen Werten vergleicht. So kann beispielsweise eine Ohnmacht erkannt werden, wenn der Senior im Schlaf keine der üblichen Mikrobewegungen mit den Armen mehr macht. Auch kann ein spezielles Pflaster am Oberarm getragen werden – es misst Puls, Temperatur und sogar den Sauerstoffgehalt im Blut und überträgt diese Werte an die Uhr und von dort aus per Funk an einen Minicomputer in der Wohnung. Der wiederum ist über Internet verschlüsselt mit dem Telemedizinzentrum der Charité-Klinik verbunden. Bei Notfällen werden die Ärzte alarmiert – wobei die Senioren die Geräte nahezu vergessen können, weil alles automatisch abläuft.

Ein weiteres, eher amüsantes Überwachungssystem namens Fish 'n' Steps haben amerikanische Forscher bei Übergewichtigen installiert, um sie zu einer aktiveren Lebensweise zu animieren. Sie sollten ein Tagespensum von mindestens 10.000 Schritten absolvieren. Die Teilnehmer der Studie bekamen einen Schrittzähler und auf ihren Computer ein virtuelles Aquarium, in dem Fische schwammen. Legte jemand mehr Schritte zurück als notwendig, wuchs sein Fisch, andernfalls drohte er zu verkümmern. Schon dies stachelte den Ehrgeiz der Bewegungsfaulen an – doch noch interessanter war der Gruppendruck: So teilten sich die Fische von je vier Teilnehmern ein Aquarium. Wuchs einer der Fische eine ganze Woche lang nicht, trübte sich das Wasser. Die Folge: Diese Personen bewegten sich noch mehr, weil niemand vor der Gruppe schlecht dastehen wollte.

Dies zeigt, dass es im Gesundheitssystem der Zukunft nicht nur darum gehen wird, mit immer ausgeklügelteren Methoden Krankheiten frühzeitig zu erkennen und zu behandeln. Ebenso wichtig muss es sein, Krankheiten gar nicht erst entstehen zu lassen – also die Gesundheit zu erhalten, statt sie wiederherzustellen. Ein Beispiel ist die Ächtung des Rauchens, denn Rauchen ist eine wesentliche Ursache sowohl für Lungenkrebs als auch für Herz-Kreislauf-Erkrankungen. Laut Weltgesundheitsorganisation sind Zigaretten weltweit für fast jeden zehnten Todesfall verantwortlich. Allein in Deutschland sterben jährlich über 110.000 Menschen an den Folgen des Rauchens sowie etwa 70.000 durch Alkoholmissbrauch, 1.300 durch illegale Drogen und 4.000 im Straßenverkehr. All diese Toten sind kein unabwendbares Schicksal.

Auch weitere Todesursachen sind vermeidbar. Besonders erschreckend ist, dass weltweit jedes Jahr fast zwölf Millionen Kinder unter 15 Jahren sterben. Neben Geburtskomplikationen sind die Ursachen oft Durchfallerkrankungen wie Cholera, Typhus und Ruhr mit insgesamt 2,1 Millionen Toten – die meisten davon Kinder –, Atemwegsinfekte wie Lungenentzündungen mit fast vier Millionen Toten – ebenfalls meist Kinder – und Malaria mit einer Million Todesfällen. Viele dieser Erkrankungen wären durch Hygiene und besseres Trinkwasser zu verhindern oder durch relativ kostengünstige Medikamente behandelbar. Ähnliches gilt in den Industrienationen für Herz-Kreislauf-Erkrankungen oder die Zuckerkrankheit Diabetes: Auch hier könnten viele Erkrankungen durch gesündere Lebensweise, regelmäßige Bewegung und Verzicht auf übermäßigen Alkohol- und Tabakkonsum vermieden werden.

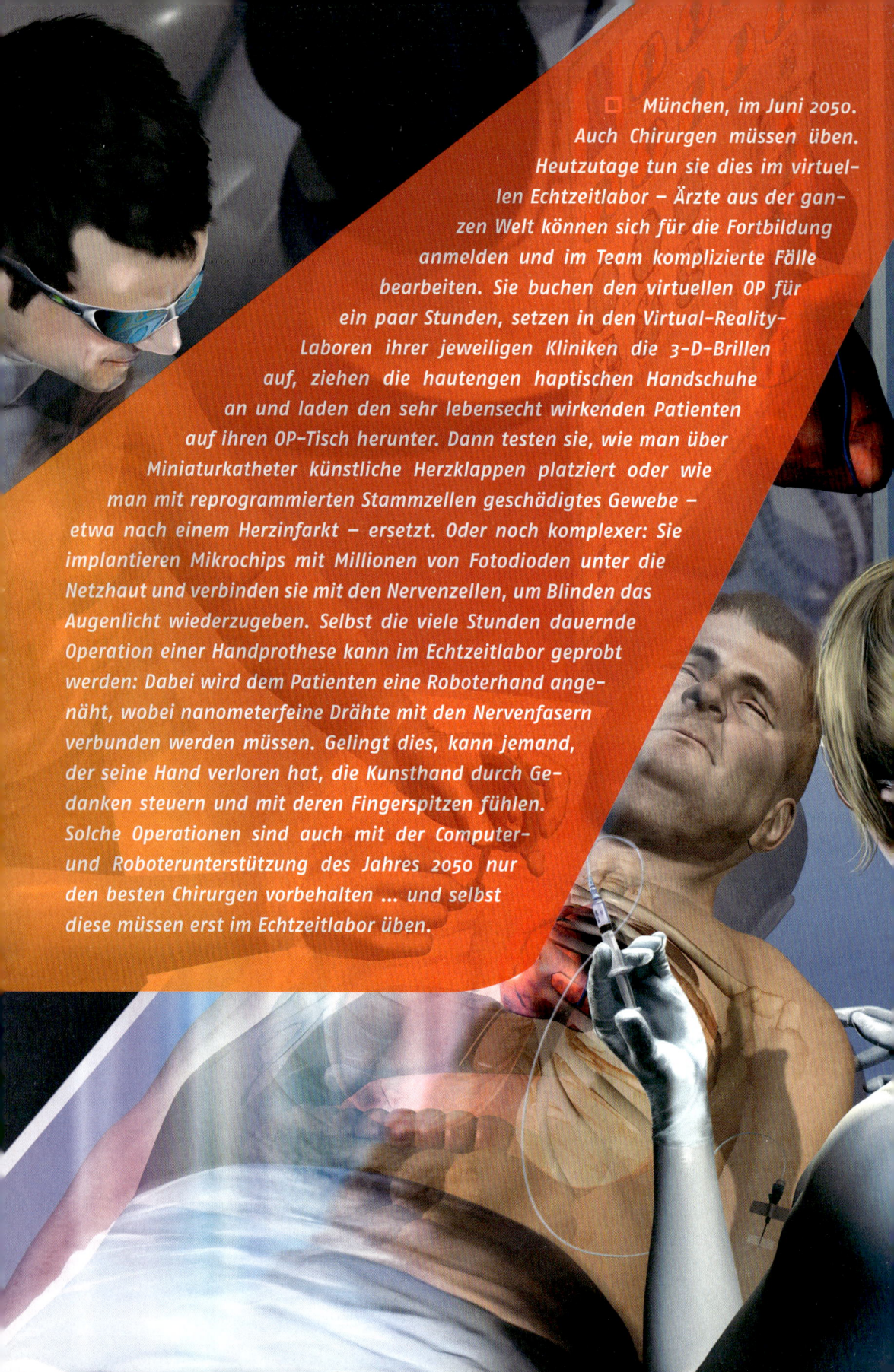

München, im Juni 2050. Auch Chirurgen müssen üben. Heutzutage tun sie dies im virtuellen Echtzeitlabor – Ärzte aus der ganzen Welt können sich für die Fortbildung anmelden und im Team komplizierte Fälle bearbeiten. Sie buchen den virtuellen OP für ein paar Stunden, setzen in den Virtual-Reality-Laboren ihrer jeweiligen Kliniken die 3-D-Brillen auf, ziehen die hautengen haptischen Handschuhe an und laden den sehr lebensecht wirkenden Patienten auf ihren OP-Tisch herunter. Dann testen sie, wie man über Miniaturkatheter künstliche Herzklappen platziert oder wie man mit reprogrammierten Stammzellen geschädigtes Gewebe – etwa nach einem Herzinfarkt – ersetzt. Oder noch komplexer: Sie implantieren Mikrochips mit Millionen von Fotodioden unter die Netzhaut und verbinden sie mit den Nervenzellen, um Blinden das Augenlicht wiederzugeben. Selbst die viele Stunden dauernde Operation einer Handprothese kann im Echtzeitlabor geprobt werden: Dabei wird dem Patienten eine Roboterhand angenäht, wobei nanometerfeine Drähte mit den Nervenfasern verbunden werden müssen. Gelingt dies, kann jemand, der seine Hand verloren hat, die Kunsthand durch Gedanken steuern und mit deren Fingerspitzen fühlen. Solche Operationen sind auch mit der Computer- und Roboterunterstützung des Jahres 2050 nur den besten Chirurgen vorbehalten ... und selbst diese müssen erst im Echtzeitlabor üben.

BLINDE SEHEN, LAHME GEHEN - DIE REALEN WUNDER DER MEDIZIN

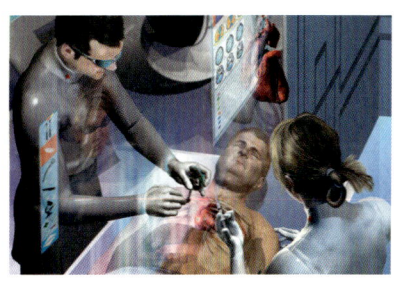

Was gestern noch als Wunder galt, wird im Jahr 2050 niemanden mehr überraschen. Blinden das Augenlicht wiederzugeben, Tauben die Welt der Töne zu öffnen, Gelähmte wieder eigene Schritte gehen zu lassen und Menschen ohne Arme Roboterhände anzunähen ... all das, was vor Kurzem noch Inhalt von Science-Fiction-Romanen war, ist heute Gegenstand der Forschung in den Laboren und wird in den nächsten Jahrzehnten zum Alltag gehören. Gerade in der Medizintechnik sollte man niemals nie sagen – scheinbar unumstößliche Wahrheiten können hier von einem Tag auf den anderen über den Haufen geworfen werden.

Beispiele gibt es genug. So hatte der australische Facharzt für Magen-Darm-Krankheiten, Barry Marshall, zusammen mit seinem Kollegen Robin Warren Anfang der 1980er-Jahre behauptet, dass die jahrzehntelange Lehrmeinung über Magengeschwüre falsch sei. Sie besagte, dass solche Geschwüre durch zu viel Magensäure, verbunden mit Stress, entstünden. Stattdessen glaubten die beiden Forscher, als Übeltäter ein Bakterium identifiziert zu haben, das sie Helicobacter pylori tauften. Doch da die Fachwelt überzeugt war, dass Bakterien im sauren Milieu des Magens unmöglich überleben könnten, wurden Marshalls Vorträge nur mit Kopfschütteln oder Lachen quittiert.

Frustriert beschloss der Forscher daraufhin, sich selbst zu infizieren, um den Beweis seiner Theorie zu erbringen. Er mixte einen Bakteriencocktail aus Helicobacter pylori und trank das scheußliche Gebräu in einem Zug aus. Die Folgen waren genau, was er erwartet hatte: Er konnte kaum essen, hatte starke Magenschmerzen und »am achten Tag schließlich«, erinnert er sich, »wachte ich auf, rannte ins Bad und musste mich übergeben. Die Bakterien, von denen es in meinem Magen geradezu wimmelte, hatten dafür gesorgt, dass die ganze Magensäure verschwunden war«. Glücklicherweise hatte er aber auch schon das Gegenmittel entwickelt. Mit einem wismuthaltigen Antibiotikum gelang es ihm, sich selbst wieder zu heilen. Doch auch nach dieser Tortur sollte es noch Jahre dauern, bis die Kritiker verstummten – 2005 dann endlich der Triumph für die unkonventionellen Forscher: Marshall und Warren erhielten den Nobelpreis für Medizin.

Mikrochip im Auge und im Ohr

Eine ähnliche medizinische Sensation wäre es, Blinde wieder sehen zu lassen. Genau dies gelang im Dezember 2009 Eberhart Zrenner, dem Direktor des Forschungsinstituts für Augenheilkunde an der Universität Tübingen. »Erstmals hat ein Patient mithilfe einer Sehprothese die Grenze überschritten, jenseits derer er rechtlich nicht mehr als blind gilt«, berichtete er stolz auf einem Fachkongress in Miami.

Dem Finnen Miika T., der seit über 20 Jahren nichts mehr sehen konnte, hatte Zrenners Team in einer vierstündigen Operation einen drei mal drei Millimeter kleinen Chip unter die Netzhaut implantiert. Dieser Chip enthält 1.500 Fotodioden, die das einfallende Licht in elektrische Impulse umwandeln und an die noch intakten Nervenzellen der Netzhaut weiterleiten – eine Erbkrankheit, die Retinitis pigmentosa, an der weltweit drei Millionen Menschen leiden, hatte die Stäbchen und Zäpfchen in Miikas Auge zerstört, die diese Aufgabe normalerweise übernehmen.

Als der Chip angeschaltet wurde, sah Miika zum ersten Mal wieder Objekte vor sich. Noch sprangen sie allerdings vor seinem Auge hin und her, weil sich das Gehirn erst wieder an die Signale des Sehnervs gewöhnen musste. Nach wenigen Stunden aber nahmen die Objekte vertraute Formen an, und Miika konnte einen Apfel von einer Banane unterscheiden und sogar einen Schreibfehler in seinem Namen finden – wenngleich die Buchstaben dafür noch mehrere Zentimeter groß sein mussten. Um sich zu orientieren und Menschen grob zu erkennen, reicht das Ergebnis aber allemal.

Wenn Fotodioden künftig auf den Mikrochips noch dichter gepackt werden können, dürfen viele Leidensgenossen von Miika darauf hoffen, ihre Blindheit eines Tages zu überwinden. Netzhautimplantate werden dann ebenso üblich sein wie heute die Cochleaimplantate: Das sind Hörprothesen mit Mikrofon und Sprachprozessor für Menschen, deren Haarzellen im Innenohr zerstört sind, bei denen aber der Hörnerv noch intakt ist. Das Hörtraining nach dem Einsetzen des Implantats ist zwar so aufwendig wie beim Erlernen einer Fremdsprache, aber es lohnt sich: Anschließend können die Patienten gesprochene Worte wieder verstehen.

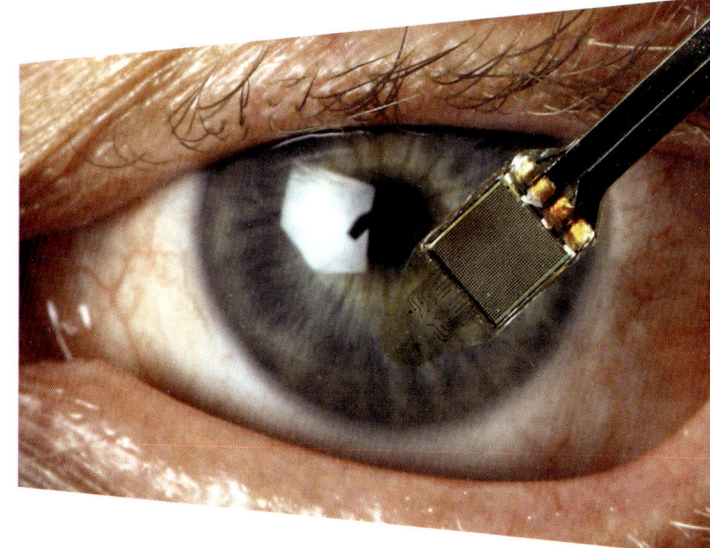

Chip unter der Netzhaut: Mit 1.500 Fotodioden ist es erstmals gelungen, einem Blinden das Augenlicht wiederzugeben.

Finger aus Aluminium – gesteuert durch Gedanken

Doch nicht nur die Sinnesorgane, sondern auch das komplexeste Werkzeug des Menschen lässt sich inzwischen durch elektronische Hilfsmittel ersetzen: die Hand. Im November 2008 nähte ein Team italienischer Chirurgen, Neurologen und Bioingenieure dem 27-jährigen Pierpaolo Petruzziello eine Roboterhand an den Arm. Seine eigene Hand hatte er bei einem Autounfall verloren. Über vier Elektroden konnte Petruzziello anschließend allein mit der Kraft seiner Gedanken die metallene Ersatzhand steuern – sie ist mit Fasern, die nur zehn Nanometer dünn sind, an die Armnerven angeschlossen.

Die neue Hand hat fünf Finger aus Aluminium, und Petruzziello kann mit ihr nicht nur greifen, sondern sogar wieder fühlen. In einer mehrjährigen Probephase soll die Prothese nun getestet werden, bevor sie endgültig implantiert wird. Doch bereits heute ist offenkundig, worauf diese medizinischen Durchbrüche hinauslaufen: In der Welt von morgen werden immer mehr Cyborgs leben – kybernetische Organismen. Das sind Menschen, deren Körper dauerhaft mit elektronischen Bauteilen verbunden ist.

Damit nicht genug: Selbst auf der Ebene von Genen und Zellen sind Reparaturen möglich. So gibt es nicht nur Organtransplantationen von Mensch zu Mensch oder von Tier zu Mensch, sondern auch Stammzelltransplantationen, etwa zur Behandlung von Blutkrebs, also Leukämie. Leukämiepatienten können aus dem Knochenmark anderer Personen Stammzellen erhalten, die dann in ihrem eigenen Körper aktiv werden. Auch hoffen die Forscher, dass sie künftig Stammzellen reprogrammieren können: Diese sollen sich in alle möglichen anderen Zelltypen verwandeln, etwa Nerven- oder Herzzellen bilden und dadurch geschädigtes Nerven- oder Herzgewebe ersetzen.

Doch auch ohne Stammzellen lassen sich manche Gewebe bereits nachzüchten, etwa Haut, Knorpel oder Knochen. Dazu werden einem Patienten Gewebeproben entnommen, im Labor vermehrt und wieder in den Körper eingebracht. Der Vorteil: Dieses Gewebe wird vom Immunsystem nicht abgestoßen, weil es als »körpereigen« erkannt wird. Auch die Gentherapie wird künftig verstärkt eingesetzt werden: Dabei werden in Zellen, die defekte Gene enthalten, korrekt funktionierende Gene eingeschleust. Als »Genfähre« nutzen die Ärzte meist Viren, die ins Zellinnere eindringen und dort ihre Fracht abladen. Allerdings ist dies wegen der möglichen Nebenwirkungen – etwa starke Entzündungen – schwierig und stark umstritten. Inzwischen gibt es weltweit rund 1.500 klinische Studien zur Gentherapie und auch etliche Erfolge, etwa bei der Gentherapie von Stammzellen oder weißen Blutkörperchen.

Zuckermoleküle gegen Malaria

Peter H. Seeberger, Direktor am Max-Planck-Institut für Kolloid- und Grenzflächenforschung in Potsdam, konzentriert sich vor allem auf die Zuckermoleküle an der Oberfläche der Zellen von Parasiten oder Bakterien. Mit seinem Team hat der Wissenschaftler ein Gerät konstruiert, das ähnlich wie die vollautomatischen Anlagen zur Synthese von DNA oder Proteinen arbeitet, nur stattdessen ganz nach Wunsch Kohlenhydrate aus Zuckermolekülen herstellt. Dieser Kohlenhydratsynthesizer könnte einst ähnlich wichtig werden wie es die DNA- und Proteinsynthesizer heute bereits sind. Der Grund: Damit lassen sich sehr schnell Impfstoffe entwickeln.

Denn die spezifischen Kohlenhydrate auf der Hülle von Krankheitserregern sind der beste Angriffspunkt für Immunzellen und eignen sich daher besonders gut, um das Immunsystem auf eine Attacke von Eindringlingen vorzubereiten. »Impfstoffe trainieren das Immunsystem, spezielle Moleküle auf der Oberfläche eines infektiösen Organismus zu erkennen und schneller zu reagieren«, erklärt Seeberger: »Mit unserem Synthesizer können wir nicht nur eine, sondern viele dieser Kohlenhydratstrukturen herstellen.« Damit können die Forscher sehr effizient Kohlenhydrate darauf testen, ob sie als Impfstoffe taugen und gegen Viren, Bakterien oder Parasiten schützen.

So entdeckte Seebergers Team auf der Hülle des Malariaerregers ein Kohlenhydrat, mit dem sich der Parasit Zugang zu menschlichen roten Blutkörperchen verschafft. Mithilfe des Kohlenhydratsynthesizers hat die Gruppe daraus einen Impfstoff entwickelt, der nun in klinischen Studien getestet werden soll. »Meines Wissens ist unser Impfstoff der erste, der eine Malariaerkrankung verhindern könnte«, sagt Seeberger. Der Kohlenhydratimpfstoff blockiert die Zuckerstrukturen auf der Oberfläche des Erregers, sodass dieser nicht mehr in die Blutkörperchen eindringen und die Menschen krank machen kann.

Die Forscher hoffen, dass sie in Kombination mit Proteinen einen Impfstoff entwickeln können, der sich besonders gut für Kinder unter zwei Jahren eignet, die am meisten unter einer Malariainfektion leiden. Sollte das gelingen, könnte in Zukunft vielleicht tatsächlich der Kampf gegen eine der größten Geißeln der Menschheit gewonnen werden: 2,5 Milliarden Menschen haben ein Risiko, an Malaria zu erkranken – 300 Millionen sind bereits infiziert. Selbst im Gewebe fast aller ägyptischen Mumien wurde das Erbgut des Malariaerregers gefunden; bei Tutenchamun nehmen etliche Forscher sogar an, dass er an dieser Krankheit gestorben ist. Doch beim Kampf gegen Malaria gab es schon viele Enttäuschungen – so zeigte beispielsweise ein Impfstoff, der in Südamerika gut funktionierte, in Afrika fast überhaupt keine Wirkung.

Zurzeit werden weltweit zwischen 20 und 30 vielversprechende Kandidaten für Impfstoffe getestet, die auf den unterschiedlichsten Funktionsweisen basieren – am weitesten sind Versuche mit einem Impfstoff, der Proteine aus dem Frühstadium des Parasiten enthält, der Malaria auslöst. Derzeit wird der Impfstoff an etwa 16.000 Kindern in sieben afrikanischen Ländern erprobt. Die Entwicklung solcher Medikamente wird von Firmen wie GlaxoSmithKline vorangetrieben, aber auch von Institutionen wie der Malaria-Impfstoff-Initiative, die wiederum von der Bill-&-Melinda-Gates-

Stiftung mit über 200 Millionen Dollar unterstützt wird. Der Microsoftgründer Bill Gates begründet sein Engagement mit einem drastischen Vergleich: »Es wird heute mehr Geld für die Entwicklung von Haarwuchsmitteln ausgegeben als dafür, Mittel gegen Malaria zu finden«, sagt er.

No go ist kein Hindernis

Über einen anderen Fortschritt, den kaum jemand für möglich gehalten hatte, berichtete Martin Schwab auf der »Falling Walls«-Konferenz im November 2009 in Berlin. »100 Jahre lang hat man Medizinstudenten beigebracht, dass verletzte Nervenfasern im Rückenmark oder Gehirn nicht nachwachsen«, sagte der Professor für Hirnforschung an der Universität und der ETH Zürich. Auch die Injektion von Nervenwachstumsfaktoren führte nicht zum Ziel. Doch im Jahr des Mauerfalls, 1989, erkannte Schwab, woran das lag: »Es bringt nichts, das Wachstum der unterbrochenen Nerven zu stimulieren, sondern man muss die Stoffe blockieren, die das Wachstum verhindern.« Damit stellte er sich gegen die Fachwelt, die nicht glaubte, dass es solche Inhibitoren – »Wachstumsverhinderer« – im Nervensystem überhaupt gibt.

Doch Schwab fand nicht nur ein solches Protein, sondern eine ganze Familie davon. Das wichtigste nannte er bezeichnenderweise »Nogo-A«. Es signalisiert den Nervenfasern: »Stopp – hier geht es nicht weiter.« Neutralisiert man dieses Protein durch geeignete Antikörper, so beginnen die Nerven von selbst wieder zu wachsen, auch um Verletzungen herum. Versuchstiere sind dann nicht mehr querschnittgelähmt. Ratten, denen die Rückenmarksnerven durchtrennt wurden, »können nach drei bis vier Wochen wieder über dünne Holzstäbe balancieren, und Makakenaffen können ihre Hände wieder benutzen«, erzählt Schwab.

Diese Versuche gehören zu den wenigen, bei denen Experimente an lebenden Tieren unumgänglich sind. Viele Arzneimittel kann man heute zwar am Computer simulieren und dann an menschlichen Zell- und Gewebekulturen testen, doch Studien an verletzten und nachwachsenden Nervenfasern müssen an einem lebenden Organismus durchgeführt werden, um die Wirksamkeit der Behandlung nachweisen zu können.

Zusammen mit der Firma Novartis und einem Netzwerk von Kliniken in Europa und Kanada führt Schwabs Team nun Tests an Patienten durch. Vor allem bei Menschen, deren Verletzung nicht länger als zwei Wochen her ist und die keine weiteren schweren Wunden haben, erhoffen sich die Wissenschaftler Fortschritte. Es geht ihnen nicht darum, dass die Patienten wieder tanzen oder Fußball und Klavier spielen können, aber eine gewisse Verbesserung der Bewegungsfähigkeit, sagen die Forscher, wäre schon ein enormer Gewinn. Die bisherigen Ergebnisse an 40 Patienten scheinen ermutigend zu sein: Die Antikörper werden gut vertragen, Nebenwirkungen traten bislang nicht auf, und wenn das Medikament in der zweiten Testphase an weiteren rund 150 Patienten die erwünschte Wirkung zeigt, wäre dies ein Durchbruch bei der Behandlung von querschnittgelähmten Menschen.

Zwar scheint es kaum denkbar, dass solche Patienten künftig einfach eine Pille schlucken oder eine Injektion bekommen und dann wieder ihre Hände und Beine bewegen können, als sei nichts geschehen, doch das Beispiel zeigt, dass man in der Medizin – wie auch in vielen anderen Wissenschaften – niemals Dinge einfach für unmöglich halten sollte. Es lohnt sich, herkömmliche Meinungen infrage zu stellen und einen anderen Weg einzuschlagen. Ob Albert Einsteins Relativitätstheorie oder Max Plancks Quantenphysik, ob Muhammad Yunus' Mikrokredite, Barry Marshalls Magenbakterium oder Martin Schwabs Nerveninhibitoren – ohne Menschen, die es wagen, auch einmal querzudenken und diese Ideen konsequent zu verfolgen, hätte es viele Durchbrüche in Wissenschaft und Technik, aber auch in der Politik nie gegeben.

DIE ZEIT NACH 2050 - MEHR ALS KARTENSATZ- LESEREI?

Wenn nicht alle Zeichen trügen, wird die Menschheit in der ersten Hälfte des 21. Jahrhunderts vor allem eine Herausforderung bewältigen müssen: den Umbau ihres gesamten Energiesystems. Weg von den fossilen Rohstoffen wie Kohle und Öl hin zu einer Kultur der Nachhaltigkeit mit einem hohen Anteil an erneuerbaren Energien: Sonne und Wind, Erdwärme und Biomasse, Wasser- und Wellenkraft. Diese Revolution ist aus zwei Gründen nötig: zum einen wegen des Versiegens der fossilen Rohstoffquellen und zum anderen wegen der massiven Umweltveränderungen, die ein ungebremster Raubbau an der Natur verursachen würde.

Wenn die Menschheit diesen Umbau auf friedliche Weise schafft, ist ein großer Schritt in Richtung einer dauerhaft lebenswerten Welt gelungen. Doch dies bedeutet auch, dass gleichzeitig die Ziele der Vereinten Nationen hinsichtlich der Überwindung von Armut und schlechter Ausbildung, Hunger und Trinkwassermangel, Umweltverschmutzung und Kindersterblichkeit erreicht werden müssen. Andernfalls würden Terroristen und Kriegstreiber immer neuen Zulauf erhalten, und sie könnten die Konflikte, die jeder Umbau mit sich bringt, für ihre Zwecke nutzen – die Welt würde eher im Chaos versinken, als dass ein nachhaltiges Energie- und Rohstoffsystem aufgebaut werden könnte.

Diese Betonung der Nachhaltigkeit ist ein wesentlicher Aspekt des im ersten Kapitel geschilderten sechsten Kondratieff-Zyklus, der gerade beginnt und die Zeit bis 2050 prägen wird: Es geht dabei um Gesundheit im ganzheitlichen Sinne. Zum einen um die Gesundheit der Umwelt, zum anderen um die Gesundheit des Menschen. Dieser zweite Aspekt beinhaltet den Kampf gegen Infektionskrankheiten wie Malaria und Aids, aber auch gegen typische Todesursachen der Industrienationen wie Herzinfarkt und Schlaganfälle, Krebs und die Krankheiten, die vor allem der Zunahme des Lebensalters geschuldet sind, wie Augenerkrankungen, Diabetes und Alzheimer.

Der Fokus auf den Menschen könnte das bestimmende Element der zweiten Hälfte des 21. Jahrhunderts sein – und dies würde noch weit über die Bekämpfung von Krankheiten und die Verlängerung des Lebens hinausgehen. Neben dem Ziel, gesund alt zu werden, steht dann der Kern des Menschen im Zentrum: unser Gehirn und all die anderen komplexen Vorgänge in unserem Körper. Die Vorgänge in den kleinen grauen Zellen zu verstehen, wie auch die in jeder Körperzelle und im Immunsystem – das gehört wohl noch für Jahrzehnte zu den großen Rätseln der Wissenschaft, die immer geheimnisvoller und wunderbarer werden, je feinere Details man erkundet. Wie funktionieren das Denken, Lernen und Fühlen, was steuert das Verhalten, was ist Bewusstsein? Und ist dies spezifisch für den Menschen, oder kann man doch auch künstliche Systeme mit einem Verständnis ihrer selbst erschaffen – das wird Forscher sicher das ganze 21. Jahrhundert hindurch beschäftigen.

Grundbausteine des Lebens

Sie werden dabei immer tiefer zu den Grundbausteinen vordringen und deren Zusammenspiel zu verstehen suchen: wie die Nervenzellen im Gehirn mithilfe von biochemischen Botenstoffen und elektrischen Signalen so zusammenwirken, dass dabei die Denkprozesse entstehen. Oder wie in jeder einzelnen Zelle das Netzwerk aus Erbsubstanz, Proteinen, Zuckermolekülen und anderen Stoffen funktioniert und was letztlich das Altern ausmacht. Möglicherweise lassen sich manche Alterungsprozesse sogar stoppen, aber vielleicht nur um den Preis eines höheren Krebsrisikos.

Zugleich wird die synthetische Biologie enorm an Bedeutung gewinnen: Bereits heute haben Forscher Tausende sogenannter Biobricks in ihren Baukästen – diese biologischen Bausteine sind Erbgutfragmente, die bestimmte Aufgaben erfüllen und nahezu beliebig miteinander kombiniert werden können. Die Wissenschaftler können sie in Zellen einschleusen oder künftig sogar synthetische Zellen auf dem Reißbrett entwerfen und herstellen. Letztlich sollen solche Biofabriken sehr zielgerichtet und effizient Medikamente oder auch Biotreibstoffe produzieren.

So wie bei den Lebenswissenschaften Gene, Proteine und Nervenzellen im Fokus stehen, so sind es bei der Informationstechnologie die Bits, von denen immer mehr immer schneller verarbeitet werden, und bei den Materialwissenschaften sind es die Atome und die Photonen des Lichts. Auch hier wird es künftig darum gehen, die kleinsten Dinge handhabbar zu machen. Atome und Photonen zu manipulieren, mit ihnen zu rechnen oder aus ihnen etwas aufzubauen – dass dies funktioniert, haben Forscher bereits bewiesen. Mit Photonen kann man neue Kommunikations- und Computersysteme gestalten, etwa solche, die prinzipiell abhörsicher sind.

Und aus einzelnen Atomen lassen sich nanometerkleine Bauteile konstruieren, beispielsweise sogenannte Quantenpunkte, die sich wieder zu größeren Recheneinheiten zusammenschalten lassen. Oder Bauteile, die so flach sind, dass sie nur aus einer einzigen atomaren Kohlenstoffschicht bestehen – dem sogenannten Graphen. Dieser Stoff, für den 2010 der Nobelpreis für Physik vergeben wurde, ist zugleich transparent, extrem kompakt und ein hervorragender elektrischer Stromleiter. Die Forscher hoffen, dass sie damit einst dünnste Computer-Touchscreens, neue Solarzellen oder sehr schnelle Schaltelemente herstellen können.

Doch der Hype, der vor einigen Jahren in Sachen Nanotechnologie entstand, dürfte überzogen gewesen sein. Nanoroboter als Gesundheitspolizei in unserem Körper gehören ebenso in den Bereich der Fantasie wie Nanocomputer, die direkt im Gehirn sitzen und als Speichererweiterung oder Mobilfunkschnittstelle dienen. Gleiches gilt für die sogenannten Nanoassembler, die Produkte aller Art auf Wunsch aus den atomaren Bausteinen zusammensetzen wie ein Kind seine Legosteine. Abgesehen davon, dass viele dieser Ideen aus ethischen Gründen nicht akzeptabel sind, stoßen sie auch an ganz praktische und physikalische Grenzen. Nanoassembler braucht man darüber hinaus gar nicht zu erfinden – es gibt sie schon: Die Ribosomen in den Zellen sind perfekte Nanoassembler. Sie bauen nach den Anweisungen, die in der DNA gespeichert sind, Proteine zusammen.

Die Nanotechnologie der Zukunft wird daher, wie heute schon, hauptsächlich an ganz anderen Stellen ansetzen: beispielsweise, um neue Katalysatoren für die Beschleunigung chemischer Prozesse zu entwickeln oder um Nanoröhren aus Kohlenstoff zu bauen, die bei gleichen Abmessungen eine tausendfach höhere Stromleitfähigkeit haben als Kupferkabel. Auch werden Forscher extrem dünne Schichten auf Werkstoffe aufbringen, um sie gegen hohe Temperaturen zu schützen oder sie schmutzabweisend zu machen oder die Lichtdurchlässigkeit zu verändern. So gibt es schon Materialien, die derart gestaltet wurden, dass sie für Mikrowellen unsichtbar sind – mithilfe der Nanotechnologie könnte eine solche Tarnkappe einst auch für optisches Licht funktionieren.

Ziel der Reise: ein kleiner, blauer Planet

Spannende Forschungsgebiete werden den Wissenschaftlern daher nicht so schnell ausgehen, und auch die von den Zukunftsforschern der RAND Corporation bereits für 2010 vorhergesagte ständige Basis auf dem Mars wird es irgendwann geben. Die Frage ist nur, wann. Denn für die nächsten Jahrzehnte ist das Geld auf der Erde sicherlich besser angelegt – hier sind noch einige Aufgaben zu lösen, bevor sich die Menschheit auf den Weg machen kann, das Weltall zu erobern. Der Astrophysiker Carl Sagan schrieb einst, als er das Foto des kleinen, blauen Planeten Erde mit seiner dünnen, verletzlichen Hülle der Atmosphäre sah, das die Astronauten vom Mond aus geschossen hatten: »Dieses Foto zeigt uns, dass von außen keine Hilfe kommen wird, um uns vor uns selbst zu retten.« Und Neil Armstrong sagte, als er gefragt wurde, ob er nicht ein Gefühl der Größe gespürt habe, als er auf dem Mond mit seinem Daumennagel die ferne Erde verdecken konnte: »Nein, im Gegenteil – ich fühlte mich in dem Moment verloren und klein.«

Mission Erde: Bevor die Menschheit zum Mond zurückkehren und andere Planeten besuchen kann, hat sie auf der Erde noch einige Aufgaben zu lösen – um den blauen Planeten als lebenswerte Heimat zu erhalten.

Es gilt also, erst einmal den Lebensraum Erde für uns selbst und für die Geschöpfe, die mit uns hier leben, zu bewahren. Dies ist die Aufgabe des Jahrhunderts, und es lohnt sich, sie anzugehen. Ohne neue Ideen und Erfindungskraft geht das nicht, aber die Gesellschaft muss entscheiden, welche Technologien sie nutzen will, und sie muss dann alles tun, damit sie vernünftig eingesetzt werden. Diese Diskussionen dürfen nicht vertagt werden, und diese Entscheidungen müssen getroffen werden, denn jedes Tun birgt zwar ein Risiko in sich, aber genauso auch jedes Nichtstun. Angesichts der enormen Herausforderungen, vor denen die Menschheit steht, ist Nichtstun keine Alternative – und wäre auch des Menschen unwürdig.

Die weit überwiegende Mehrheit aller Wissenschaftler und Innovatoren, die je gelebt haben, lebt heute auf unserem Planeten. Die Palette von Betätigungsmöglichkeiten und Forschungsgebieten war noch nie so groß und noch nie so bedeutend. Mit der richtigen Idee die Welt zu verändern lohnt sich, und es macht Spaß, neu und manchmal auch querzudenken. Denn noch immer gilt, was der Entdecker einer neuen Form des Kohlenstoffs, Richard Smalley, einst sagte: »Wenn ein Wissenschaftler meint, dass etwas möglich ist, unterschätzt er vielleicht, wie lange es dauern wird. Aber wenn er sagt, etwas sei unmöglich, dann irrt er meist.« Mitzuarbeiten, eine lebenswerte Welt zu schaffen, ist sicher keine »Mission impossible«.

QUELLEN UND DANKSAGUNG

Viele der Erkenntnisse und Trendaussagen in diesem Buch entstanden in den zehn Jahren der Recherchen für das Forschungs- und Innovationsmagazin *Pictures of the Future* (www.siemens.de/pof), das ich als Chefredakteur verantworte. Ich danke daher allen Kollegen und zahlreichen freien Autoren, die für diese Zeitschrift gearbeitet haben, insbesondere Dr. Norbert Aschenbrenner, Arthur Pease, Florian Martini, Sebastian Webel, Ulrike Zechbauer und Dr. Andreas Kleinschmidt sowie dem Layouterteam um Rolf Seufferle, Rigo Ratschke und Jochen Haller und der Bildredaktion um Judith Egelhof. Die Illustrationen am Beginn der Kapitel in diesem Buch entstammen fast alle der Feder beziehungsweise dem Computer von Natascha Römer und Maxim Osadtschij (www.roemer-osadtschij.de) – für diese die Fantasie anregenden Bilder aus der Zukunft gebührt ihnen mein besonderer Dank.

Weitere Informationsquellen waren neben den eigenen Recherchen auch Artikel in Medien wie der *Süddeutschen Zeitung*, der *FAZ*, der *Berliner Zeitung*, der *Welt*, der *ZEIT*, *Bild der Wissenschaft*, *Spektrum der Wissenschaft*, *Technology Review* sowie *Focus* und *SPIEGEL* und viele Internetseiten, insbesondere die von Wikipedia (www.wikipedia.de). Sie sind eine reiche Quelle von Fakten, wobei es sich aber immer empfiehlt, mindestens noch ein/zwei weitere Quellen zur Absicherung der Daten heranzuziehen. Besonders ergiebig waren auch die Vorträge auf der »Falling Walls«-Konferenz im November 2009: Zum 20-jährigen Jubiläum des Mauerfalls beschrieben hier Spitzenforscher aus aller Welt Durchbrüche und Visionen auf vielen Gebieten, von der Neurowissenschaft über die Kernfusion bis zur Finanzwelt. Trotz sorgfältiger Recherchen kann für die Richtigkeit der Inhalte und die Korrektheit aller Zitate keine Haftung übernommen werden – die Kompaktheit der Darstellung erfordert gewisse Vereinfachungen. Sollte es dadurch zu Fehlern gekommen sein, bitte ich um Nachsicht.

Ganz besonders danken möchte ich vor allem meiner Frau Angelika, meinen Kindern, meiner Mutter und meinen Freunden für ihre Geduld während vieler Wochenenden und Urlaubstage, die dem Recherchieren und Schreiben über das Leben im Jahr 2050 zum Opfer fielen.

BILDNACHWEIS

SACH- UND NAMENREGISTER

3-D-Verfahren: 66, 116, 153, 166, 173, 183 ff., 215

Abwasser: 156 f.
Airbus: 170 f.
Algen: 72 ff.
Alzheimer: 210 f.
Ameisen: 122, 168
Apple: 10 f., 177, 203
Armut: 32 f., 139, 143 f., 155, 162
Artenvielfalt: 76, 171
Assembler: 232
Assistenten, digitale: 218
Atombombe: 13 f.
Aufforstung: 75 f., 126
Augmented Reality: 121, 191, 215
Automatisierung: 9, 123, 172 f., 213 f.
Autos: 15, 48 ff., 89, 118 – 133, 171
Avatare: 120, 166, 184 f.

Banken: 88, 141 ff., 149, 157
BASF: 105 f., 159, 170
Batterien: 48 ff., 73, 78 f., 126 ff.
Bauernhöfe, vertikale: 135 ff.
Benzin: 45, 101, 125 f., 169
Better Place: 131
Biokunststoffe: 56, 74
Biomasse: 55 f., 72 ff.
Biosprit: 56, 127
Blockheizkraftwerke: 95
BMW: 45, 125, 128
Bölkow, Ludwig: 45
Brasilien: 21, 56, 162
Braungart, Michael: 168 ff.
Bremsenergierückgewinnung: 89, 126 ff.
Bruttoinlandsprodukt: 84
Bude, Heinz: 197
Bülthoff, Heinrich: 187 f.
Butler, persönlicher: 115 ff., 193 f.
Butler, Rhett: 156 f.
BYD – Build Your Dreams: 129 f.

Carbonate: 71, 76 f.
China: 13, 31 ff., 41 f., 62 f., 84, 98 f., 129 f., 139 ff., 156, 162
Cloud-Computing: 191
Club of Rome: 19, 43
CO2: siehe Kohlendioxid
CO2-Emissionen, Verteilung: 29 ff.
Computerspiele: 179 ff.
Computertechnik: 10 f., 148, 167, 180 ff., 217 f., 232
Computertomografen (CT): 211 ff., 218
Cradle to Cradle: 169 f.
Crowd-Sourcing: 173 f.
Cyborg: 226

Daimler: 11, 45, 128
Datennetze: 148 f., 191
Datenschutz: 152, 196 f.
Delphi: 7 f.
Desertec: 43, 47
Despommier, Dickson: 135 ff.
Diesel: 56, 74, 89, 125 f.
Disney: 15 f.
Display: 108 f., 120 f., 184 f., 191, 203 ff.
DNA (Deoxyribonucleid acid): 182, 216 ff.

E-Book: 203 f.
Einstein, Albert: 11, 14, 16, 17, 149, 229
Elektroautos: 22, 48 f., 78, 89, 96, 125 ff.
Emissionszertifikate: 22, 70, 76, 91, 97
Energieagentur, Internationale: 61, 83
Energieeffizienz: 33 f., 62 ff., 84 ff., 91, 95, 100 ff., 125 ff.
Energiekonzept: 34
Energienetze: 52 f., 105, 147
Energiesparen: 84 ff.
Energiesparlampen: 85, 161 f.
Energiespeicher: 40 ff., 104 f., 127
Entwicklungsländer: 32, 52, 55 f., 75, 98, 137 f., 144, 157, 160 f.
E.ON: 64, 129
EPCOT-Center: 15

Erdgas: 23 f., 51, 64, 71, 125
Erdöl: 23 f., 74, 77
Erdwärme: 53 f., 94 f.

Facebook: 17, 151 f., 179 f., 197, 202
Fahrerassistenzsysteme: 123 f.
Fahrzeuge: 16, 48 f., 89, 96, 101, 118 − 133,
    170 f.
Farbstoffe: 72, 79 f.
Fernseher: 10, 86, 110, 170, 185 f.,
    192, 205
Fernwärme: 64, 94 f.
Finanzkrise: 13, 20, 31, 141 f.
Fleischer, Maximilian: 111 f.
Flugzeuge: 16, 89 f., 98 f., 120 f., 173
Foster, Norman: 101
Foster, Oliver: 135
Fotodioden: 224 f.
Fotosynthese: 72 f., 78 ff.
Fotovoltaik: 42, 79 f., 95
Fraunhofer-Institute: 105 f., 116, 186

Gassensoren: 111 f., 124, 153
Gasturbinen: 64 f.
Gates, Bill: 227 f.
Gebäudetechnik: 94 f., 104 f., 114 f.
Gehirnforschung: 189, 211, 228, 231
Gentechnik: 159 f., 216 f.
Geoengineering: 75
Geothermie: siehe Erdwärme
Gesichtserkennung: 150 f., 153, 183, 194
Gestiksteuerung: 11, 117, 193
Gesundheit: 13, 112, 198, 208 − 231
Gezeitenkraftwerke: 54 f.
Gleichstrom: 47 ff.
Globalisierung: 12, 139 f., 172
Graffiti, digital: 190 f.
Graphen: 232
Grätzel, Michael: 79 f.
Greenpeace: 83, 168
Grenzen des Wachstums: 19 ff.

Hacker: 147 f.
Handel, fairer: 138
Hausgeräte: 86, 114 f.
Herz-Kreislauf-Erkrankungen: 210, 214, 221
Hochgeschwindigkeitszüge: siehe Züge
Hochspannungsgleichstromübertragung:
    47 f., 53
Humangenomprojekt: 216 f.
Hunger: 158 f., 230
Hybridfahrzeug: 89, 96, 125 ff.

Impfstoffe: 10, 226 f.
Indien: 13, 31 f. , 41, 47, 56, 125, 155 f.,
    160 ff., 173
Infektionskrankheiten: 10, 155, 213, 227
Informations- und Kommunkationstechnik:
    12 f., 120 f., 148 f., 172 − 207, 219 f., 232
Internet: 13, 99, 114 f., 120, 147 f., 166,
    172 − 207, 220
iPad, iPhone, iPod: 11, 177, 203 f.

Jahns, Ekkehard: 105 f.
Japan, 31, 98, 116, 129, 139, 160, 183

Kameras: 115 f., 123 f., 150 f., 185, 214
Katheter: 214 f.
Kernspaltung/Kernfusion: 11, 14, 57 ff., 148
Klimabörse: 76, 162
Klimawandel: 12, 22 − 35, 83, 90, 100, 126
Knies, Gerhard: 43
Kohlekraftwerke: 22 f., 61 f., 67, 69, 74
Kohlendioxid (CO_2): 22 − 35, 40, 53, 57, 62 −
    101, 111, 122 ff., 132
Kohlendioxidabtrennung und −lagerung:
    69 ff.
Kohlendioxidnutzung: 72 − 79, 83
Kohlenhydrate: 72 f., 226 f.
Kondratieff-Zyklus: 12 f., 199, 230 f.
Kraas, Frauke: 98
Kraft-Wärme-Kopplung: 94 f., 106
Krebserkrankungen: 210 − 226

Labor auf dem Chip: 213 f.
Lachgas: 24 f., 29
Landwirtschaft: 25, 27, 134 ff., 141, 158 ff.
Leichtbau: 89
Lernen, lebenslanges: 175 f.
Leuchtdioden (LED): 88, 108 f., 123, 205 f.
Leuchtdioden, organische: 109 f., 205 f.
Lieberthal, Kenneth: 140
Lithium-Ionen-Akku: 48, 51, 127
Lovins, Amory: 84 f.

Magen-Darm-Krankheiten: 214 f., 223 f.
Magnetfelder: 25, 46, 59 f., 181, 211 ff.
Magnetresonanztomografen (MRT): 211 f.
Malaria: 27, 161, 216, 221, 226 f.
Mars: 8 f., 194, 199, 233
Marshall, Barry: 223 f.
Masdar City: 100 f.
Massachusetts Institute of Technology: 103,
    194, 198
Materialien, elektrochrome: 107

Materialien, neue: 59, 63, 105 f., 170 ff.,
    206, 232
Max-Planck-Institute: 187, 189, 226
McKinsey: 96, 162
Meadows, Dennis: 19 ff., 37
Medizintechnik: 13, 115, 186, 193, 208 – 229
Meeresspiegel: 27 f.
Megatrend: 12 ff., 98
Membrantechnologie: 51, 127, 157
Merkel, Angela: 31, 142
Methan: 24 f., 28 f., 78, 91, 97
Methanol: 77 f., 127
Metropolis: 165, 198
Microbubbles: 213
Microsoft: 11, 228
Mikrochips: 111 ff., 181, 195 f., 224 f.
Mikrokredite: 142 ff., 157 f.
Mitchell, William J.: 103, 197 f.
Mobilfunk: 10, 13, 177, 183 f., 203, 232
Moore, Gordon: 181 f.
Morgan Stanley: 97 f.
Motoren: 45 f., 56, 77, 86, 89, 125 – 132
München: 54, 93 ff., 108, 113

Nachhaltigkeit: 32 f., 58, 90, 198 f., 230
Nahrungsmittel: 19, 30, 55 f., 136 f., 158 ff.
Nanotechnologie: 45, 79, 107, 110, 157, 182,
    189, 212 f., 225, 232
Navab, Nassir: 215
Negawatt: 84 – 90
Nerica: 158 f.
Nervenzellen: 189, 211, 224, 231 f.
Netzwerke, soziale: 17, 151, 179, 190, 195 f.,
    197 f., 202
Nobelpreis: 32, 77, 79, 84, 142, 207, 224, 232

Ökobilanz: 85 f., 171
Ökoeffektivität und –effizienz: 169 f.
Ölkrise: 11, 37
Open Innovation: 173 f.
Osram: 85, 108, 110, 162, 173

Pachauri, Rajendra: 32
Passivhäuser: 94, 104, 107
Patientenakten, elektronische: 219
Phasenwechselmaterialien: 105 f.
Pheromone: 122
Photonen (Lichtteilchen): 73, 78, 149, 232
Pictures of the Future: 14 f.
Plasma: 59 f.
Plusenergiehäuser: 105
Polymerelektronik: 139

Positronenemissionstomografen (PET): 211 f.
Privatsphäre: 152, 190, 196 f.
Produkte, smarte: 56, 161 ff.
Proteine: 212, 214, 216, 226 ff., 231 f.
Prothesen: 224 f.
Pumpspeichertechnik: 49, 51

Quantenpunkte, -rechner: 182 f., 232
Quantenverschlüsselung: 149

Radarsensoren: 123
Raketen: 14, 30, 154
RAND Corporation: 8 ff., 233
Raumfahrt: 8 f., 199, 233
Reaktionszentrum: 73, 78 f.
Recycling: 34, 85, 97, 100, 157 f., 169 f.
RFID (Radio Frequency Identification): 138 f.
Roboter: 9 f., 115 ff., 131 f., 165 f., 174, 185,
    192 ff., 213, 220, 225 f., 232
Rohstoffe: 9, 19 ff., 30, 90, 141, 169 f., 230
Roland Berger: 33
Rotenberg, Marc: 152
Russland: 31, 57, 84, 159, 162

Satelliten: 9, 133
Schellnhuber, Hans-Joachim: 26 f., 29
Schmidt-Bleek, Friedrich: 171
Schwab, Martin: 228 f.
Schwellenländer: 32, 61, 163
Seeberger, Peter H.: 226 f.
Sensoren: 66, 101, 105 f., 111 ff., 122 ff., 132,
    153 f., 195, 213 f., 220
Sicherheit: 16 f., 51, 58, 60, 99, 105, 120 ff.,
    146 – 155, 197
Siemens: 14, 38, 46, 64, 111, 128 f.
Simulationen: 19, 66, 167 f., 183, 217 f.
Skyhydrant: 156 f.
Smart Grid: 52 f., 105
Software: 11, 115 ff., 119 f., 148 f., 172 ff., 186,
    190 ff., 218
Softwareagenten: 192
Solar Millennium AG: 44
Solarenergie: 42 ff., 48, 51 f., 79 f., 95, 101,
    105 ff., 147 f., 161 f., 232
Speicher, für Daten: 138 f., 180 ff., 191, 203
Speicher, für Energie: 40 ff., 48, 104 f., 127
Spielberg, Steven: 11, 171
Sprachsteuerung: 117, 121, 218
Sprengstoffdetektoren: 153 f.
Stamm, Werner: 65 f.
Stammzellen: 226
Steinmüller, Angela und Karlheinz: 13

240

Stern, Nicholas: 28
Stiesdal, Henrik: 37 ff.
Strommix: 40, 89, 127
Stromzähler: 52, 129
Stromzeitalter: 45 f., 48, 52 f.
Stuxnet: 148 f.
Supraleitung: 13, 60
Szenariotechnik: 14 f.

Terrorismus: 13, 31, 58, 141, 148, 150 – 154,
        192, 230
Tibaijuka, Anna Kajumulo: 98
Transistor: 10, 181 f., 189
Treibhauseffekt: 22 – 32
Treibhausgase: 22 – 35, 46, 68 – 81,
        88 f., 100
Trinkwasser: 56, 99 f., 153, 155 ff.,
        162, 221
Turbinen: 37 ff., 43 f., 54 f., 63 ff., 87

Überwachungstechnik: 72, 115 f., 138, 150 f.,
        163, 220 f.
Ultraschall: 123, 163, 213
Umweltbundesamt: 90, 100
Umwelttechnologien: 13, 32 f., 46, 56, 86,
        93 ff., 127 f., 156, 161, 168 f.
Unfallvermeidung: 122 ff.
Universitäten: 76, 79, 98, 105, 116, 149, 173 f.,
        189 f., 197, 212, 215, 219, 224, 228
Urbanisierung: 12, 98
USA: 8, 23, 30 ff., 34, 41 f., 51, 56 f., 62, 84,
        116, 129, 139 f., 148, 159 f., 201 f.

Verbrennungsmotoren: 45, 48, 126 ff.
Verkehrsleitsysteme: 89
Verstädterung: siehe Urbanisierung
Virtual Reality: 173, 187
Voß, Günter: 174 f.

Wärmepumpen: 104
Wasserkraft: 47, 49, 54 f., 95
Wasserspaltung: 78, 80 f.
Wasserstoff: 45 ff., 51, 56, 58 f., 69, 73,
        78 f., 127, 211
Weizsäcker, Ernst Ulrich von: 84, 91
Wellenkraftwerke: 55, 136
Weltgesundheitsorganisation (WHO):
        157, 161, 221
Weltklimakonferenz: 32, 96
Weltklimarat: 32, 70
Wikipedia: 179, 202
Wild Cards: 13
Windkraft: 34 – 42, 48 f., 101, 108, 161
Wirtschaftskrise: siehe Finanzkrise
Wissensarbeiter: 174 f.
Wittwer, Volker: 106
Wuppertal-Institut: 93 ff., 171

Yunus, Muhammad: 142 ff.

Zeitung, elektronische: 200 – 207
Zrenner, Eberhard: 224
Züge: 89, 98 f., 167
Zukunftsforscher: 6 – 17, 233